高职高专"十三五"规划教材

电工技术实训教程

沈　翾　主编
赵夫辰　主审

化学工业出版社

·北京·

本书内容包括电工技术实训须知、安全用电、常用工具及仪表训练、常用电工材料与电路元器件的选用、电工技术基础实验、电工基本技能训练、异步电动机的拆装检修与基本控制、小型变压器的拆装与检修八章内容。

本书以培养实践能力为主线，结合中级考工的技术要求，突出维修、安装、故障诊断与排除、综合实训指导与考核评价相结合，内容实用，易于操作，突出了鲜明的职业教育特色与综合实训理念，同时兼顾了电工基础实验。

本书可作为高职高专机电类各专业的实训教材，也可作为电工、维修电工及其他从事电气操作与维修的工程技术人员的参考用书。

图书在版编目（CIP）数据

电工技术实训教程/沈翃主编 . —2 版 . —北京：化学工业出版社，2016.2（2023.1重印）

高职高专"十三五"规划教材

ISBN 978-7-122-25958-5

Ⅰ.①电…　Ⅱ.①沈…　Ⅲ.①电工技术-高等职业教育-教材　Ⅳ.①TM

中国版本图书馆 CIP 数据核字（2015）第 315961 号

责任编辑：廉　静　张双进　　　　　　　　　　装帧设计：王晓宇

责任校对：宋　玮

出版发行：化学工业出版社（北京市东城区青年湖南街 13 号　邮政编码 100011）

印　　装：北京科印技术咨询服务有限公司数码印刷分部

787mm×1092mm　1/16　印张 13⅛　字数 357 千字　2023 年 1 月北京第 2 版第 8 次印刷

购书咨询：010-64518888　　　　　　售后服务：010-64518899

网　　址：http://www.cip.com.cn

凡购买本书，如有缺损质量问题，本社销售中心负责调换。

定　　价：29.00 元

前　　言

本书是"十二五"职业教育国家规划教材《电工与电子技术——项目化教材》配套的电工技术实训教程，内容及体系安排符合教育部最新制定的"高职高专教育电工技术基础课程教学基本要求"，与网络课程《电工电子应用技术》学习通平台配套使用。　本书编写单位（河北工业职业技术学院）是全国100所国家级示范院校之一，河北工业职业技术学院《电工与电子技术》课程2003年被评为河北工业职业技术学院精品课程，2006年被评为河北省精品课程，2010年度教育部高职高专自动化类专业教学指导委员会精品课程，2011年河北省验收达标精品课程。

编者是教学一线骨干教师，既有较强的电工工程实践经验，又具有丰富的教学实践经验。本书大量教学实例来自于教学实践和教学成果，既具有较强的理论性，又具有鲜明的实用性。电工技术实践环节是学生在学习电工（电路）课程中进行的实验和课程结束后进行的电工技术综合实训。　它是整个教学环节中的重要组成部分，对于强化基本训练、增强实践能力、加深理解理论知识、培养动手能力和初步设计能力有着极为重要的作用。　结合目前学情分析，通过对电子、电气行业职业岗位群的职业技能需求分析，并对接职业标准和岗位要求，融合电气电子强弱电技术，有利于培养知识面宽、适应性强的复合型人才，特增加电工技术基础实验。　为达到高职高专专业培养目标，本书内容包括电工技术实训须知、安全用电、常用工具及仪表训练、常用电工材料与电路元器件的选用、电工技术基础实验、电工基本技能训练、异步电动机的拆装检修与基本控制、小型变压器的拆装与检修等八章内容，体系新颖，内容可选择性强。

本书目的是培养学生的实际操作能力，使学生成为"第一线"人才。　因此，课程内容要通过实际操作来学习，要严格要求、确保质量。　书中提出的实训课时、硬件、软件条件供教学参考，实训指导教师可因地制宜，结合行业考证要求，对实训项目、内容深浅度以及课时数等进行调整、取舍和补充。

实训过程中，应严格执行有关规程规定，注重培养学生的安全、职业和质量意识。

本书参编人员及分工如下：主编沈翊（编写第五章并统稿），副主编马智浩（编写第一、三章）、副主编李策（编写第二、六章）、副主编李文超（编写第七、八章），参编李香服（编写第四章）、参编温彬彬(编写附录及综合实训)。

本书由河北师范大学赵夫辰主审。

限于编者的水平和经验，本书中不妥和错误在所难免，恳请读者批评指正。

编者

2016 年 2 月

第一版前言

我国高等职业教育在 21 世纪会得到足够的重视和发展，从发达国家的经验来看，广泛的、高水平的职业教育对国家经济的崛起和发展有着重要的促进作用。为了满足市场对高技术人才的需求，技术能力培养应是高职高专教育的核心。为达到高职高专专业培养目标本书内容包括电工技术实训须知、安全用电、常用工具及仪表训练、常用电工材料与低压电器训练、电工技术基础实验、电工基本技能训练、异步电动机的拆装检修与基本控制、小型变压器的拆装与检修等八章内容。

本书目的是培养学生的实际操作能力，使学生成为"第一线"人才。因此，课程内容要通过实际操作来学习，要严格要求、确保质量。书中提出的实训课时、硬件、软件条件供教学参考，实训指导教师可因地制宜，结合行业考证要求，对实训项目、内容深浅度以及课时数等进行调整、取舍和补充。

实训过程中，应严格执行有关规程规定，注重培养学生的安全、职业和质量意识。

本书参编人员及分工如下：主编沈翃（编写第五章及综合实训），副主编赵素英（编写第一、二章）、副主编任卫东（编写第三、八章），参编马智浩（编写第四章）、于朝辉（编写第六章）、王民（编写第七章）。

本书由河北师范大学赵夫辰主审。

限于编者的水平和经验，本书中不妥和错误在所难免，恳请读者批评指正。

编者
2010 年 2 月

目　录

第一章
电工技术实训须知

一、电工技术实训室规则

为了在实训中培养学生严谨科学的作风，确保人身和设备的安全，顺利完成实验、实训任务，特制定以下规则。

① 教师应在每次实验、实训前对学生进行安全教育。

② 严禁带电接线或拆线。

③ 接好线路后，要认真复查，确信无误后，方可接通电源。如无把握，须请教师审查。

④ 发生事故时，要保持镇定，迅速切断电源，保持现场，并向教师报告。

⑤ 如欲增加或改变实验内容，须事先征得教师同意。

⑥ 非本次实验所用的仪器、设备，未经教师允许不得动用。

⑦ 损坏了仪器、设备，必须立即向教师报告，并写出书面检查。责任事故要酌情赔偿。

⑧ 保持实训室整洁、安静。

⑨ 实验、实训结束后，要拉下电闸，并将有关实验、实训用品整理好。

二、电工技术实训的目的和特点

1. 电工技术实训的目的

为贯彻落实《国务院关于大力推进职业教育改革与发展的决定》，推进高等职业技术教育更好地适应经济结构调整、科技进步和劳动力市场的需要，推动高等职业技术院校实施职业资格证书制度，加快高技能人才的培养。必须培养出具有较高素质、较强动手能力的高级应用型人才，以适应当今社会发展的需要。

2. 电工技术实训的特点

高职教育的教学目的决定了课程实训、生产实训和考工考级实训是实训课程的重要组成部分。其特点为针对性和实践性强。高职教育是一种职业定向教育，也可以说成是证书教育或者是订单教育。学生毕业应直接对口就业，并能够很快熟悉业务并开展工作。因此，电工技术实训的环境应该是学生毕业后实际工作的环境，实训过程应该是实际工作过程的模拟。经过这种系统的实训，学生到一线工作时才能真正做到"无磨合期"使用。做到这一点必须通过有目标、有计划的安全、规范、严格、有序、充足的实践训练，才能熟练地掌握技能和规范。因此，针对性和实践性是实训的突出特点。

三、电工技术实训的内容、要求和过程

1. 电工技术实训的基本内容

高职高专非电类毕业生，特别是机电类毕业生应该具备熟练使用电工材料、电工工具和

电工仪表的能力；具备安装与检修一般电气控制线路的能力；具备整机装配、运行与调试以及检修的能力；具备电气设备故障诊断与检修的能力；具备正确处理电气设备安全事故的能力等。为培养这些能力，应通过综合、系统地强化训练才能实现。为此，电工技术综合实训应安排以下内容。

① 电工技术基本技能训练。包括电工材料、电工工具、电工仪表的使用，导线的选用与连接等。

② 照明电路的安装与检修。包括导线配线、常用照明电路的安装与检修，电能的测量与电度表的使用等。

③ 三相异步电动机的拆装与检修。包括电动机的拆卸、装配、运行试验、故障检修等。

④ 低压电器设备的拆装与基本控制电路的安装。包括低压电器的选用、拆装，常用电气控制电路的安装与检修等。

2. 电工技术实训的基本要求

（1）实训的客观条件要求

实训是实现培养目标、强化岗位职业能力的主要实践性教学环节。电工实训主要在校内实训中心、专业实训室或校外实习工厂进行。实训的特点决定了其必须由实训的客观条件做保证。具体的实训条件如下。

① 具有和生产一线一致的先进设备、配套设施以及实训消耗材料。

② 具有企业文化和良好的环境氛围。

③ 具有一定比例的高级技术人员和"双师型"教师作为实训的指导教师。

④ 具有确保实训教学在安全、规范、严格、有序的环境中进行管理的措施和保障手段。

⑤ 具有针对性很强的实训教学大纲、实训教材和实训计划。

（2）实训的学生要求

为保证实训内容的正常完成，参加实训的学生必须做到：

① 明确实训目的，端正实训态度，积极主动地参与实训。

② 严格遵守实训纪律，爱护实训设备、工具和器材，节约实训材料。

③ 服从指导教师的安排，在规定的岗位上完成规定的实训内容，不得随意串岗。

④ 认真听取指导教师的讲解，仔细观察教师的示范操作，细心作业，反复实践，掌握规律。

⑤ 严格遵守安全操作规程，提高安全意识，做到文明实训。

⑥ 认真总结实训过程中的经验教训，做到相互借鉴、共同提高并认真撰写实训报告。

（3）实训报告要求

每次实训完毕后，学生应填写实训报告。实训报告应用实训报告纸填写。首先要填写实验、实训名称、专业、班级、组别、姓名、同组姓名、实验日期等，然后根据实验、实训指导书中的实验、实训报告要求，填写实验、实训报告。要求做到简明扼要，字迹清楚，图表整洁，结论明确。实验、实训波形、曲线一律要画在坐标纸上，且比例要适当，坐标轴上应注明物理量的符号和单位，图下应标明波形、曲线的名称。

3. 电工技术实训的过程

依据电工技术实训的要求，电工技术实训教学可按以下五个阶段进行。

（1）实训动员阶段

包括实训准备、实训教育和实训分工。

① 实训准备。作为教师接受实训任务后，应认真准备实训教学大纲，协调相关人员落

实好实训的场地、设备、器材、各种工具和耗材以及相应的安全防护措施等。同时作为实训教师还应做好试操作，检查设备器材运行状况，以保证其处于正常工作状态。

作为学生应做好心理、身体及知识的准备。实训过程不同于理论教学，要求学生必须用理论指导实践，多动手以培养技能，并能适应不同的工作环境。实训过程中有的完全是一种体力劳动，并具有一定的危险性，参加实训的学生必须有良好的身体做保证才能完成实训任务。身体不适者应另做安排。

② 实训教育。实训教育过程中要向学生讲授实训的意义、目标和要求，着重强调安全、规范、严格、有序的要求。

要知道：安全是做好实训的前提。安全为了实训，实训必须安全。历史上由于忽视安全而造成的惨痛教训很多，因此应教育学生在实训过程中遵守劳动纪律、增强责任心和明确操作工序等，以保证实训教学顺利进行。

规范是实训过程的核心。参加实训的教师必须做到行为规范、管理规范和技术规范，并以此来严格要求学生以适应将来的就业要求。

严格是达到实训目标的保证。"严师出高徒"，只有严格制度和规范，有计划、有步骤、有纪律地强化训练与严格要求，才能使学生学到真本领，受益终生。

有序是实现实训目标的重要条件。实训过程要循序渐进、有条不紊。内容上要由浅入深、由易到难，有计划、有步骤地进行。管理上科学规范，文明训练。

③ 实训分工。在实训之前，教师应根据学生的能力、性别等因素进行分组并指定组长负责小组管理工作。而后再给各小组下达每天实训的内容、方法、步骤、规范、要求、要实现的目标以及评分标准等。

（2）讲解与示范阶段

实训教学之前，实训教师每天都应当把当天的实训内容、方法、步骤、规范、要求、要实现的目标等做耐心细致的讲解，尤其是一些重点、难点、工艺技巧等，必须让学生深入领会。讲解过程中，教师要辅之以准确无误、规范熟练的示范，让学生加深对实训内容的印象和理解，为学生自己动手训练做好准备。

（3）训练与指导阶段

这是整个实训教学的核心部分。学生应当主动积极，以饱满的热情和创新精神，按照布置的任务，循序渐进地反复训练与强化，使理论与实践有机地融为一体并得以升华。在此过程中，教师应认真巡视并根据学生的能力差异做耐心的指导。

（4）考核评分阶段

依据实训大纲，当学生完成一个阶段的实训内容后，教师应对学生进行考核评分，以考查学生是否达到了该阶段的实训目标。

（5）工位清理与总结阶段

完成每天的实训任务后，学生应该认真清理工位上的工具、材料等，做到工位整洁、有序。学生离开工位后应"趁热打铁"，坐在一起认真交流体会，总结当天的实训经验与教训，并对自己一天的实训工作做出客观公正的分析与评价，以利再战。

4. 国家职业技能等级考核基本情况

按照实训的基本要求，完成实训规定的基本内容，便可以参加国家劳动部门组织的中级维修电工、中级电工的职业技能等级考试。考核合格者便可获得中华人民共和国劳动和社会保障部颁发的相应等级的职业技能证书，从而大大增强自身的就业竞争力。

《中华人民共和国劳动法》明确规定，国家对规定的职业制定技能鉴定标准，实行职业资格准入制度，并由经过政府批准的考核鉴定机构负责对劳动者实施职业技能鉴定。

职业技能鉴定是提高劳动者素质、增强劳动者就业能力的有效措施。通过考核，对职业资格证书予以确认，为用人单位合理使用劳动力、劳动者自主择业提供有力的依据和凭证。

目前，国家已确定了 99 个工种采取职业资格准入制度，并分别制定了相应的《中华人民共和国工人技术等级标准》和《国家职业技能鉴定规范》（即考核大纲），每个工种一般又分初、中、高三个等级，以确定劳动者按不同等级的职业技能从事不同的工作。

机电类各专业的学生，根据专业方向的不同和对所学知识的掌握情况可以申报的主要工种有：中、初级车工；中、初级钳工；中、初级电焊工；中、初级维修电工；中、初级电工；中、初级无线电装接工等。

职业技能考核的内容分知识要求和技能要求两部分：知识部分考试时间为 60～120min，满分 100 分，60 分及格；技能部分考试时间根据实际需要确定，一般为 2～4h，满分 100分，60 分及格。两部分考核必须全部及格才通过考核，才能获得相应的技能证书。职业技能等级证书全国通用。

第二章
安全用电

本章主要介绍安全用电常识和电气安全技术知识。安全用电包括安全用电工作制度、电工安全操作规程、避雷器的类型和安装使用。本章的学习难点是电力系统和电气设备的接地，主要分为工作接地、保护接地、接零和重复接地。学习重点是触电与急救的基本知识，一旦发生触电事故，抢救者必须保持冷静，首先应使触电者脱离电源，然后进行急救，急救的方式包括：人工呼吸法和人工胸外心脏按压法。电气火灾的紧急处理步骤为：切断电源、正确使用灭火器材。用电设备必须正确选用、正确安装及维护，以有效地防止触电事故和其他电气事故。

第一节
安全用电常识

电能在人类社会的进步与发展过程中起着极其重要的作用，电能作为二次能源应用也越来越广泛。现代人类的日常生活和工农业生产中，越来越多地使用着品种繁多的家用电器和电气设备，电能给人们的生活和生产带来了极大的便利。但是它又会对人类构成威胁，电气事故不仅毁坏用电设备，还会引起火灾；供电系统的故障可能导致用电设备的损坏或人身伤亡事故，也可能导致局部或大范围停电，甚至造成严重的社会灾难；触电会造成人员伤亡。为了保障人身、设备的安全，国家按照安全技术要求颁发了一系列的规定和规程。这些规定和规程主要包括电气装置安装规程、电气装置检修规程和安全操作规程，统称为安全技术规程。本章主要介绍安全用电常识和电气安全技术知识。

一、安全用电的意义

电，一方面造福人类；另一方面，又对人构成威胁。在用电过程中，必须特别注意电气安全，如果稍有麻痹或疏忽，就有可能造成严重的人身触电事故，或者引起火灾或爆炸。其中触电事故是人体触及带电体的事故，主要是电流对人体造成的危害，是电气事故中最为常见的。

二、电气工作人员具备的基本条件及人身安全常识

1. 电气工作人员具备的基本条件

① 在电气设备上工作至少应有两名经过电气安全培训并考试合格的电工进行。非合格电工在电气设备上工作时应由合格电工负责监护。

② 电气工作人员必须认真学习和严格遵守《电业安全工作规程》和工厂企业制定的现

场安全规程补充规定。

③ 在电气设备上工作一般应停电后进行。只有经过特殊培训并考核合格的电工方可进行批准的某些带电作业项目。停电的设备是指与供电网电源已隔离，已采取防止突然通电的安全措施并与其他任何带电设备有足够的安全距离。

④ 在任何已投入运行的电气设备或高压室内工作，都应执行两项基本安全措施，即技术措施和组织措施。技术措施是保证电气设备在停电作业时断开电源，防止接近带电设备，防止工作区域有突然来电的可能；在带电作业时能有完善的技术装备和安全的作业条件。组织措施是保证整个作业的各个安全环节在明确的有关人员安全责任制下组织作业。

⑤ 为了保证电气作业安全，所有使用的电气安全用具都应符合安全要求，并经过试验合格，在规定的安全有效期内使用。

2. 人身安全常识

人身安全是指电工本身及一般人员在生产与生活中防止触电及其他电气危害。电流对人体伤害的严重程度与通过人体电流的大小、频率、持续时间、通过人体的路径及人体电阻的大小程度等多种因素有关。

（1）电流大小

通过人体的电流越大，人体的生理反应就越明显，感应就越强烈，引起心室颤动所需的时间就越短，致命的危险就越大。

对于工频交流电，按照通过人体电流的大小和人体所呈现的不同状态，大致分为下列三种。

① 感觉电流。指引起人的感觉的最小电流。实验表明，成年男性的平均感觉电流约为1.1mA，成年女性约为0.7mA。

② 摆脱电流。指人体触电后能自主摆脱电源的最大电流。实验表明，成年男性的平均摆脱电流约为16mA，成年女性约为10mA。

③ 致命电流。指在较短的时间内危及生命的最小电流。实验表明，当通过人体的电流达到30～50mA时，中枢神经就会受到伤害，使人感觉麻痹，呼吸困难。如果通过人体的工频电流超过100mA时，在极短的时间内人就会失去知觉而导致死亡。

根据触电者所处的环境对人的影响，对人体的允许电流做出如下的规定：由实验得知，在摆脱电流范围内，人若被电击后一般都能自主摆脱带电体，从而解除触电危险。因此，通常把摆脱电流看作是人体允许电流。在线路及设备装有防止触电的速断保护装置时，人体允许电流可按30mA考虑；在高空作业、水中等可能因电击导致摔死、淹死的场合，则应按不引起痉挛的5mA考虑。

（2）电流频率

一般认为40～60Hz的交流电对人最危险。随着频率的增加，危险性将降低。高频电流不仅不伤害人体，还能治病。

（3）通电时间

通电时间越长，人体电阻因出汗等原因降低，导致通过人体电流增加，触电的危险性亦随之增加。引起触电危险的工频电流和通过电流的时间关系可用下式表示

$$I = \frac{165}{\sqrt{t}}$$

式中　I——引起触电危险的电流，mA；

　　　　t——通电时间，s。

（4）电流路径

电流通过头部可使人昏迷；通过脊髓可能导致瘫痪；通过心脏会造成心跳停止，血液循环中断；通过呼吸系统造成窒息。因此，从左手到胸部是最危险的电流路径；从手到手、从手到脚也是很危险的电流路径；从脚到脚是危险性较小的电流路径。

（5）人体电阻

人体电阻包括内部组织电阻（称体电阻）和皮肤电阻两部分。皮肤电阻主要由角质层决定，角质层越厚，电阻就越大。人体电阻一般约 $1500\sim2000\Omega$（为保险起见，通常取为 $800\sim1000\Omega$）。

影响人体电阻的因素很多。除皮肤厚薄外，皮肤潮湿、多汗、有损伤、带有导电性粉尘等都会降低人体电阻。

（6）电压的影响

从安全角度看，确定对人体的安全条件通常不采用安全电流而是用安全电压，因为影响电流变化的因素很多。而电力系统的电压却是较为恒定的。

当人体接触电压后，随着电压的升高，人体电阻会有所降低。若接触了高电压，则因皮肤受损破裂而会使人体电阻下降，通过人体的电流也就会随之增大。在高电压情况下，即使不接触，接近时也会产生感应电流的影响，因而是很危险的。经试验证实，电压高低对人体的影响及允许接近的最小安全距离可见表 2-1。

表 2-1 电压对人体的影响及可接近的最小距离

控制时的情况		可接近的距离	
电压/V	对人体的影响	电压/kV	设备不停电时的安全距离/m
10	全身在水中时跨步电压界限为10V/m	≤10 20～35	0.7 1.0
20	湿手的安全界限	44	1.2
30	干燥手的安全界限	60～100	1.5
50	对人的生命无危险界限	154	2.0
100～200	危险性急剧增大	220	3.0
＞200	对人的生命发生危险	330	4.0
3000	被带电体吸引	500	5.0
＞10000	有被弹开而脱险的可能		

三、电工安全操作知识

国家有关部门颁布了一系列的电工安全规程规范，各地区电业部门及各单位主管部门也对电气安全有明确规定，电工必须认真学习，严格遵守。为避免违章作业引起触电，首先应熟悉以下电工基本的安全操作要点。

① 工作前必须检查工具、测量仪表和防护用具是否完好。

② 任何电气设备内部未经验明无电时，一律视为有电，不准用手触及。

③ 在线路、设备上工作时要切断电源，经试电笔测试无电并挂上警告牌（如：有人操作，严禁合闸）后方可进行工作。任何电气设备在未确认无电以前，均作为有电状态处理。不准在设备运转时拆卸修理电气设备。必须在停车、切断设备电源、取下熔断器、挂上"禁

止合闸，有人工作"的警示牌，并验明无电后，才可进行工作。

④ 在总配电盘及母线上进行工作时，在验明无电后应挂临时接地线，装拆接地线都必须由值班电工进行。

⑤ 临时工作中断后或每班开始工作前，都必须重新检查电源确已断开，并验明无电。

⑥ 每次维修结束时，必须清点所带工具、零件，以防遗失和留在设备内而造成事故。

⑦ 由专门检修人员修理电气设备时，值班电工必须进行登记，完工后要做好交代，共同检查，然后才可送电。

⑧ 必须在低压配电设备上带电进行工作时，要经过领导批准，并要有专人监护。工作时要戴工作帽，穿长袖衣服，戴绝缘手套，使用绝缘的工具，并站在绝缘物上进行操作，邻相带电部分和接地金属部分应用绝缘板隔开。严禁使用锉刀、钢尺等进行工作。

⑨ 禁止带负载操作动力配电箱中的刀开关。

⑩ 带电装卸熔断器时，要戴防护眼镜和绝缘手套，必要时要使用绝缘夹钳，站在绝缘垫上操作。绝缘工具和防护用具如图 2-1 所示。

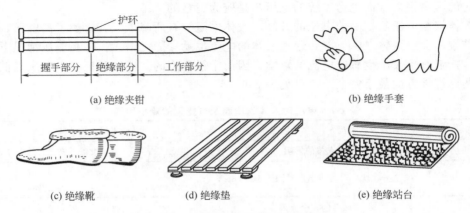

(a) 绝缘夹钳　　　　　　　　　　　　　　　　(b) 绝缘手套

(c) 绝缘靴　　　　　(d) 绝缘垫　　　　　(e) 绝缘站台

图 2-1　绝缘工具和防护用具

⑪ 熔断器的容量要与设备和线路的安装容量相适应。

⑫ 电气设备的金属外壳必须接地（接零），接地线要符合标准，不准断开带电设备的外壳接地线。

⑬ 拆除电气设备或线路后，对可能继续供电的线头必须立即用绝缘布包扎好。

⑭ 安装灯头时，开关必须接在相线上，灯头（座）螺纹端必须接在零线上。

⑮ 按规定搭接临时线，敷设时应先接地线，拆除时应先拆相线，拆除的电线要及时处理好，带电的线头需用绝缘带包扎好，严禁乱拉临时线。对临时装设的电气设备，必须将金属外壳接地。严禁将电动工具的外壳接地线和工作零线拧在一起插入插座。必须使用两线带地或三线带地插座，或者将外壳接地线单独接到接地干线上，以防接触不良时引起外壳带电。用橡胶软电缆接移动设备时，专供保护接零的芯线中不许有工作电流通过。

⑯ 动力配电盘、配电箱、开关、变压器等各种电气设备附近，不准堆放各种易燃、易爆、潮湿和其他影响操作的物件。

⑰ 高空作业时应系好安全带，扶梯应有防滑措施。使用梯子时，梯子与地面之间的角度以 60°左右为宜。在水泥地面上使用梯子时，要有防滑措施。对没有搭钩的梯子，在工作中要有人扶持。使用人字梯时拉绳必须牢固。

⑱ 使用喷灯时，油量不得超过容器容积的 3/4，打气要适当，不得使用漏油、漏气的喷

灯。不准在易燃易爆物品附近点燃喷灯。

⑲ 使用Ⅰ类电动工具时，要戴绝缘手套，并站在绝缘垫上工作。最好加设漏电保护断路器或安全隔离变压器。

⑳ 使用电烙铁时，安放位置不得有易燃物或靠近电气设备，用完后要及时拔掉电源插头。

㉑ 电气设备发生火灾时，要立刻切断电源，并使用"1211"灭火器或二氧化碳灭火器灭火，严禁用水或泡沫灭火器。

四、电气设备运行安全常识

设备安全是指电气设备、工作机械及其他设备的安全。设备安全主要考虑下列因素。

1. 电气装置安装的要求

① 总开关不能倒装。闸刀开关推上时电路接通，拉下来电路断开。如果倒装，就有可能自动合闸，使电路接通。这样，在检修电路时很不安全。

② 总开关和用户保险盒安装次序要正确，总开关应能控制保险盒，否则当保险盒损坏而进行修理时，就无法断电，影响操作安全。

③ 不能把开关、插座或接线盒等直接装在建筑物上，而应安装木盒。否则，如果建筑物受潮，就会造成漏电事故。

2. 不同场所对使用电压的要求

不同的场所（建筑物），在电气设备或设施的安装、维护、使用以及检修等方面都有着不同的要求。按照触电的危险程度，可将它们分成以下几类。

① 无高度触电危险的建筑物。指干燥、温暖、无导电粉尘的建筑物，例如住宅、公共场所、生活建筑物、实验室、仪表装配楼、纺织车间等。在这种场所中，各种易接触到的用电器、携带型电气工具的使用电压不超过工频220V。

② 有高度触电危险的建筑物。指地板、天花板和四周墙壁经常潮湿、室内炎热高温（气温30℃）和有导电粉尘的建筑物，例如金工车间、锻工车间、电炉车间、泵房、变配电所、压缩机站等。在这种场所中，各种易接触到的用电器、携带型电气工具的使用电压不超过工频36V。

③ 有特别触电危险的建筑物。指特别潮湿、有腐蚀性液体及蒸气、煤气或游离性气体的建筑物，例如铸工车间、锅炉房、染化料车间、化工车间、电镀车间等。在这种场所中，各种易接触到的用电器、携带型电气工具的使用电压不超过工频12V。

④ 在矿井和浴池之类的场所，在检修设备时，常使用专用的工频12V或24V工作手灯。中国的安全电压值规定是工频交流36V、24V和12V三种。

五、安全用电技术措施

1. 固定设备电气安全的基本措施

（1）直接电击的防护措施

① 绝缘。用绝缘材料将带电体封闭起来。良好的绝缘是保证电气设备和线路运行的必要条件，是防止触电的主要措施。应当注意，单独采用涂漆、漆包等类似的绝缘来防止触电是不够的。

② 屏护。采用屏护装置将带电体与外界隔开。为杜绝不安全因素，常用的屏护装置有遮栏、护罩、护盖和栅栏等。如常用的电器绝缘外壳、金属网罩、金属外壳和变压器的遮栏

等都属于屏护装置。凡是金属材料制作的屏护装置，应妥善接地或接零。屏护装置不直接与带电体接触，对所用材料的电气性能没有严格要求，但必须有足够的机械强度和很好的耐热、耐火性能。

③ 障碍。即设置障碍以防止无意触及或接近带电体。但它并不能防止绕过障碍而触及带电体，至少应使人意识到超越屏障围栏会发生危险，而不去随意触及带电体。

④ 间隔。即保持一定间隔以防止无意触及带电体。凡易于接近的带电体，应保持在伸出手臂时所触及的范围之外。正常操作时，凡使用较长工具者，间隔应加大。

⑤ 漏电保护。漏电保护又叫残余电流保护或接地故障电流保护。漏电保护仅能做附加保护而不应单独使用，其动作电流最大不宜超过 30mA。

⑥ 安全电压。即根据具体工作场所的特点的安全电压，如 36V、24V 及 12V 等。

（2）间接电击的防护措施

① 自动断开电源。安装自动断电装置。自动断电装置有漏电保护、过流保护、过压或欠压保护、短路保护等，当带电线路或设备发生故障或触电事故时，自动断电装置能在规定时间内自动切除电源，起到保护作用。

② 加强绝缘。是指采用有双重绝缘或加强绝缘的电气设备，或者采用另有共同绝缘的组合电气设备，以防止工作绝缘损坏后在易接近部分出现危险的对地电压。

③ 不导电环境。这种措施是为防止工作绝缘损坏时人体同时触及不同电位的两点而导致触电。

④ 等电位环境。是将所有容易同时接近的裸导体（包括设备外的裸导体）互相连接起来等化其间电位，防止接触电压。等电位范围不应小于可能触及带电体的范围。

⑤ 电气隔离。这种措施是采用隔离变压器（或有隔离能力的发电机）实现电气隔离的，以防止裸导体故障带电时造成电击。被隔离回路的电压不应超过 500V，其带电部分不能与其他电气回路或大地相连，以保持隔离要求。

2. 移动式电器的安全措施

（1）实行接零（地）

这是对移动式电器的主要安全措施之一。移动式电器要采用带有接零（地）芯线的橡套软线做电源线；其专用芯线（指绿/黄双色线）用作接零（地）线，且截面积不得小于 1mm^2（GB 3787—2006 国标规定，任何情况下均以绿/黄双色相间的芯线作为保护接地线或接零线；对原以黑色芯线作为保护接地或接零线的软电缆或软线应予以逐步调换）。

（2）采用安全电压

在特别危险场合可采用安全电压的单相移动式设备，安全电压也应由双线圈隔离变压器供电。由于该设备不够经济，这种办法只在某些指定场合应用。

（3）采用隔离变压器

在接地电网中可装设一台隔离变压器给单相设备供电，其次级应与大地保持良好绝缘。此时，由于单相设备转变为在不接地电网中运行，从而可以避免触电危险。

（4）采用双重绝缘的单相设备

带有双重绝缘结构的携带式电气化设备是一种新型的、安全性能较高的电气设备。其工作绝缘线主要用来保证设备的正常工作，保护绝缘是当工作绝缘损坏时用来防止触电的。

（5）采用防护用具

即应穿戴绝缘鞋、绝缘手套，或站在绝缘板上等，使人与大地或人与单相设备外壳隔离。这虽是一项简便易行的办法，但却是实际工作中确有成效的基本安全措施。

3. 合理选择导线

合理选择导线是安全用电的必要条件。导线允许流过的电流与导线的材料及导线的横截面有关，当导线中流过的电流过大时，会引起火灾。不同场所导线的最小允许截面积如表2-2所示。

表2-2 不同场所导线最小允许截面积

种类及使用场所			芯线允许最小截面		
			铜芯软线	铜 线	铝 线
照明用灯火线		民用建筑，户内	0.4	0.5	2.5
		工业建筑，户内	0.5	0.8	2.5
		户外		1.0	2.5
移动式用电设备		生活用	0.2		
		生产用	1.0		
敷设在绝缘支持件上的绝缘线，其支持点间距为	2m 以下	户内		1.0	2.5
		户外		1.5	2.5
	6m 及以下			2.5	4.0
	10m 及以下			2.5	6.0
	25m 及以下（引下线）			4.0	10
穿管线				1.0	2.5

第二节
触　　电

一、电流对人体的伤害

外部的电流经过人体，造成人体器官组织损伤，严重时将引起昏迷、窒息，甚至心脏停止跳动直至死亡，称为触电。它有两种类型，即电击和电伤。电击是指电流通过人体内部，对人体内脏及神经系统造成破坏，它可以使肌肉抽搐、内部组织损伤、发热发麻、神经麻痹等，直至死亡，通常说的触电就是电击。触电死亡大部分由电击造成。电伤是指电流通过人体外部表皮造成局部伤害。在触电事故中，电击和电伤常会同时发生。触电的伤害程度与通过人体电流的大小、流过的途径、持续的时间、电流的种类、交流电的频率及人体的健康状况等因素有关，其中以通过人体电流的大小对触电者的伤害程度起决定性作用。人体对触电电流的反应见表2-3。由于触电时对人体的危害性极大，为了保障人的生命安全，使触电者能够自行脱离电源，因此各国都规定了安全操作电压。中国规定的安全电压：对 $50 \sim 500 \mathrm{Hz}$ 的交流电压安全额定值（有效值）为 42V、36V、24V、12V、6V 五个等级，供不同场合选用，还规定安全电压在任何情况下均不得超过50V 有效值。当电器设备采用大于24V 的安全电压时，必须有防止人体直接触及带电体的保护措施。

表 2-3　电流对人体的影响

电流/mA	交 流 电(50Hz)			直 流 电
	通电时间	人 体 反 应		人 体 反 应
0～0.5	连续	无感觉		无感觉
0.5～5	连续	有麻刺、疼痛感,无痉挛		无感觉
5～10	数分钟内	痉挛、剧痛,但可摆脱电源		有针刺、压迫及灼热感
10～30	数分钟内	迅速麻痹,呼吸困难,不能自由		压痛、刺痛,灼热强烈、有抽搐
30～50	数秒至数分钟	心跳不规则,昏迷,强烈痉挛		感觉强烈,有剧痛痉挛
50～100	超过 3s	心室颤动,呼吸麻痹,心脏麻痹而停跳		剧痛,强烈痉挛,呼吸困难或麻痹

二、触电的原因

发生触电事故的主要原因如下。

① 缺乏用电常识,触及带电的导线。

② 没有遵守操作规程,人体直接与带电部分接触。

③ 由于用电设备管理不当,使绝缘损坏,发生漏电,人体碰触漏电设备外壳。

④ 高压线路落地,造成跨步电压引起对人体的伤害。

⑤ 检修中,安全组织措施和安全技术措施不完善,接线错误,造成触电事故。

⑥ 其他偶然因素,如人体受雷击等。

三、触电的形式

1. 单相触电

如图 2-2 所示,这是常见的触电形式。人体的某一部分接触带电体的同时,另一部分又与大地或中性线相接,电流从带电体流经人体到大地(或中性线)形成回路。中国供电系统大部分是三相四线制,单相对地电压为 220V,若触及是很危险的。

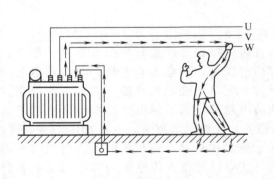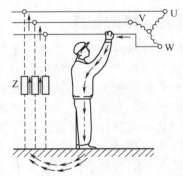

(a) 中性点直接接地系统的单相触电　　　　(b) 中性点不接地系统的单相触电

图 2-2　单相触电

2. 两相触电

如图 2-3 所示,人体的不同部分同时接触两相电源时造成的触电,对于这种情况,无论电网中性点是否接地,人体所承受的线电压(380V)将比单相触电时高,危险更大。

图 2-3　两相触电

图 2-4　跨步电压触电

3. 跨步电压触电

若架空电力线（特别是高压线）断散到地时，电流通过导线接地点流入大地散发到四周的土壤中，以导线触地点为中心，构成电位分布区域，越接近中心，地面电位也越高。电位分布区域一般在 $15\sim20m$ 的半径范围内。当人畜跨进这个区域，两脚之间出现的电位差称为跨步电压。在这种电压作用下，电流从接触高电位的脚流进，从接触低电位的脚流出。从而形成触电，见图 2-4。此时人应该将双脚并在一起或用单脚着地跳出危险区。

4. 接触电压触电

电力线接地后，除存在跨步电压外，如人体直接碰及带电导线，将会产生接触电压的直接触电，这是十分危险的。

四、触电的预防

从电流对人体的伤害中可看出，必须安全用电，并且应该以预防为主。为了最大限度地减少触电事故的发生，应从实际出发分析触电的原因与形式，并针对不同情况提出预防措施。

第三节
触电现场抢救常识

一、电气火灾消防知识

电气火灾是电气设备因故障（如短路、过载、漏电等）产生过热，或者由于设备自身缺陷、施工安装不当、电气接触不良、雷击引起的高温、电弧、电火花（如电焊火花飞溅、故障火花等）而引发的火灾。

1. 电气火灾产生的直接原因

① 设备或线路发生短路故障。电气设备由于绝缘损坏、电路年久失修、疏忽大意、操作失误及设备安装不合格等将造成短路故障，其短路电流可达正常电流的几十倍甚至上百倍，产生的热量（正比于电流的平方）使温度上升超过自身和周围可燃物的燃点引起燃烧，从而导致火灾。

② 过载引起电气设备过热。选用线路或设备不合理，线路的负载电流量超过了导线额定的安全载流量，电气设备长期超载（超过额定负载能力），引起线路或设备过热而导致火灾。

③ 接触不良引起过热。如接头连接不牢或不紧密、动触点压力过小等使接触电阻过大，在接触部位发生过热而引起火灾。

④ 雷击引起的火灾。

⑤ 通风散热不良。大功率设备缺少通风散热设施或通风散热设施损坏造成过热而引发火灾。

⑥ 电器使用不当。如电炉、电熨斗、电烙铁等未按要求使用，或用后忘记断开电源，引起过热而导致火灾。

⑦ 电火花和电弧。有些电气设备正常运行时就能产生电火花、电弧。如大容量开关、接触器触点的分、合操作，都会产生电弧和电火花。电火花温度可达数千度，遇可燃物便可点燃，遇可燃气体便会发生爆炸。

2. 电气火灾的预防方法

在线路设计时应充分考虑负载容量及合理的过载能力；按照相关规定安装避雷设备；在用电时应禁止过度超载及"乱接乱搭电源线"；防止"短路"故障，用电设备有故障应停用并尽快检修；某些电气设备应在有人监护下使用，"人去停用（电）"。预防电火灾看来都是一些烦琐小事，可实际意义重大，千万不要麻痹大意。对于易引起火灾的场所，应注意加强防火，配置防火器材，使用防爆电器。

3. 电气火灾的紧急处理步骤

① 切断电源。当电气设备发生火警时，首先要切断电源（用木柄消防斧切断电源进线），防止事故的扩大和火势的蔓延，以及灭火过程中发生触电事故。同时拨打"119"火警电话，向消防部门报警。

② 正确使用灭火器材。发生电火警时，绝不可用水或普通灭火器如泡沫灭火器去灭火，因为水和普通灭火器中的溶液都是导体，一旦电源未被切断，救火者就有触电的可能。所以，发生电火警时应使用干粉二氧化碳或"1211"灭火器灭火，也可以使用干燥的黄沙灭火。

③ 安全事项。救火人员不要随便触碰电气设备及电线，尤其要注意断落到地上的电线。此时，对于火警现场的一切线、缆，都应按带电体处理。

二、触电急救知识

1. 解脱电源

人在触电后可能由于失去知觉或超过人的摆脱电流而不能自己脱离电源。此时抢救者不要惊慌，要在保护自己不被触电情况下使触电者脱离电源，方法如图 2-5 所示。

① 如果接触电器触电，应立即断开近处的电源，可就近拔掉插头、断开开关。

② 如果碰到破损的电线而触电，附近又找不到开关，可用干燥的木棒、竹竿等绝缘工具把电线挑开。挑开的电线要放置好，不要使人再触到。

③ 如一时不能实行上述方法，触电者又趴在电器上，可隔着干燥的衣物将触电者拉开。这时，抢救者脚下最好垫有干燥的绝缘物。

④ 在脱离电源过程中，如触电者在高处，要防止脱离电源后跌伤而造成二次受伤。

⑤ 在使触电者脱离电源的过程中，抢救者要防止自身触电。例如在没有绝缘防护的情况下，切勿用手直接接触触电者的皮肤。

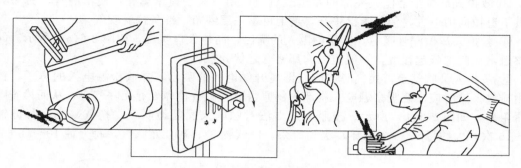

图 2-5　使触电者迅速脱离电源

2. 脱离电源后的判断

触电者脱离电源后，应迅速判断其症状。根据其受电流伤害的不同程度，采用不同的急救方法。

① 判明触电者有无知觉。触电如引起呼吸停止及心脏室颤动、停搏，要迅速判明，立即进行现场抢救。因为过 5min 脑将发生不可逆的损害，过 10min 脑已死亡。因此须迅速判明触电者有无知觉，以确定是否需要抢救。可以用摇动触电者肩部、呼叫其姓名等方法检查他有无反应，若是没有反应，就有可能呼吸、心搏停止，这时应抓紧进行抢救工作。

② 判断呼吸是否停止。将触电人移至干燥、宽敞、通风的地方，将衣裤放松，使其仰卧，观察胸部或腹部有无因呼吸而产生的起伏动作，若不明显，可用手或小纸条靠近触电人的鼻孔，观察有无气流流动；或用手放在触电者胸部，感觉有无呼吸动作，若没有，说明呼吸已经停止。

③ 判断脉搏是否搏动。用手检查颈部的颈动脉或腹股沟处的股动脉，看有无搏动，如有，说明心脏还在工作。另外，还可用耳朵贴在触电人心区附近，倾听有无心脏跳动的声音，若有，也说明心脏还在工作。

④ 判断瞳孔是否放大。瞳孔是受大脑控制的一个自动调节的光圈。如果大脑机能正常，瞳孔可随外界光线的强弱自动调节大小。处于死亡边缘或已死亡的人，由于大脑细胞严重缺氧，大脑中枢失去对瞳孔的调节功能，瞳孔会自行放大，对外界光线强弱不再做出反应。

三、触电急救方法

1. 人工呼吸法

人的生命的维持，主要靠心脏跳动而产生血液循环和通过呼吸而形成的氧气与废气的交换。如果触电人伤害较严重，失去知觉，停止呼吸，但心脏微有跳动时，应采用口对口的人工呼吸法。具体做法如下。

① 迅速解开触电人的衣服、裤带，松开上身的衣服、护胸罩和围巾等，使其胸部能自由扩张，不妨碍呼吸。

② 使触电人仰卧，不垫枕头，头先侧向一边清除其口腔内的血块、假牙及其他异物等。如其舌根下隐，应将舌头拉出，使其呼吸畅通。如触电者牙关紧闭，救护人员应以双手托住其下巴的后角处，大拇指放在下巴角的边缘，用手持下巴骨慢慢向前推移，使下牙移到上牙之前；也可用开口钳、小木片、金属片等，小心地从口角处伸入牙缝撬开牙齿，清除口腔异物。然后将其头部扳正，使之尽量后仰，鼻口朝天，使呼吸畅通。

③ 救护人员位于触电人头部的左边或右边，用一只手捏紧鼻孔，使不漏气，另一只手将其下巴拉向前下方，使其嘴巴张开，嘴上可盖一层纱布，准备接受吹气。

④ 救护人员做深呼吸后，紧贴触电人的嘴巴，向他大口吹气，如图 2-6（a）所示。同时观察触电人胸部隆起程度，一般应以胸部略有起伏为宜。

⑤ 救护人员吹气至需换气时，应立即离开触电人的嘴巴，并放松触电人的鼻子，让其自由排气。这时应注意观察触电人胸部的复原情况，倾听口鼻处有无呼气声，从而检查呼吸是否阻塞，如图 2-6（b）所示。按照上述方法对触电人反复地吹气、换气，成人每分钟约14～16 次，大约每 5s 一个循环，吹气约 2s，呼气约 3s；对儿童吹气，每分钟 10～18 次。

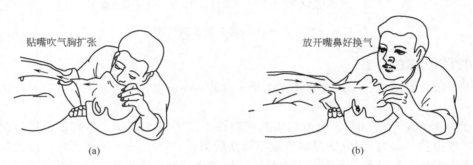

贴嘴吹气胸扩张

放开嘴鼻好换气

(a)   (b)

图 2-6　口对口（鼻）人工呼吸法

2. 人工胸外按压心脏法

若触电人伤害得相当严重，心脏和呼吸都已停止，人完全失去知觉时，则需同时采用口对口人工呼吸和人工胸外按压两种方法。如果现场仅有一个人抢救时，可交替使用这两种方法，先胸外按压心脏 4～6 次，然后口对口呼吸 2～3 次，再按压心脏，反复循环进行操作。人工胸外按压心脏的具体操作步骤如下。

① 解开触电人的衣裤，清除口腔内异物，使其胸部能自由扩张。

② 使触电人仰卧，姿势与口对口吹气法相同，但背部着地处的地面必须牢固。

③ 救护人员位于触电人一边，最好是跨腰跪在触电人的腰部，将一只手的掌根放在心窝稍高一点的地方（掌根放在胸骨的下 1/3 部位），中指指尖对准锁骨间凹陷处边缘，如图2-7 所示，另一只手压在那只手的背上，呈两手交叠状（对儿童可用一只手）。

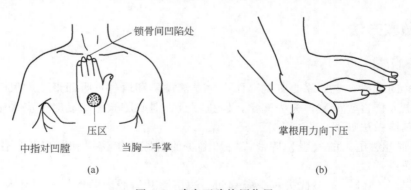

锁骨间凹陷处

压区

中指对凹膛　　当胸一手掌

掌根用力向下压

(a)   (b)

图 2-7　确定正确按压位置

④ 救护人员找到触电人的正确压点，自上而下，垂直均衡地用力向下按压，如图 2-8所示，压出心脏里面的血液，注意用力适当。

⑤ 按压后，掌根迅速放松（但手掌不要离开胸部），使触电人胸部自动复原，心脏扩

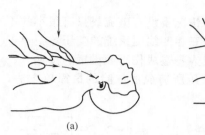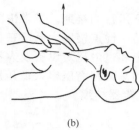

(a)　　　　　　　　　　　(b)

图 2-8　心脏按压法

张，血液又回到心脏。

按上述方法反复地对触电人的心脏进行按压和放松，每分钟约 60 次，按压时定位要准确，用力要适当。

在施行人工呼吸和心脏按压时，救护人员应密切观察触电人的情况，只要发现触电人有苏醒症状，如眼皮微动或嘴唇微动，就应中止操作几秒钟，让触电人自行呼吸和心跳。

在进行触电急救时要同时呼救，请医护人员。施行人工呼吸和心脏按压必须坚持不懈，直到触电人苏醒或医护人员前来救治为止。只有医生才有权宣布触电人真正死亡。

第四节
接地与接零

凡是电气设备或设施的任何部位（不论带电与不带电），人为地或自然地与具有零电位的大地相接通的方式，便称为电气接地（简称接地）。

由于大地内含有自然界中的水分等导电物质，因此它也是能导电的。当一根带电的导体与大地接触时，便会形成以接触点为球心的半球形"地电场"，半径约为 20m，如图2-9所示。

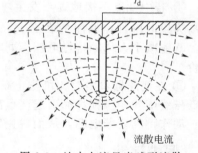

图 2-9　地中电流呈半球形流散

按照接地的形成情况，可以将其分为正常接地和故障接地两大类。前者是为了某种需要而人为设置的，后者则是由各种外界或自身因素自然形成的，应当设法避免。

按照接地的不同作用，又可将正常接地分为工作接地和安全接地两大类。

一、工作接地

由于运行和安全需要，为保证电力网在正常情况或事故情况下能可靠的工作而将电气回路中性点与大地相连，称为工作接地。如电源（发电机或变压器）的中性点直接（或经消弧线圈）接地、电压互感器一次侧中性点的接地，都属于工作接地。

1. 工作接地形式

工作接地通常有以下三种情况。

① 利用大地做回路的接地。此时，正常情况下也有电流通过大地，如直接工作接地、

弱电工作接地等。

② 维持系统安全运行的接地。正常情况下没有电流或只有很小的不平衡电流通过大地，如 110kV 以上系统的中性点接地、低压三相四线制系统的变压器中性点接地等。

③ 为了防止雷击和过电压对设备及人身造成伤害而设置的接地。

如图 2-10 所示的是减轻高压串入低压所造成的危险的最简单方法，把低压电网的中性点或者一相经击穿保险器接地。

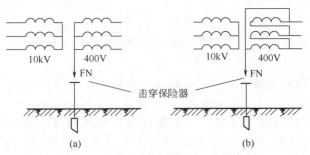

图 2-10　带击穿保险器的工作接地

2. 低压配电网工作接地的作用

① 正常供电情况下能维持相线的对地电压不变，从而可向外（对负载）提供 220V/380V 这两种不同的电压，以满足单相 220V（如电灯等家用电器）及三相 380V（如电动机等）不同负载的用电需要。

② 变压器或发电机的中性点经消弧圈接地，还能在发生单相接地故障时，消除接地短路点的电弧及由此可能引起的危害。

③ 仪用互感器如电压互感器一次侧线圈的中性点接地，主要是为了对一次系统中的相对地电压进行测量。

④ 若中性点不接地则当发生单相接地（如出现故障）情况时，另外两相的对地电压便升高为线电压（相电压的 $\sqrt{3}$ 倍）。而中性点接地后，另两相的对地电压便仍为相电压。这样，既能减小人体的接触电压，同时还可适当降低对电气设备的绝缘要求，利于制造及降低造价。

⑤ 在变压器供电时，可防止高压电串入低压用电侧的危险。实行上述接地后，万一因高低压线圈间绝缘损坏而引起严重漏电，高压电便可经该接地装置构成闭合回路，使上一级保护动作跳闸切断电源，从而避免低压侧工作人员遭受高压电的伤害及造成设备损坏。

二、保护接地

安全接地主要包括：为防止电力设施或电气设备绝缘损坏，危及人身安全而设置的保护接地；为消除生产过程中产生的静电积累，引起触电或爆炸而设的静电接地；为防止电磁感应而对设备的金属外壳、屏蔽或屏蔽线外皮所进行的屏蔽接地。其中保护接地应用最为广泛。

为了保障人身安全，避免发生触电事故，将电气设备在正常情况下不带电的金属部分（如外壳等）与接地装置实行良好的金属性连接，见图 2-11，这种方式便称为保护接地，简称接地。它是一种防止触电的基本技术措施，使用相当普遍。

当电气设备由于各种原因造成绝缘损坏时就会产生漏电；或是带电导线碰触机壳时，都会使本不带电的金属外壳等带上电（具有相当高或等于电源电压的电位）。若金属外壳未实施接地，则操作人员碰触时便会发生触电；如果采用了保护接地，此时就会因金属外壳已与

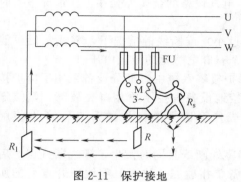

图 2-11　保护接地

大地有了可靠而良好的连接，便能让绝大部分电流通过接地体流散到地下。

人体若触及漏电的设备外壳，因人体电阻与接地电阻相并联，且人体电阻比接地电阻起码大 200 倍以上，由于分流作用，通过人体的故障电流将比流经接地电阻的要小得多，对人体的危害程度也就极大地减小了，如图 2-11 所示。

此外，在中性点接地的低压配电网络中，假如电气设备发生了单相碰壳故障，若实行了保护接地时，由于电源相电压为 220V，如按工作接地电阻为 4Ω，保护接地电阻为 4Ω 计算，则故障回路将产生 27.5A 的电流。一般情况下，这么大的故障电流定会使熔断器熔断或自动开关跳闸，从而切断电源，保障了人身安全。

但保护接地也有一定的局限性，这是由于为保证能使熔丝熔断或自动控制开关跳闸，一般规定故障电流必须分别大于熔丝或开关额定电流的 2.5 倍或 1.25 倍，因此，27.5A 故障电流便只能保证使额定电流为 11A 的熔丝或 22A 的开关动作；若电气设备容量较大，所选用的熔丝与开关的额定电流超过了上述数值，此时便不能保证切断电源，进而也就无法保障人身安全了。所以保护接地存在着一定的局限性，即中性点接地的系统不宜再采用保护接地。

三、保护接零

将电气设备在正常情况下不带电的金属部分用导线直接与低压配电系统的零线相连接，这种方式便称为保护接零，简称接零。它与保护接地相比，能在更多的情况下保证人身安全，防止触电事故。

1. 原理

在实施上述保护接零的低压系统中，如果电气设备一旦发生了单相碰壳漏电故障，便形成了一个短路回路。因该回路内不包含工作接地电阻与保护接地电阻，整个回路的阻抗就很小，因此故障电流必将很大（远远超过 7.5A），足以保证在最短的时间内使熔丝熔断、保护装置或自动开关跳闸，从而切断电源，保障了人身安全。

显然，采取保护接零方式后，便可扩大安全保护的范围，同时也克服了保护接地方式的局限性。

2. 注意事项

在低压配电系统内采用接零保护方式时，应注意以下要求。

① 三相四线制低压电源的中性点必须良好接地，工作接地电阻值应符合要求。

② 在采用接零保护方式的同时，还应装设足够的重复接地装置。

③ 同一低压电网中（指同一台配电变压器的供电范围内），在选择采用保护接零方式后，便不允许再采用保护接地方式（对其中任一设备）。

④ 零线上不准装设开关和熔断器。零线的敷设要求应与相线一样，以免出现零线断线故障。

⑤ 零线截面应保证在低压电网内任何一相短路时，能够承受大于熔断器额定电流 2.5～4 倍及自动开关额定电流 1.25～2.5 倍的短路电流，且不小于相线载流量的一半。

⑥ 所有电气设备的保护接零线，应以"并联"方式连接到零干线上。

必须指出，在实行保护接零的低压配电系统中，电气设备的金属外壳在正常情况下有时也会带电。产生这种现象的原因不外乎以下三种。

① 三相负载不平衡时，在零线阻抗过大（线径过小）或断线的情况下，零线上便可能会产生一个有麻电感觉的接触电压。

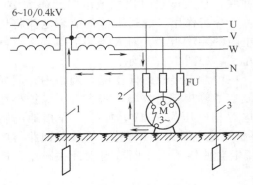

② 保护接零系统中有部分设备采用了保护接地时，其接地设备发生了单相碰壳故障，则接零设备的外壳便会因零线电位的升高而产生接触电压。

③ 当零线断线且同时发生了零线断开点之后的电气设备单相碰壳，这时，零线断开点后的所有接零设备，便会带有较高的接触电压。

为确保接零保护方式的安全可靠，防止零线断线所造成的危害，系统中除了工作接地外还必须在整个零线的其他部位再进行必要的接地。这种接地称为重复接地，见图2-12。

图2-12　保护接零示意图
1—工作接地；2—保护接零；3—重复接地

四、接地装置

所谓接地装置，是人为设置的接地体与接地线的总称。埋入土壤内并与大地直接接触的金属导体或导体组，叫做接地体，也叫接地极。接地体是接地装置的主要组成部分，其选择与装设是能否获得合格接地电阻的关键。它按设置结构可分为人工接地体与自然接地体两类；按具体形状可分为管形与带形等多种。连接接地体与电气设备应接地部分的金属导体，叫做接地线。它同样有人工接地线与自然接地线之分。

1. 自然接地体与自然接地线

（1）自然接地体

在设计与选择接地体时，可先考虑利用自然接地体以节省投资。若所利用的自然接地体经实测其接地电阻及热稳定性符合要求时，一般就不必另行装设人工接地体（对发电厂和变电所除外）。若实测接地电阻及热稳定性不能符合要求时，还应装设人工接地体，以弥补自然接地体之不足。不论是城乡工矿企业及工业与民用建筑，凡与大地有可靠而良好接触的设备或构件，大都可以用来作为自然接地体。它们主要有以下几种。

① 与大地有可靠连接的建筑物的钢结构件。

② 敷设于地下而数量不少于两根的电缆金属外皮。

③ 建筑物钢筋混凝土基础的钢筋部分。

④ 敷设在地下的金属管道及热力管道等。输送可燃性气体或液体（如煤气、天然气、石油）的金属管道则应除外；包有黄麻、沥青层等绝缘物的金属管道也不能作为自然接地体；分布范围很广的自来水管道也不宜直接用来作为自然接地体。

利用自然接地体时，要采用不少于两根的导体，并在不同地点与接地干线相连接。

（2）自然接地线

为减少基建投资、降低工程造价并加快施工进度，实际工程中可充分利用下述设施作为自然接地线（采用它们能满足规定要求时便不必另设人工接地线）。

① 建筑物的金属结构（加梁和柱子等）。利用时要求它们能保证成为连续的导体，故除了其结合处采用焊接外，凡用螺栓连接或铆钉焊接的地方都要采用跨接线（一般用扁钢）连接，做接地干线时其截面不小于$100mm^2$，做接地支线则不小于$48mm^2$。

② 生产用的金属结构。如吊车轨道、配电装置、起重机或升降机的构架。

③ 配线的钢管。使用时，其管壁厚度不应小于 1.5mm²，以免产生锈蚀而成为连续导体。在管接头和接线盒处，都要采用跨接线连接。钢管直径为 40mm 及以下时，跨接线采用 6mm 圆钢；钢管直径为 50mm 以上时，跨接导线采用 25mm×4mm 的扁钢。

④ 电缆的金属包皮。利用电缆的铅包皮作为接地线时，接地线卡箍的内部需垫以 2mm 厚的铅带；电缆钢铠甲与接地线卡箍相接触的部分均要刮擦干净，以保证两者接触可靠。卡托、螺栓、螺母及垫圈均应镀锌。

⑤ 电压 1000V 以下的电气设备，可利用各种金属管道作为自然接地线。但不得利用可燃液体、可燃或爆炸性气体的管道，金属自来水管道也不宜直接利用。

2. 人工接地体与人工接地线

（1）人工接地体的基本要求

① 人工接地体所采用的材料，垂直埋设时常用直径为 5mm、管壁不小于 3.5mm、长度为 2~2.5m 的钢管，也可采用长 2~2.5m、40mm×40mm×4mm 或 50mm×50mm×5mm 的等边角钢；水平埋设时，其长度应为 5~20mm。若采用扁钢，其厚度应不小于 4mm，截面不小于 48mm²；用圆钢时，则直径应不小于 8mm。如果接地体是安装在有强烈腐蚀性的土壤中，则接地体应镀锡或镀锌并适当加大截面，注意不准采用涂漆或涂沥青的办法防腐蚀。

② 安装接地体位置时，为减少相邻接地体之间的屏蔽作用，垂直接地体的间距不应小于接地体长度的两倍；水平接地体的间距，一般不小于 5m。

③ 接地体打入地下时，角钢的下端要削尖；钢管的下端要加工成尖形或将钢管打扁后再垂直打入；扁钢埋入地下时则应立放。

④ 为减少自然因素对接地电阻的影响并取得良好的接地效果，埋入地中的垂直接地体顶端，距地面应不小于 0.6m；若水平埋设时，其深度也应不小于 0.6m。

⑤ 埋设接地体时，应先挖一条宽 0.5m、深 0.8m 的地沟，然后再将接地体打入沟内，上端露出沟底 0.1~0.2m，以便对接地体上的连接扁钢接地线进行焊接。焊接好后，经检查认为焊接质量和接地体埋深区均符合要求，方可将沟填平夯实。为日后测量接地电阻方便，应在适当位置加装接线卡子，以备测量接用。

（2）人工接地线的施工安装要求

接地线是接地装置中的另一组成部分。实际工程中应尽可能利用自然接地线，但要求它具有良好的电气连接。为此在建筑物钢结构的结合处，除已焊接者外，都要采用跨接线焊接。跨接线一般采用扁钢，作为接地干线时，其截面不得小于 100mm²，作为接地支线的不得小于 48mm²。管道和作为接零线的明敷管道，其接头处的跨接线可采用直径不小于 6mm 的圆钢。采用电缆的金属外皮做接地线时，一般应有两根；若只有一根，则应敷设辅助接地线。若不可能符合规定时，则应另设人工接地线。其施工安装要求如下。

① 一般应采用钢质（扁钢或圆钢）接地线。只有当采用钢质线施工安装发生困难时，或移动式电气设备和三相四线制照明电线的接地芯线，才可采用有色金属做人工接地线。

② 必须有足够截面，连接可靠及有一定的机械强度。扁钢厚度不小于 3mm，截面不小于 24mm²；圆钢直径不小于 5mm；电气设备的接地线用绝缘导线时，铜芯线不小于 25mm²；铝芯线不小于 35mm²。架空线路的接地引下线用钢铰线时，截面不小于 35mm²。

③ 接地线与接地体之间的连接应采用焊接或压接，连接应牢固可靠。采用焊接时，扁钢的搭接长度应为宽度的 2 倍且至少焊接 3 个棱边；圆钢的搭接长度应为直径的 6 倍。采用压接时，应在接地线端加金属夹头与接地体夹牢，接地体连接夹头的地方应擦拭干净。

④ 接地线应涂漆以示明显标志。其颜色一般规定是：黑色为保护接地，紫色底黑色条为接地中性线（每隔 15cm 涂一黑色条，条宽 1～1.5cm）。接地线应该装设在明显处，以便于检查，对日常容易碰触到的部分，要采取措施妥加防护。

3. 接地装置维护与检查

接地装置的良好与否，直接关系到人身及设备的安全，关系到系统的正常与稳定运行，切勿以为已经装设了接地装置，便太平无事了。实用中，应对各类接地装置进行定期维护与检查，平时也应根据实际情况需要，进行临时性检查及维护。

接地装置维护检查的周期一般是：对变配电所的接地网或工厂车间设备的接地装置，应每年测量一次接地电阻值，看是否符合要求，并对比上次测量值分析其变化。对其他的接地装置，则要求每两年测量一次。根据接地装置的规模、在电气系统中的重要性及季节变化等因素，每年应对接地装置进行 1～2 次全面性维护检查。其具体内容如下。

① 接地线有否折断或严重腐蚀。
② 接地支线与接地干线的连接是否牢固。
③ 接地点土壤是否因受外力影响而有松动。
④ 重复接地线、接地体及其连接处是否完好。
⑤ 检查全部连接点的螺栓是否有松动，并逐一加以紧固。

 **实训思考**

1. 按工频交流电对人体的影响，电流可以分成哪三种？其值的大致范围是多少？
2. 对工频交流电，中国规定的安全电压值有哪三种？
3. 触电事故分哪两大类？其含义分别指什么？
4. 发生触电的主要原因有哪些？
5. 简述触电急救方法。
6. 固定设备电气安全的基本措施有哪些？
7. 使用移动式电器应采取何种安全措施？
8. 接地分几类？安全接地又分哪几种？
9. 试述保护接地的局限性与保护接零的优越性。
10. 重复接地是指什么？
11. 何谓接地装置？

第三章
常用工具及仪表训练

　　了解电工常用工具及常用仪表是维修电工应具备的基本知识。电工工具是电气安装与维修工作的武器，正确使用这些电工工具是提高工作效率、保证施工质量的重要条件，因此必须十分重视工具的使用方法。电工工具种类繁多，这里仅对常用工具做一般介绍。电工工具的使用是一个不断提高，不断实践的过程。电工测量所用的仪表统称为电工仪表。维修电工使用电工仪表进行电流、电压、电功率和电阻等电量的测量，以便掌握电气线路及电气设备的特性、运行情况和检查电器元件的质量情况。电工仪表种类很多，本章只介绍几种常用电工仪表的工作原理、使用方法及电工测量过程中应注意的问题。

第一节
常用工具及使用方法

1. 验电器

　　验电器是检验导线、低压导电设备外壳是否带电的一种常用辅助安全工具。验电器分低压验电器和高压验电器。

　　（1）低压验电器（验电笔）

　　低压验电器又称验电笔、测电笔、简称电笔，检测范围为 50～500V，有钢笔式、螺丝刀式和组合式多种。

　　低压验电器由笔尖、电阻、氖管、弹簧和笔身、笔尾金属体等部分组成，如图 3-1 所示。使用时手应触及后端金属部分。

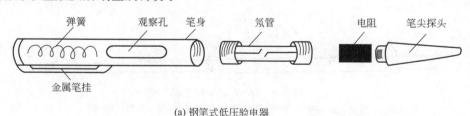

(a) 钢笔式低压验电器

(b) 螺丝刀式低压验电器

图 3-1　验电器的结构

 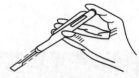

(a) 钢笔式握法   (b) 螺丝刀式握法

图 3-2 验电笔的握法

用验电笔测试带电体，当被测带电体与大地之间的电位差超过 50V 时，氖管就会发光。验电笔使用时正确的握笔方法如图 3-2 所示，以手指触及笔尾的金属体，使氖管小窗背光朝向自己，以便于观察。当用测电笔测试带电体时，电流经带电体、验电笔、人体到大地形成通电回路，只要带电体与大地之间的电位差超过 60V 时，电笔中的氖管就能发出红光。

验电笔主要有以下用途。

① 区别相线与零线。在交流电路中，当验电笔触及导线时，氖管发亮的即是相线；正常时，零线不会使氖管发亮。

② 区别电压的高低。测试时可根据氖管发亮的强弱来估计电压的高低。

③ 区别直流电与交流电。交流电通过验电笔时，氖管里的两个极同时发亮；直流电通过验电笔时，氖管里两个极只有一个发亮。

④ 区别直流电的正负极。把验电笔连接在直流电的正负极之间，氖管发亮的一端即为直流电的正极。

⑤ 识别相线碰壳。用验电笔触及电机、变压器等电气设备外壳，若氖管发亮，则说明该设备相线有碰壳现象。如果壳体上有良好的接地装置，氖管是不会发亮的。

注意事项如下。

① 使用验电笔之前，一定要在有电的电源上检查氖管能否正常发光。

② 在明亮的光线下测试时，往往不易看清氖管的辉光，所以应当避光检测。

③ 电笔的金属探头多制成螺钉旋具形状，它只能承受很小的扭矩，使用时应特别注意，以免损坏。

④ 验电笔可以根据氖管的辉光强弱判断电压的高低，亮者电压较高，暗者电压较低。

（2）高压验电器

高压验电器又称高压测电器。主要有发光型高压验电器、声光型高压验电器和风车式高压验电器。发光型高压验电器由握柄、护环、固紧螺钉、氖管窗、氖管和金属钩组成，如图 3-3 所示。

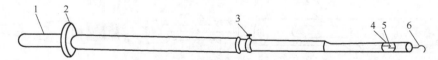

图 3-3 10kV 高压验电器
1—握柄；2—护环；3—固紧螺钉；4—氖管窗；5—氖管；6—钩

使用方法和注意事项如下。

① 使用高压验电器时必须注意其额定电压和被检验电气设备的电压等级相适应，否则可能会危及验电操作人员的人身安全或造成错误判断。

② 验电时操作人员应戴绝缘手套，手套在护环以下的握手部分，身旁应有人监护。先在有电设备上进行检验，检验时应渐渐移近带电设备至发光或发声止，以验证验电器的性能

完好。然后再在验电设备上检测，在验电器渐渐向设备移近过程中突然有光或发声指示，即应停止验电。高压验电器验电时的握法如图3-4所示。

③ 在室外使用高压验电器时，必须在气候良好的情况下进行，以确保验电人员的人身安全。

④ 测电时人体与带电体应保持足够的安全距离，10kV以下的电压距离应为0.7m以上。验电器应每半年进行一次预防性试验。

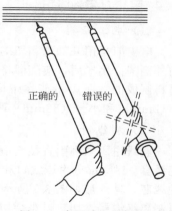

图 3-4　高压验电器握法

2. 钢丝钳

钢丝钳是钳夹和剪切工具，由钳头和钳柄两部分组成。钳头由钳口、齿口、刀口和铡口四部分组成，如图 3-5 所示。它的功能较多，钳口用来弯铰或钳夹导线线头，齿口用来旋紧或起松螺母，刀口用来剪切导线或剖切导线绝缘层，侧口用来铡切电线线芯和钢丝、铝丝等较硬的金属。常用的钢丝钳规格有 150mm、175mm、200mm 三种，电工所用的钢丝钳，在钳柄上应套有耐压为 500V 以上的绝缘管。

注意事项如下。

① 使用电工钢丝钳之前，必须检查绝缘套的绝缘是否完好，如绝缘损坏，不得带电使用，以免发生触电事故。

② 使用电工钢丝钳，要使钳口朝内侧，便于控制钳切部位；钳头不可代替锤子作为敲打工具使用；钳头的轴销上应经常加机油润滑。

③ 用电工钢丝钳剪切带电导线时，不得用刀口同时剪切相线和零线，或同时剪切两根相线，以免发生短路事故。

3. 尖嘴钳与断线钳

（1）尖嘴钳

尖嘴钳的头部尖细，适用于在狭小的工作空间操作。用带刃的尖嘴钳能剪断细小金属丝。尖嘴钳的绝缘柄耐压为 500V，其规格以全长表示，有 130mm、160mm、180mm 和 200mm 四种。结构如图 3-6 所示。

尖嘴钳的主要用途如下。

① 钳刃口剪断细小金属丝。

② 夹持较小螺钉、垫圈、导线等元件。

③ 装接控制线路板时，将单股导线弯成一定圆弧的接线鼻子。

（2）断线钳

断线钳又称斜口钳，钳柄有铁柄、管柄和绝缘柄三种形式，其中电工用的绝缘断线钳的外形如图 3-7 所示。

断线钳是专供剪断较粗的金属丝、线材及电线电缆等用。

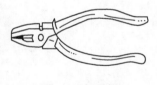

图 3-5　钢丝钳

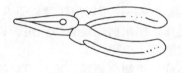

图 3-6　尖嘴钳

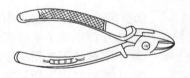

图 3-7　断线钳

4. 电工刀与剥线钳

（1）电工刀

电工刀是用来剖削和切割电线绝缘层、绳索、木桩及软性金属的工具。使用时，刀口应向外剖削；用毕后，应随即将刀身折进刀柄。这里需提及的一点是电工刀的刀柄不是用绝缘材料制成的，所以不能在带电导线或器材上剖削，以防触电。电工刀按刀片长度分大号（112mm）和小号（88mm）两种规格。电工刀的结构如图3-8所示。

（2）剥线钳

剥线钳用来剥削直径6mm²及以下绝缘导线的塑料或橡胶绝缘层的专用工具，手柄装有绝缘套，钳头部分由压线口和切口组成，分有直径0.5～3mm的多个切口，以适应不同规格的线芯。其外形如图3-9所示。使用时应使切口与被剥削导线芯线直径相匹配，切口过大难以剥离绝缘层，切口过小会切断芯线。

图 3-8　电工刀

图 3-9　剥线钳

5. 螺丝刀

螺丝刀又称螺钉旋具，分为手动和电动两种，手动螺钉旋具主要包括一字形和十字形两种，又称起子或改锥。

（1）一字形螺钉旋具

一字形螺丝刀用来紧固或拆卸一字槽的螺钉和木螺钉，有木柄和塑料柄两种。它的规格用柄部以外的刀体长度表示，常用的有100mm、150mm、200mm、300mm和400mm等规格。

（2）十字形螺钉旋具

十字形螺丝刀专供紧固或拆卸十字槽的螺钉和木螺钉，有木柄和塑料柄两种。它的规格用刀体长和十字槽规格表示，十字槽规格有四种：Ⅰ号适用的螺钉直径为2～25mm，Ⅱ号为3～5mm，Ⅲ号为6～8mm，Ⅳ号为10～12mm。结构如图3-10所示。

(a) 一字形　　　　　　　　　　　　　　　(b) 十字形

图 3-10　螺钉旋具

螺钉旋具是电工最常用的工具之一，使用时应注意以下几点。

① 选择带绝缘手柄的螺钉旋具，使用前先检查绝缘是否良好；

② 十字螺丝不要用一字螺钉旋具；

③ 小螺丝忌用大螺钉旋具去拧，否则会把螺钉旋具刀口拧坏；

④ 拧螺丝时，不要使螺钉旋具打滑，对于易损坏的螺丝更应小心仔细；

⑤ 所使用的螺钉旋具的规格尺寸应与被拧的螺丝口大小相适用。

螺钉旋具的使用方法如图 3-11 所示。

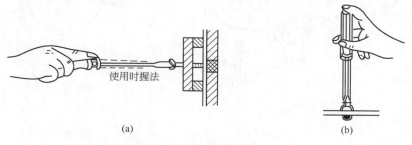

使用时握法

(a)

(b)

图 3-11　螺钉旋具的使用方法

6. 活络扳手

它是用来紧固或旋松螺母的专用工具，由头部和柄部组成，头部又由活络扳唇、呆扳唇、扳口、蜗轮和轴销等构成，如图 3-12 所示。旋动蜗轮可调节扳口的大小。

电工常用的规格有 150mm、200mm、250mm 和 300mm 四种。在使用时，扳大螺母时手应握在靠近柄尾部，扳小螺母时手握在靠近头部即可，如图 3-12 所示。另外活络扳手不可反用，以免损坏活络扳唇。也不可用钢管接长手柄来加力，更不得当撬棒或手锤使用。

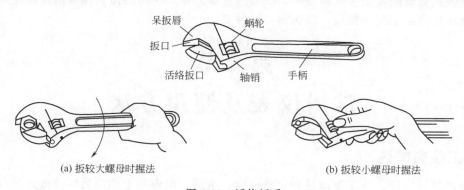

呆扳唇　　蜗轮
扳口
活络扳口　轴销　手柄

(a) 扳较大螺母时握法

(b) 扳较小螺母时握法

图 3-12　活络扳手

7. 冲击钻

冲击钻是电动工具，又称电锤。它具有两种功能：一种作为普通电钻使用，应把调节开关调到标记为"钻"的位置；另一种可用来冲打砌块和砌墙等建筑物的木孔和导线穿墙孔，这时应把调节开关调到标记为"锤"的位置。通常可冲打直径为 6～10mm 的圆孔。使用方法如同电钻，结构如图 3-13 所示。

8. 电烙铁

电烙铁是手工焊接的主要工具，选择合适的电烙铁并合理使用，是保证焊接质量的基础。

电烙铁是烙铁钎焊的热源，通常以电热丝作为热元件，分内热式和外热式两种，其外形如图 3-14 所示。常用的规格有 25W、45W、75W、100W 和 300W 等多种。焊接弱电元件时，宜采用 25W 和 45W 两种规格；焊接强电元件时，需用 45W 以上规格。电烙铁的功率应选用适当，如过大既浪费电能又会烧毁元件；如过小会因热量不够而影响焊接质量。

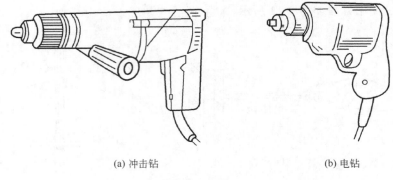

(a) 冲击钻　　　　　　　　　　　　　　　(b) 电钻

图 3-13　钻

(a) 外热式电烙铁　　　　　　　　　　　　　(b) 内热式电烙铁

图 3-14　电烙铁

　　电烙铁用完要随时拔去电源插头，以节约电能，延长使用寿命。在导电地面使用时，电烙铁的金属外壳必须妥善接地，以防漏电时触电。

第二节
常用仪表及使用方法

一、电工仪表概述

　　测量电流、电压、功率等电量和测量电阻、电感、电容等电路参数的仪表，统称为电工仪表。维修电工使用电工仪表进行电量的测量，以便掌握电气线路及电气设备的特性、运行情况和检查电器元件的质量情况。电工仪表对检测、监视和控制电气系统的安全、经济、合理运行，都具有极为重要的作用。电工仪表的种类很多，本节介绍几种常用电工仪表的工作原理、使用方法及电工测量过程中应注意的问题。

　　常用电工仪表如下。

　　① 直读指示仪表，它把电量直接转换成指针偏转角，如指针式万用表。

　　② 比较仪表，它与标准器比较，并选取二者比值，如直流电桥。

　　③ 图示仪表，它显示两个相关量的变化关系，如示波器。

　　④ 数字仪表，它把模拟量转换成数字量直接显示，如数字万用表。

　　常用电工仪表按其结构特点及工作原理分类有：磁电系、电磁系、电动系、感应系、整流系、静电系和数字系等。

　　为了表示常用电工仪表的技术性能，在电工仪表的表盘上有许多符号，如被测量单位的符号、工作原理符号、电流种类符号、准确度等级符号、工作位置符号和绝缘强度符号等，各符号表示的内容见表 3-1。

表 3-1　常见电工仪表的符号及名称

类　型	符　号	名　称	类　型	符　号	名　称
测量单位	V	伏特	测量单位	A	安培
	mV	毫伏		mA	毫安
	W	瓦特		$\cos\varphi$	功率因数
绝缘强度	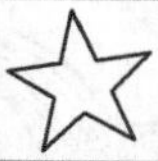 ☆	绝缘强度试验电压为 500V	工作原理	⌴	磁电式仪表
	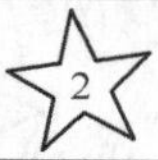 ☆2	绝缘强度试验电压为 2kV		⌇	电磁式仪表
外界条件分组	II	II 级防外磁场及电场		▭	电动式仪表
	III	III 级防外磁场及电场			整流式仪表
	△A	A 组仪表	工作位置		垂直标度尺
	△B	B 组仪表			水平标度尺
编组和调零器	—	负端钮		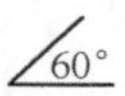 ∠60°	标度尺位置与水平倾斜 60°
	+	正端钮	电流种类	—	直流
	*	公共端钮		∿	交流
	⌣	调零器		≈	直流和交流

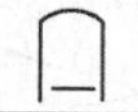

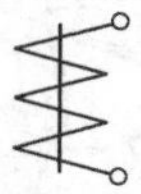

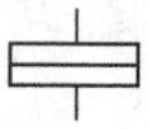

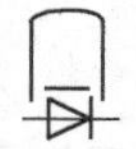

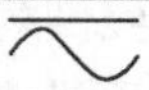

二、磁电系测量仪表

磁电系测量仪表的机构由固定部分的永久磁铁和处在磁极中间的圆柱形铁芯组成。圆柱形铁芯的作用，一方面是减少磁路中的磁阻，以增强磁感应强度 B；另一方面是在极掌与圆柱形铁芯之间的气隙中形成均匀辐射的磁场。如图 3-15 所示。

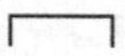

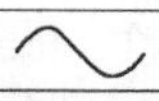

磁电系测量机构具有准确度高、刻度均匀、阻尼强与消耗能量小等优点，它的缺点是只能用来测量直流，而且结构复杂，价格较贵，过载能力小。

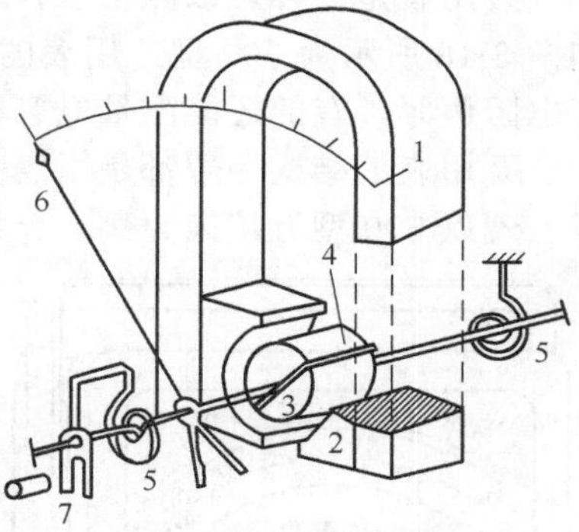

三、电磁系测量仪表

电磁系测量机构如图 3-16 所示，它属于推斥式类型。推斥式测量机构的固定部分是由圆形线圈和装在线圈内部的弧形铁片（称为固定铁片）组成的。可动部分则由装在转轴上的铁片（称为可动铁片）、指针、弹簧游丝等部件组成。

图 3-15　磁电系测量仪表机构
1—永久磁铁；2—磁极；3—圆柱形铁芯；4—可动线圈；5—弹簧游丝；6—指针；7—校正器

电磁系测量机构具有结构简单、过载能力强与交直流两用等优点。它的缺点是刻度不均匀，测量机构本身的磁场较弱，易受外磁场影响，以致准确度不高。

四、电动系测量仪表

电动系测量机构如图 3-17 所示。它的固定部分是两个平行排列的固定线圈 2，可动部分

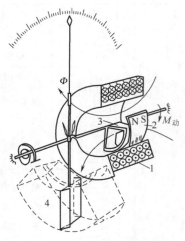

图 3-16 电磁系测量仪表机构
1—线圈；2—固定铁片；3—可动
铁片；4—空气阻尼器

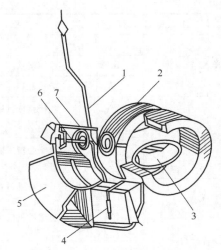

图 3-17 电动系测量仪表机构
1—指针；2—固定线圈；3—可动线圈；
4—阻尼翼片；5—阻尼盒；
6—转轴；7—游丝

转轴 6、固定在转轴上的可动线圈 3、指针 1、阻尼翼片 4 以及游丝 7 组成。

固定线圈分成两个，是为了获得均匀的磁场和便于改变电流量程。可动线圈位于固定线圈内部，可以在固定线圈内自由偏转。

电动系式测量仪表机构具有准确度高、使用范围广等优点，它不仅可测量交直流的电流和电压，还可测量交流电的功率。它的缺点是自身功耗较大，过载能力小且价格较贵。

五、万用表

万用表是一种可以测量多种电量的多量程便携式仪表，它是电工必备的测量仪表之一。如图 3-18 所示为 500 型万用表的面板结构。它可用来测量交流电压、直流电压、直流电流和电阻值等，有的还能测量电容。电感、晶体管等。

万用表的结构一般都是由表头（磁电系测量机构）、测量线路、功能与量限选择开关组成。现以 500 型万用表为例，介绍其使用方法及注意事项。

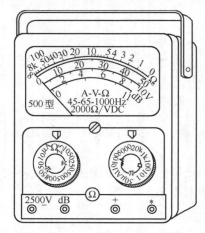

图 3-18　500 型万用表面板结构

（1）万用表表笔的插接

测量时将红表笔插入"＋"插孔，黑表笔插入"—"插孔。测量高压时，应将红表笔插入 2500V 插孔，黑表笔插入"—"插孔。

（2）交流电压的测量

测量交流电压时，将万用表的转换开关置于交流电压量程范围内所需的某一量限位置上。表笔不分正负，将两表笔分别接触被测电压的两端，观察指针偏转，读数。

（3）直流电压的测量

测量直流电压时，将万用表的转换开关置于直流电压量程范围内所需的某一量限位置上。用红表笔接触被测电压的正极，黑表笔接触被测电压的负极。测量时，表笔不能接反，否则易损坏万用表。直流电压的读数与交流电压读同一条标度尺。

（4）直流电流的测量

测量直流电流时，将万用表的转换开关置于直流电流量程范围内所需的某一量限位置上。再将两表笔串接在被测电路中，串接时注意按电流从正到负的方向连接。读数与交、直流电压同读一条标度尺。

（5）电阻值的测量

测量电阻时，将万用表的转换开关置于欧姆挡量程范围内所需的某一量限位置上。再将两表笔短接，指针偏右。调节调零电位器，使指针指示在欧姆标度尺"0"位上，接着用两表笔接触被测电阻两端，读取测量值。每转换一次量限挡位就需进行一次欧姆调零。读数读欧姆标度尺上的数，将读取的数再乘以倍率数即为被测电阻的电阻值。

（6）使用万用表应注意的事项

① 使用前，一定要仔细检查转换开关的位置选择，避免误用而损坏万用表；

② 使用时，不能旋转转换开关；

③ 电阻测量必须在断电状态下进行；

④ 使用完后，将转换开关旋至空挡或交流电压最高量限位上。

六、钳形电流表

钳形电流表是不需断开电路就可测量电流的电工用仪表。根据电流互感器原理制成，其结构如图 3-19 所示。使用时，先将其量程转换开关转到合适的挡位，手持胶木手柄，用手指钩住铁芯开关，用力一握，铁芯打开，将被测导线从铁芯开口处引入铁芯中央，松开铁芯开关使铁芯闭合，锥形电流表指针偏转，读取测量值。再打开铁芯，取出被测导线，即完成测量任务。使用时应注意的事项如下。

① 被测电压不得超过钳形电流表所规定的使用电压。

② 若不清楚被测电流大小，量程挡应由大到小逐级选择，直到合适，不能用小量程挡测大电流。

③ 测量过程中，不得转动量程开关。

④ 为了提高测量值的准确度，被测导线应置于钳口中央。

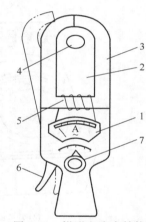

图 3-19　钳形电流表结构
1—电流表；2—电流互感器；3—铁芯；
4—被测导线；5—二次绕组；6—手柄；
7—量程选择开关

七、功率表

1. 功率表的构造

功率表大多为电动系结构，其中两个线圈的接线如图 3-20 所示。图中，1 是电流线圈，它与负载串联，线圈中通过的是负载电流，作为电流线圈，它的匝数较少，导线较粗；2 是电压线圈，线圈串联附加电阻后，与负载并联，线圈上承受的电压正比于负载电压，作为电压线圈，它的匝数较多，导线较细；3 是阻值很大的附加电阻。指针偏转角的大小取决于负载电流和负载电压的乘积。测量时，在功率表的标度尺上可以直接指示出被测有功功率的大小。水平线圈为电流线圈，垂直的线圈为电压线圈。电压线圈和电流线圈上各有一端有"＊"号，称为电源端钮，表示电流应从这一端钮流入线圈。

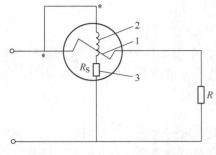

图 3-20　功率表结构原理示意
1—电流线圈；2—电压线圈；3—附加电阻

2. 正确选择功率表的量程

选择功率表的量程，实际上是要正确选择功率表的电流量程和电压量程，务必使电流量程能允许通过负载电流，电压量程能承受负载电压，不能只从功率角度考虑。例如有两只功率表，远程分别为 300V、5A 和 150V、10A。显然，它们的功率量程都是 1500W。如果要测量一个电压为 220V、电流为 45A 的负载功率，则应选用 300V、5A 的功率表；而 150V、10A 的功率表，则因电压量程小于负载电压，不能选用。一般在测量功率前，应先测出负载的电压和电流。

3. 正确读出功率表的读数

便携式功率表一般都是多量程的，标度尺上只标出分度格数，不标注瓦特数。读数时，应先根据所选的电压、电流量程以及标度尺满度时的格数，求出每格瓦特数（又称功率表常数），然后再乘以指针偏转的格数，即得到所测功率的瓦特数。图 3-21 为多量程功率表的外形图及内部接线图。

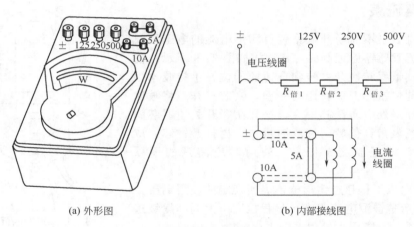

(a) 外形图　　　　　　　　　　　(b) 内部接线图

图 3-21　功率表

4. 功率表的正确接线

功率表转动部分的偏转方向和两个线圈中的电流方向有关，如改变其中一个线圈的电流方向，指针就反转。为了使功率表在电路中不致接错，接线时必须使电流线圈和电压线圈的电源端钮都接到同一极性的位置，以保证两个线圈的电流都从标有"＊"号的电源端钮流入，而且从"＋"极到"－"极。满足这种要求的接线方法有两种，如图 3-22 所示，其中图 3-22(a) 为电压线圈前接法，图 3-22(b) 为电压线圈后接法。

当负载电阻远远大于电流线圈内阻时，应采用电压线圈前接法。这时电压线圈所测电压是负载和电流线圈的电压之和。功率表反映的是负载和电流线圈共同消耗的功率。此时可以忽略主电流线圈分压所造成的功率损耗影响，其测量值比较接近负载的实际功率值。

当负载电阻远远小于电压线圈支路电阻时，应采用电压线圈后接法。这时电流线圈中的电流是负载电流和电压线圈支路电流之和。功率表反映的是负载和电压线圈支路共同消耗的

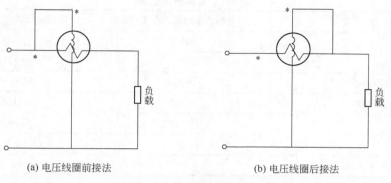

(a) 电压线圈前接法   (b) 电压线圈后接法

图 3-22　功率表的接线方法

功率，此时可以忽略电压线圈支路分流所造成的功率损耗影响，测量值也比较接近负载的实际功率值。

如果被测功率本身较大，不需要考虑功率表的功率损耗对测量值的影响时，则两种接线法可以任意选择，但最好选用电压线圈前接法，因为功率表中电流线圈的功率损耗一般都小于电压线圈支路的功率损耗。

测量功率时，如出现接线正确而指针反偏的现象，则说明负载侧实际上是一个电源，负载支路不是消耗功率而是发出功率。这时可以通过对换电流端钮上的接线使指针正偏；如果功率表上有极性开关，也可以通过转换极性开关，使指针正偏。此时，应在功率表读数前加上负号，以表明负载支路是发出功率的。

八、兆欧表

兆欧表是专门用于测量绝缘电阻的仪表，又称摇表，它的计量单位是 MΩ（兆欧）。

常用的手摇式兆欧表，主要由磁电式流比计和手摇直流发电机组成，输出电压有 500V、1000V、2500V、5000V 几种。随着电子技术的发展，现在也出现用干电池及晶体管直流变换器把电池低压直流转换为高压直流，来代替手摇发电机的兆欧表。

（1）兆欧表的测量机构

如图 3-23 所示，动圈 1 与 2 互成一定角度，放置在一个带缺口的圆柱形铁芯 4 的外面，并与指针固定在同一转轴上；极掌 5 为不对称形状，使空气隙不均匀。

（2）正确选用兆欧表

兆欧表的额定电压应根据被测电气设备的预定电压来选择。测量 500V 以下的设备，选用 500V 或 1000V 的兆欧表；额定电压在 500V 以上的设备，应选用 1000V 或 2500V 的兆欧表；对于绝缘子，母线等要选用 2500V 或 3000V 兆欧表，见表 3-2。

（3）使用前检查兆欧表是否完好

将兆欧表水平且平稳放置，检查指针偏转情况：将 E、L 两端开路，以约 120r/min 的转速摇动手柄，观测指针是否指到"0"处，然后将 E、L 两端短接，缓慢摇动手柄，观测指针是否指到"0"处，经检查完好才能使用。

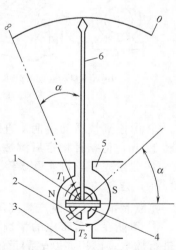

图 3-23　兆欧表的结构示意图
1,2—动圈；3—永久磁铁；4—带
缺口的圆柱形铁芯；5—极掌；
6—指针

表 3-2　兆欧表的选用

测 量 对 象	被测绝缘的额定电压/V	所选兆欧表的额定电压/V
线圈绝缘电阻	＜500	500
	＞500	1000
电机、变压器线圈绝缘电阻	＞500	1000～2500
发电机线圈绝缘电阻	＜380	1000
电气设备绝缘	＜500	500～1000
	＞500	2500
绝缘子	—	2500～5000

（4）兆欧表的正确使用

① 兆欧表放置平稳牢固，被测物表面擦干净，以保证测量正确。

② 正确接线。兆欧表有三个接线柱：线路（L）、接地（E）、屏蔽（G）。根据不同测量对象，做相应接线，如图 3-24 所示。测量线路对地绝缘电阻时，E 端接地，L 端接于被测线路上；测量电机或设备绝缘电阻时，E 端接电机或设备外壳，L 端接被测绕组的一端；测量电机或变压器绕组间绝缘电阻时先拆除绕组间的连接线，将 E、L 端分别接于被测的两相绕组上；测量电缆绝缘电阻时，E 端接电缆外表皮（铅套）上，L 端接线芯，G 端接线芯最外层绝缘层上。

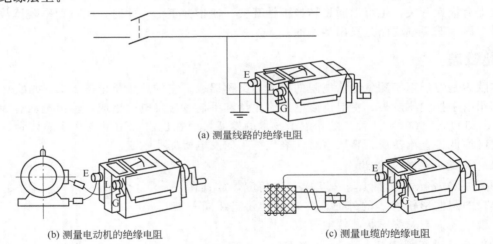

(a) 测量线路的绝缘电阻

(b) 测量电动机的绝缘电阻　　　　　　　　(c) 测量电缆的绝缘电阻

图 3-24　兆欧表的接线方法

③ 由慢到快摇动手柄，直到转速达 120r/min 左右，保持手柄的转速均匀、稳定，一般转动 1min，待指针稳定后读数。

④ 测量完毕，待兆欧表停止转动和被测物接地放电后方能拆除连接导线。

（5）注意事项

兆欧表本身工作时产生高压电，为避免人身及设备事故必须重视以下几点。

① 不能在设备带电的情况下测量其绝缘电阻。测量前被测设备必须切断电源和负载，并进行放电；已用兆欧表测量过的设备如要再次测量，也必须先接地放电。

② 兆欧表测量时要远离大电流导体和外磁场。

③ 与被测设备的连接导线应用兆欧表专用测量线或选用绝缘强度高的两根单芯多股软线，两根导线切忌绞在一起，以免影响测量准确度。

④ 测量过程中，如果指针指向"0"位，表示被测设备短路，应立即停止转动手柄。

⑤ 被测设备中如有半导体器件，应先将其插件板拆去。

⑥ 测量过程中不得触及设备的测量部分，以防触电。

⑦ 测量电容性设备的绝缘电阻时，测量完毕，应对设备充分放电。

九、直流单臂电桥

直流电桥是一种用来测量电阻或与电阻有一定函数关系的比较仪器。它主要是由比例臂、比较臂（测量盘）、被测臂等构成的桥式线路。在测量时，它是根据被测量与已知量进行比较而得到测量结果的。此外，电桥还有多种用途，如有的高精度电桥的比较臂可作为精密电阻箱使用，比例臂可作为标准电阻使用，有时还可以作为提高测量精度的过渡仪器用。

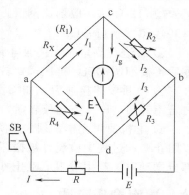

图 3-25　单臂电桥的线路原理

1. 单臂电桥的工作原理

直流单臂电桥又称惠斯登电桥。其原理电路如图 3-25 所示。

电阻 R_X、R_2、R_3 和 R_4 接成封闭四边形。其中 R_X 为被测臂；R_2 和 R_3 构成比例臂；R_4 为比较臂。在四边形的一条对角线 ab 上，经过按钮开关 SB 接直流电源 E。另一条对角线 cd 接入平衡指示器（一般用检流计）。

当接通按钮开关 SB 后，调节桥臂电阻 R_2、R_3、R_4 使检流计的指示为零，此时电桥平衡。被测电阻 R_X 的数值，可根据已知的 R_2/R_3 和 R_4 的大小计算出来。计算公式如下

$$R_X = \frac{R_2}{R_3} R_4$$

上式表明：当电桥平衡时，就可以从 R_2、R_3 和 R_4 电阻的关系式中，求得被测的电阻 R_X 值。因此，用电桥测量电阻实际上是将被测电阻与已知电阻进行比较从而求得测量结果。只要比例臂的电阻和比较臂的电阻 R_2、R_3 和 R_4 足够准确，则被测电阻 R_X 的测量精度就比较高。

直流单臂电桥按其准确度的不同分为：0.01、0.02、0.05、0.1、0.2、1.0、1.5、2.0 八个等级。电阻 R_2、R_3 制成比例臂的形式，R_4 是由若干个转盘的十进电阻箱构成。图3-26 为 QJ23 型直流单臂电桥面板示意图。在面板上装有五个转盘，如图所示，其中左上角的转盘是 R_2/R_3 的比例臂，而右边的四个转盘是比较臂 R_4。从图中可见 R_2/R_3 的比值分成：×0.001、×0.01、×0.1、×1、×10、×100、×1000 七挡，由转换开关换接。比较臂 R_4 可得到 0～9999Ω 范围内的任意一个电阻值，最小步进值为 1Ω。

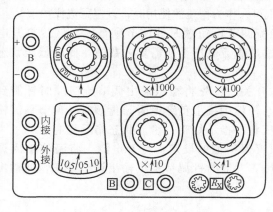

图 3-26　QJ23 型电桥面板示意图

该电桥中的检流计是指针式的，如果灵敏度还需要提高时，可用短路片将指针式检流计的端钮短路，然后在注有"外接"字样的两个端钮上，接入所选用的检流计。

① 使用前先将检流计的锁扣打开，并调节调零器使指针位于机械零点。

② 将被测电阻接在电桥 R_x 的接线柱上，须选用较粗较短的连接导线，连接时应将接线柱拧紧。以减小连接线的电阻和接触电阻。接头的接触应良好，如果接触不良时，不仅接触电阻大，而且会使电桥的平衡处于不稳定状态，严重时还会损坏检流计。

③ 根据被测电阻 R_x 估算值，选择合理的比例臂的数值（在一般情况下，使用电桥测量电阻往往不是盲目的，而是已知其大概的值域，只是用电桥测量其精确的数值）。比例臂的选择，应该使比较臂的第一转盘（如图 3-26 上的 ×1000 挡）能用上。例如，若测量电阻 R_x 约为 12 Ω 时，应选比例值为 10^{-2}，这时当比较臂的数值为 1199 时，则被测电阻 R_x = $1199 \times 10^{-2} = 1199 \Omega$。

④ 在进行测量时先接通电源按钮。操作时先按粗调按钮，调比例臂电阻；待检流计指零后再按细调按钮，再次调比较臂电阻，待检流计指零后读取电桥上的数字。

⑤ 电桥线路接通后，如果检流计指针向"＋"方向偏转，则需增加比较臂的数值；反之若指针向"－"方向偏转时，应减小比较臂的数值。

⑥ 电桥使用完毕，须先拆除或切断电源，然后拆除被测电阻，将检流计的锁扣锁上，以防止搬动过程中检流计被振坏。若检流计无锁扣时，可将检流计短路，以使检流计的可动部分摆动时，产生过阻尼阻止可动部分的摆动，以保护检流计。

十、直流稳压电源

直流稳压电源是将交流电转变为稳定的、输出功率符合要求的直流电的设备。各种电子电路都需要直流电源供电，所以直流稳压电源是各种电子电路或仪器不可缺少的组成部分。

DF1731S 型直流稳压、稳流电源，是一种有三路输出的高精度直流稳定电源。其中两路为输出可调、稳压与稳流可自动转换的稳定电源，另一路为输出电压固定为 5V 的稳压电源。两路可调电源可以单独使用，也可通过串、并联使用。在串联或并联时，只需对主路电源的输出进行调节，从路电源的输出严格跟踪主路，串联时最高可达 60V，并联时最大输出电流为 6A。

1. 使用方法

（1）两路可调电源独立使用

将两路电源独立、串联、并联开关均置于弹起位置，为两路可调电源独立使用状态。此时，两路可调电源分别可作为稳压源、稳流源使用，也可在作为稳压源使用时，设定限流保护值。

① 可调电源作为稳压电源使用：首先将稳流调节旋钮顺时针调节到最大，然后打开电源开关，调节稳压输出调节旋钮使从路和主路输出直流电压至所需要的数值，此时稳压状态指示灯亮。

② 可调电源作为稳流电源使用：打开电源开关后，先将稳压输出调节旋钮顺时针旋到最大，同时将稳流输出调节旋钮反时针旋到最小，然后接上负载电阻，再顺时针调节稳流输出旋钮，使输出电流至所需要的数值。此时稳压状态指示灯暗，稳流状态指示灯亮。

③ 可调电源作为稳压电源使用时，任意限流保护值的设定：打开电源，将稳流输入调节旋钮反时针旋到最小，然后短接正、负输出端，并顺时针调节稳流输出调节旋钮，使输出电流等于所要设定的限流值。

（2）两路可调电源串联

为了提高输出电压，可以使用两路可调电源串联。操作时，先检查主路和从路电源的输出负接线端与接地端间是否有连接片相连，如有则应将其断开，否则在两路电源串联时将造成从路电源短路。然后，将从路稳流输出调节旋钮顺时针旋到最大，将两路电源独立、串联、并联开关按下，置于弹起位置，此时两路电源串联，调节主路稳压输出调节旋钮，从路输出电压严格跟踪主路输出电压，在主路输出负端间最高输出电压可达60V。

（3）两路可调电源并联

为了提高输出电流，可以使用两路可调电源并联。操作时，将两路电源独立、串联、并联开关均按下，此时两路电源并联，调节主路稳压输出调节旋钮，指示灯亮。调节主路稳流输出调节旋钮，两路输出电流相同，总输出电流最大可为6A。

2. 注意事项

① 仪器背面有一电源电压（220V/110V）变换开关，其所置位置应和市电220V一致。

② 两路电源串联时，如果输出电流较大，则应用适当粗细的导线将主路电源输出负端与从路电源输出正端相连。在两路电源并联时，如输出电流较大，则应用导线分别将主、从电源的输出正端与正端、负端与负端相连接。以提高电源工作的可靠性。

③ 该电源设有完善保护功能（固定5V电源具有可靠的限流和短路保护，两路可调电源具有限流保护）。因此当输出发生短路时，完全不会对电源造成任何损坏。但是短路时电源仍有功率损耗，为了减少不必要的能量损耗和机器老化，所以应及时关掉电源，将故障排除。

实训思考

1. 电工工具有哪几类？常用工具有哪些？

2. 使用冲击钻时应注意什么问题？怎样保证安全使用电钻？

3. 如何根据焊接对象选择合适的电烙铁？

4. 低压试电笔的测量电压范围是多少？如何使用低压试电笔？使用低压试电笔应注意哪些问题？

5. 如何使用高压验电器？使用高压验电器应注意哪些问题？

6. 按被测量分类，电工仪表有哪几种？简述磁电式、电磁式、电动式电工仪表的工作原理和特点？

7. 电流表和电压表应该如何接入电路？它们对电路会产生什么影响？怎样才能减小其影响？

8. 怎样扩大电流表和电压表的量程？

9. 用电表测直流电流时，若电流表指针反转是什么原因？如何纠正？

10. 指针式万用表主要有哪些功能？使用时注意些什么？

11. 用万用表测电阻时，人手能否触碰两侧测试棒？为什么？如何读取电阻数值？应注意哪些问题？

12. 钳形电流表有什么特点？如何用钳形电流表测线路的电流？

13. 如何使用钳形电流表测量1A以下的小电流？

14. 如何安装单相和三相四线有功电度表？（实践练习）

15. 测量前，怎样对兆欧表进行必要的检查？

第四章
常用电工材料与电路元器件的选用

掌握常用电工材料与电路元器件的选用是维修电工应具备的基础知识，材料和元器件是电气控制系统的主体，是构成电路的要素。常用的电工材料种类繁多，按材料的性质和用途，可分为导电材料、绝缘材料和导磁材料，对于各种电工材料，应了解它们的种类、特点、选用原则和注意事项，其中尤其重要的是加强导线材料的学习与选用实践。低压电路元器件品种繁多，作用各异，而是新品不断涌现。以实用为原则，介绍了电工技术中常用的元器件，学习中应注意它们的电气特性、工作特点、使用要求和应用范围，并在实践中注意它们的选用原则、方法和注意事项。应熟记它们在电气图中的表示方法、图形符号和文字标记，这是阅读和设计电气图所必需的。在电力系统中，实现电能的产生、输送、分配和应用时，电器起着切换、控制、保护和调节等重要作用。本章重点介绍了常用电工材料的识别与选用的知识、常用元器件的用途、结构、工作原理、选用等。学习中应特别注意下面两点：

① 实际的电工材料和电路元器件与电气图中的模型表示之间的区别；

② 教学应与实训环节结合起来。

第一节
常用电工材料

各种电工设备都是由多种电工材料组成的，材料的性能在一定程度上决定了电工设备性能的优劣。因此正确选用电工材料具有十分重要的技术经济意义。

一、绝缘材料

绝缘材料的主要作用是隔离带电的或不同电位的导电体，使电流按一定的方向流动。在有些场合绝缘材料还起着机械支撑、防护导体、散热、灭弧等作用。因此绝缘材料应具有较高的绝缘电阻和耐压强度，耐热性能要好，此外还应具有良好的导热性、耐潮性和较高的机械强度以及工艺加工方便等特点。

1. 常用绝缘材料的分类和耐热等级

（1）绝缘材料的分类

电工常用绝缘材料按其化学性质分为如下几种。

① 无机绝缘材料。有云母、石棉、大理石、瓷器、玻璃、硫黄等，主要用作电机、电器的绕组绝缘、开关的底板和绝缘子等。

② 有机绝缘材料。有虫胶、树脂、橡胶、棉纱、纸、麻、蚕丝、人造丝等，大多用于制造绝缘漆、绕组导线的被覆绝缘物等。

③ 混合绝缘材料。指由以上两种绝缘材料经加工后制成的各种成型绝缘材料，主要用作电器的底座、外壳等。

（2）绝缘材料的耐热等级

绝缘材料在使用过程中，由于各种因素长期作用会产生老化，使电气性能和力学性能降低。导致老化的因素很多，但主要是温度的影响。为保证绝缘材料安全使用寿命，规定了它们在使用过程中的极限温度，即耐热等级，如表 4-1 所示。

表 4-1　绝缘材料耐热等级和极限温度

耐热等级	极限温度/℃	绝缘材料类型
Y	90	棉纱、丝、纸、木材等材料及其组合物，如棉线、布带等
A	105	用漆、胶浸渍过的棉纱、丝、纸等材料，如油性漆包线、黄漆布、黄漆绸等
E	120	合成有机薄膜、合成有机瓷漆等材料及其组合物，如油性玻璃漆布、环氧树脂等
B	130	用树脂胶剂黏合或浸渍、涂覆过的云母、石棉、玻璃纤维，如聚酯漆包线、三聚氰胺醇玻璃漆布等
F	155	用耐热性高的有机胶剂黏合或浸渍、涂覆过的云母、石棉、玻璃纤维，如云母带、层压玻璃布板等
H	180	用有机硅树脂黏合或浸渍、涂覆过的云母、石棉、玻璃纤维及其组合物，如硅有机漆、复合薄膜等
C	>180	不采用任何有机胶黏剂及浸渍剂的无机物，如云母、石棉、石英、玻璃、陶瓷及聚四氟乙烯塑料等

2. 常用绝缘材料的性能及用途

（1）绝缘漆和绝缘胶

① 浸渍漆。主要用来浸渍电机、电器、变压器的线圈和绝缘零部件，以填充其间隙和微孔。浸渍漆固化后能在浸渍物表面形成连续平整的漆膜，并使线圈黏结成一个结实的整体，提高绝缘结构的耐潮性、导热性和机械强度。常用的有 1030 醇酸浸渍漆、1032 三聚氰胺酸浸渍漆。这两种都是烘干漆，具有较好的耐油性和绝缘性，漆膜平滑而有光泽。而 1010 沥青漆则供浸渍不要求耐油的电机绕组。聚酰亚胺漆耐热性、电气性能优良、黏结力强、耐辐照性好，供浸渍耐高温或在特殊条件下工作的电机、电器绕组。

② 覆盖漆和瓷漆。主要用来涂覆经浸渍处理后的绕组和绝缘零部件，在其表面形成连续而均匀的漆膜，以防止机械损伤及大气、润滑油和化学药品的侵蚀。常用的覆盖漆有 1231 醇酸晾干漆，其干燥快、漆膜硬度高并有弹性、电气性能好。常用的瓷漆有 1320（烘干漆）、1321（晾干漆）醇酸灰瓷漆，它们的漆膜坚硬、光滑。

③ 电缆浇注胶。广泛用于浇注电缆中间接线盒和终端盒。如：1811 沥青电缆胶和 1812 环氧电缆胶适合于 10kV 以下的电缆，前者耐潮性能好，后者密封性能好、电气、力学性能高。而 1810 电缆胶电气性能好、抗冻裂性高，适用于浇注 10kV 以上的电缆。

（2）浸渍纤维制品

① 玻璃纤维漆布（带）。主要用作电机、电器的衬垫和绕组的绝缘。如：2010 玻璃纤维漆布柔软性好，但不耐油，可用于一般电机、电器的衬垫或绝缘。2012 玻璃纤维漆布耐油性好，可用于变压器油或汽油侵蚀的环境中。2450 有机硅玻璃漆布，具有较高的耐热性、良好的柔软性、耐油、耐霉和耐寒性也好，适用于 H 级电机、电器的衬垫和绝缘。2432 醇酸玻璃漆布（带）的电气、力学性能、耐油性和耐潮性都较好，且具有一定的耐霉性，可用于油浸变压器、油断路器等线圈的绝缘。

②漆管。主要用作电机、电器和仪表的引出线或连接线的绝缘套管。如：2730醇酸玻璃漆管有良好的电气、力学性能，耐油性、耐潮性较好，但弹性较差，可用于油浸变压器、油断路器等的引出线或连接线的绝缘管。

③绑扎带。主要用于绑扎变压器铁芯和代替合金钢丝绑扎电机转子绕组端部。常用的是B17玻璃纤维无纬胶带（即无纬玻璃丝带）。

（3）层压制品

常用的层压制品有3240环氧酚醛层压玻璃布板、3640环氧酚醛层压玻璃布管和3840环氧酚醛层压玻璃布棒等。此三种玻璃纤维的层压制品适宜做电机、电器的绝缘结构零件，它们电气、力学性能好、耐油性、耐潮性好、加工方便，并可在变压器中使用。

（4）压塑料

主要用来做各种规格形状的电机、电器的绝缘零部件及作为电线、电缆绝缘和护层材料。常用的4013酚醛木粉压塑料、4330酚醛玻璃纤维压塑料有良好的电气、力学性能和防潮、防霉性能。交联聚乙烯、聚丙烯是电线、电缆的优良绝缘护层材料，柔韧、耐磨、耐潮、电气性能好。

（5）云母制品

①云母带。云母带在室温时较柔软，适用于电机、电器线圈及连接线的绝缘。常用的有5434醇酸玻璃云母带和5438—1环氧玻璃云母带，后者厚度均匀、柔软，固化后电气和力学性能良好，目前大力推广使用，但它需低温保存。

②衬垫云母板。它主要适宜做电机、电器的绝缘衬垫。常用的有5730醇酸衬垫云母板和5737—1环氧衬垫云母板。

（6）薄膜和薄膜复合制品

常用的薄膜复合制品有6520聚酯薄膜绝缘纸（即聚酯薄膜青壳纸）复合箔和6530聚酯薄膜漆布复合箔。常用的薄膜有6020聚酯薄膜。它们都适用于电机槽的绝缘、匝间绝缘和相间绝缘及其他电工产品线圈的绝缘。6020聚酯薄膜厚度薄、柔软性好，可用于热带型产品。

（7）其他绝缘材料

其他绝缘材料是指在电机、电器中作为结构、补强、衬垫、包扎及保护作用的辅助绝缘材料。这类绝缘材料品种多、规格杂，无统一型号，现将常用的品种介绍如下。

①绝缘纸和绝缘纸板。

a.电容器纸和电缆纸。电容器纸主要用作电力电容器的极间介质。电缆纸主要用于3.5kV及以下电力电缆、控制电缆和通信电缆的绝缘。

b.绝缘纸板。可在变压器油中使用。薄型的通常称青壳纸，主要用于绝缘保护和补强材料。

c.硬钢板纸。俗称反向板，它的机械强度高，适宜做电机、电器的零部件。

②绝缘包扎带。主要用来包缠电线接头和电缆接头，也可用于低压电气设备的绝缘修理等。

a.黑胶布带。又称黑包布，用于交流，380V以下电缆接头的绝缘包扎。

b.聚氯乙烯带。其绝缘性能、耐潮、耐蚀及耐油性好，耐热、耐寒性较差，透明无色的用作导线接头及某些带电体加强包缠之用。带颜色的用作相色带，用来包扎电缆接头。

c.塑料黏胶带。其绝缘性及防水性均比黑胶布强，适用于交流500V以下电线电缆接头包缠。

d.涤纶黏胶带。其绝缘强度、机械强度及不渗水性、化学稳定性均胜过黑胶布和塑料黏胶带，用途更为广泛，不仅用作电线、电缆绝缘包扎，而且可用作胶扎物密封管子，但价格较高。

e. 自黏性丁基橡胶带。俗称高压防水布，其绝缘性和防水性较好，用于潜水电机线缆及低压电力电缆的连接和端头包扎绝缘。

二、导电材料

1. 常用的导电材料

导电材料主要是用来输送和传递电流的，一般分良导体材料和高电阻材料两类。

常用的良导体材料有铜、铝、钢、钨、锡等。其中铜、铝、钢主要用于制作各种导线或母线；钨的熔点较高，主要用于制作灯丝；锡的熔点低，主要用来作导线的接头焊料和熔丝。

常用的高电阻材料有康铜、锰铜、镍铜和铁铬铝等，主要用作电阻器和热工仪表的电阻元件。

2. 常用导电材料的选用

（1）铜和铝

铜导电性能和机械强度都优于铝，在要求较高的电气设备安装及移动电线电缆中等多采用铜导体。如，一号铜主要用于制作各种电缆的导体；二号铜主要用于制作开关和一般导电零件；一号无氧铜和二号无氧铜主要用于制作电真空器件、电子管和电子仪器零件、耐高温导体、真空开关触点等；无磁性高纯铜主要用于制作无磁性漆包线的导体、高精密度电气仪表的动圈等。

铝导体的导电性能和机械性能虽比铜导体差，但质量轻，价格便宜、资源较丰富，所以在架空线、电缆、母线和一般电气设备安装中广泛使用。

（2）电热材料

电热材料是用来制造各种电阻加热设备中的发热元件。常用的电热材料规格和用途见表4-2。

表4-2　常用电热材料规格和用途

品　种		工作温度/℃		性能和用途
		常用	最高	
镍铬合金	Cr20Ni80	1000~1050	1150	电阻率较高,加工性能好,高温时力学性能较好,用后不变脆,适用于移动式设备上
	Cr15Ni60	900~950	1050	
铁铬铝合金	1Cr13A14	900~950	1100	抗氧化性能比镍铬合金好,电阻率比镍铬合金高,价格较便宜,高温时机械强度较差,用后会变脆,适用于固定式设备上
	0Cr13A16M02	1050~1200	1300	
	0Cr25A15	1050~1200	1300	
	0Cr27A117M02	1200~1300	1400	

（3）电阻合金

电阻合金是制造电阻元件的重要材料，广泛用于电机、电器、仪表和电子等工业中。如康铜、新康铜、镍铬、镍铬铁、铁铬铝等合金的机械强度高，抗氧化和耐腐蚀性能好，工作温度较高，一般用于制造调节元件。而康铜、镍铬基合金和锰铜等耐腐蚀性好、表面光洁、接触电阻小且恒定，一般用于制造电位器和滑线电阻。

（4）触点材料

触点材料承担电路的接通、载流、分断和隔离的任务。强电和弱电用的触点性能要求不同，选用的材料也不同。常用的触点材料如表4-3所示。

（5）熔体材料

熔体材料是熔断器的主要部件，当通过熔断器的电流大于规定值时，熔体立即熔断，自动切断电源，从而起到保护电力线路和电气设备的作用。

表 4-3　常用触点材料

类　别		品　种
强电	纯金属	铜
	复合材料	银钨 Ag-W50、铜钨 Cu-W50、Cu-W60、Cu-W70、Cu-W80、银-碳化钨 Ag-Wc60
	合金	黄铜（硬）铜铋 CUB10.7
	铂族合金	铂铱、钯银、钯铜、钯铱
弱电	金基合金	金银、金镍、金锆
	银及其合金	银、银铜
	钨及其合金	钨、钨钼

常用的熔体材料有：银、铜、铝、锡、铅和锌。锡、铅、锌是低熔点材料，熔化时间长；银、铜、铝是高熔点材料，熔化时间短。

银具良好的导热性、导电性、耐腐蚀性、延伸性、焊接性和热稳定性，在电力和通信系统中，广泛用作高质量、高性能熔断器的熔体。

铜有良好的导电、导热性，机械强度高，但在温度较高时易被氧化，熔断特性不够稳定；铜熔体熔化时间短，金属蒸气少，有利于灭弧。宜做精度要求较低的熔体。

铝导电性能次于铜和银，但其耐氧化性能好，熔断特性较稳定，在某些场合可部分代替纯银做熔断器的熔体。

锡、铅熔化时间长，机械强度低，热导率小，宜做保护小型电动机等的慢速熔体。

总之各类熔断器所选用的熔体材料不尽相同，不同的熔体对相同的熔化电流其熔化时间也相差很大。低熔点熔体熔化时间长，高熔点熔体熔化时间短。如保护晶体管设备希望熔化时间越短越好，此时应选用快速熔体；若为保护电动机过载，则希望有一定的延时，此时应选用慢速熔体。延时熔断器的熔体通常由部分焊有锡的银线、铜线或银、铜同锡制成的熔体互相串联而成。快速熔断器常用细线径银线做熔体。

（6）电刷

电刷选用得是否恰当，对电动机的运行有很大关系。一般的选择方法是根据电刷的电流密度、滑环或整流子的圆周速度（转速或角速度），在电刷技术特性表中找到所需要的电刷种类，再结合电机的特性（额定电压、电流）和运行条件（连续、断续、短时），就可以决定电刷的具体型号。

常用的电刷如下。

① 石墨电刷。适用于一般整流条件正常，负载均匀的电机上。

② 电化石墨电刷。适用于各种类型的电机以及整流条件困难的电机上。

③ 金属石墨电刷。适用于大电流的电机，如充电、电解和电镀用的直流发电机，也适用于小型低压牵引电动机、汽车和拖拉机的启动电动机。

三、磁性材料

1. 软磁性材料

（1）软磁性材料

主要用作传递、转换能量和信息的磁性零部件或器件。如，电工用纯铁一般用于直流磁场；铁中加入 0.8%～4.5% 的硅就是硅钢，硅钢片常用于电机、变压器、继电器、互感器、开关等产品的铁芯；铁镍合金用于频率在 1 MHz 以下低磁场中工作的器件；铁铝合金用于低磁场和高磁场下工作的器件；软磁铁氧体用于高频或较高频率范围内的电磁元件；铁钴合金用于航空器件的铁芯、电磁铁磁极、换能器元件；磁介质用于低频或高频范围内低磁场下工作的器件。

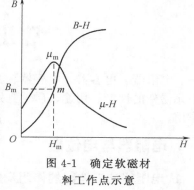

图 4-1　确定软磁材料工作点示意

（2）软磁性材料的选用

软磁性材料选用时主要考虑工作磁通密度、磁导率、损耗及价格等。确定软磁材料工作磁通密度时，需要用图 4-1 所示的对应于 B-H 磁化曲线的 μ-H 曲线。μ-H 曲线的峰值点就是最大磁导率 μ_m 点，它所对应的磁场强度为 H_m，对应的磁感应强度为 B_m。在 B-H 曲线上所对应的就是拐点 m，它是选用软磁材料的参考点。

① 用于高磁场下的软磁材料。常用的软磁材料是硅钢片。电机、变压器用硅钢片的工作点一般选在磁化曲线上高于 m 点的某点处；冷轧单取向硅钢片和无取向硅钢片通常分别选在 1.7T 和 1.5T 左右，这时产品效率虽会降低，但铁芯体积、质量减小，硅钢片的特性得到充分利用。

对于不同产品应选用不同的硅钢片。如，电力变压器为减少消耗，常选用低铁损和高磁感应强度的材料；小型电机由于铁芯体积小，铁损较小，为减少铜损常选用高磁感应强度的硅钢片；大型电机因铁芯体积大，铁损较大，故对铁损要求就应较高；大型高速电机因离心力大，转子用硅钢片除要求磁性好以外，还要求有足够高的抗拉强度；对于间隙运转的电机，因启动频繁，应选用磁感应强度高的硅钢片；以减少启动电流；对于互感器，特别是电流互感器，因要求误差要小，故工作点应选在 m 点或低于 m 点的 B-H 曲线的先行部分。

② 用于低磁场下的软磁材料。低磁场下通常选用铁镍合金、铁铝合金及冷轧单取向硅钢薄带等。但对不同产品仍应选用不同材料。如：磁放大器要求有高饱和磁感应强度、高微分磁导率、高电阻率、高剩磁比（剩磁和磁感应强度之比）和低矫顽力，故宜选用 1J51 类铁镍合金；电源变压器要求高磁导率和饱和磁感应强度，常选用冷轧单取向硅钢薄带，也可选用 1J50 铁镍合金，它的饱和磁感应强度虽稍低，但磁导率高，磁化电流小，功率因数高，铁损小，效率高；小功率音频变压器则常选用 1J79 铁镍合金或 1J16 铁铝合金，以免产生非线性失真。

③ 用于高频下的软磁材料。一般选用铁氧体软磁材料，它的磁导率高，矫顽力较低，电阻率非常高。要按频率范围适当选择。

④ 用于特殊场合下的软磁材料。在空间技术中，因要求器件的体积小，质量轻，故常选用饱和磁感应强度最高的 1J22 铁钴合金，为易于加工，可在铁钴合金中加入少量钒（V）；记忆元件和开关元件可选用具有矩形磁滞回线的铁氧体或铁镍合金；自动控制系统中使用的恒电感扼流圈铁芯可选用 1J22 铁钴合金、1J23 铁铝合金或铁氧体压磁材料。

2. 硬磁性材料

主要用来制造永久磁铁，产生恒定的磁场，在测量仪器、仪表、永磁发电机及通信装置中应用较广。如：铸造铝镍钴常用于精密磁电式仪表、永磁电机、流量计、微电机、磁性支座、传感器、扬声器和微波器件；稀土钴常用于低速转矩电动机、启动电动机、力矩电动机、传感器、磁推轴承、助听器和电子聚焦装置；铁氧体用于永磁点火机、永磁电机、永磁选矿机、永磁吊头、磁推轴承、磁分离器、扬声器、微波器件和磁医疗片等。

第二节
常用低压电路元器件

电阻器、电容器、电感器、开关、继电器等都是整机电路常用的元器件。学习和掌握常用元器件的性能、用途、质量判别方法，对提高电工的装配质量及可靠性将起到重要的保证作用。

一、电阻器与电位器

1. 电阻器与电位器的作用及单位

固定电阻器是用电阻率较大的材料制成的，它在电路中起限流、分压、耦合、负载等作用。电位器即可调电阻器，在电路中常用来调节各种电压或信号的大小。电阻器的单位为：Ω（欧姆），$k\Omega$（千欧），$M\Omega$（兆欧），$G\Omega$（吉欧），$1G = 10^3 M\Omega = 10^6 k\Omega = 10^9 \Omega$。各种电阻器、电位器的图形和符号如图 4-2 所示。

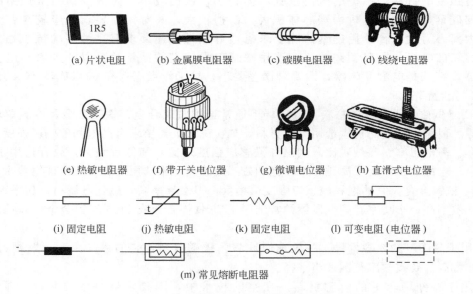

(a) 片状电阻　　(b) 金属膜电阻器　　(c) 碳膜电阻器　　(d) 线绕电阻器

(e) 热敏电阻器　　(f) 带开关电位器　　(g) 微调电位器　　(h) 直滑式电位器

(i) 固定电阻　　(j) 热敏电阻　　(k) 固定电阻　　(l) 可变电阻（电位器）

(m) 常见熔断电阻器

图 4-2　各种电阻器、电位器的图形和符号

2. 固定电阻器、电位器，敏感电阻的命名方法

固定电阻器、电位器、敏感电阻的命名方法主要由五个部分组成：第一部分用字母表示产品的主称，R—电阻器，W—电位器，M—敏感电阻器；第二部分用字母表示产品的材料或类别，如表 4-4 所示；第三部分用数字或字母表示电阻器、电位器、敏感电阻器的特性、用途、类别，如表 4-5 所示，第四部分用数字表示生产序号；第五部分用字母表示同一序号但性能又有一定差异的产品区别代号。

表 4-4 固定电阻器、电位器、敏感电阻的材料或类别

电阻器 电位器				敏 感 电 阻			
字 母	材 料	字 母	材 料	字 母	材 料	字 母	材 料
T	碳膜	Y	氧化膜	Z	正温度系数热敏材料	S	湿敏材料
H	合成膜	C	沉积膜			Q	气敏材料
S	有机实芯	I	玻璃釉膜	F	负温度系数热敏材料	G	光敏材料
N	无机实芯	X	线绕			C	磁敏材料
J	金属膜			Y	压敏材料		

表 4-5 电阻器、电位器、敏感电阻器的特性、用途、类别

电阻器 电位器				敏 感 电 阻							
数字	意义	数字	意义	数字	热敏电阻 用途	光敏电阻 用途	力敏电阻 用途	字母	压敏电阻 用途	字母	湿敏电阻 用途
1	普通	G	高功率	1	普通用	紫外光	硅应变片	W	稳压用	C	测湿用
2	普通	T	可调	2	稳压用	紫外光	硅应变梁	G	高压保护	K	控温用
3	超高频	X	小型	3	微波测量	紫外光	硅柱	P	高频用		气敏电阻 用途
4	高阻	L	测量用	4	旁热式	可见光		N	高能用		
5	高温	W	微调	5	测量用	可见光		K	高可靠	Y	烟敏
6	精密	D	多圈	6	控温用	可见光		L	防雷用	K	可燃性
7	电阻:高压			7	消磁用	红外光		H	灭弧用		磁敏电阻 用途
	电位器:特殊			8	线性用	红外光		Z	消噪用	Z	电阻器
				9	恒温用	红外光		B	补偿用	W	电位器
8	特殊			0	特殊用	特殊用		C	消磁用		

【例 4-1】 RJ21 "R"表示主称为电阻,"J"表示材料为金属膜,"2"表示分类为普通,"1"表示序号。

【例 4-2】 WSW1A 第一个"W"表示主称为电位器,"S"表示材料为有机实芯,第二个"W"表示分类为微调,"1"表示序号,"A"表示区别代号。

【例 4-3】 MF41 "M"表示主称为敏感电阻,"F"表示材料为负温度系数热敏材料,"4"表示分类为旁热式,"1"表示序号。

3. 电阻器参数

（1）标称值和允许偏差

一般电阻器标称值系列如表 4-6 所示,表中所有数值都可以乘以 10^n,单位为 Ω,n 为整数。该表也适用电位器、电容器标称值系列,在表示电容容量标称值系列时的单位为 pF。

表 4-6 电阻器、电容器标称值系列

系 列	偏 差	标 称 值
E24	Ⅰ级±5%	1.0,1.1,1.2,1.3,1.5,1.6,1.8,2.0,2.2,2.4,2.7,3.0, 3.3,3.6,3.9,4.3,4.7,5.1,5.6,6.2,6.8,7.5,8.2,9.1
E12	Ⅱ级±10%	1.0,1.2,1.5,1.8,2.2,2.7,3.3,3.9,4.7,5.6,6.8,8.2
E6	Ⅲ级±20%	1.0,1.5,2.2,3.3,4.7,6.8

电阻器的标称值和偏差一般都以各种方法标记在电阻体上，其标记方法有以下几种。

① 直标法。用具体数字、单位或偏差符号直接把阻值和偏差标记在电阻体上，如图 4-3(a) 所示，一般用"Ⅰ"表示±5%，"Ⅱ"表示±10%，"Ⅲ"表示±20%。

② 文字符号法。将标称阻值及允许偏差用文字和数字有规律的组合来表示，如图 4-3(b) 所示。例如，2R2K 表示 $(2.2\pm0.22)\Omega$，R33J 表示 $(0.33\pm0.165)\Omega$，1K5M 表示 $(1.5\pm 0.3)k\Omega$，末尾字母表示为偏差。一般常用字母来表示偏差，允许偏差的文字符号表示如表 4-7 所示，不标记的表示偏差未定。

③ 数码表示法。如图 4-3(c) 所示，例如，103K，"10"表示 2 位有效数字，"3"表示倍乘 10^3，"K"表示偏差±10%，即阻值为 $10\times10^3\Omega=10k\Omega$。又如 222J，表示阻值为 $22\times 10^2=2.2k\Omega$，"J"表示偏差±5%，偏差表示方法与文字符号法相同。10Ω 以下的小数点也与文符号法相同，用 R 表示，例如 2.2Ω，也用 2R2 表示。

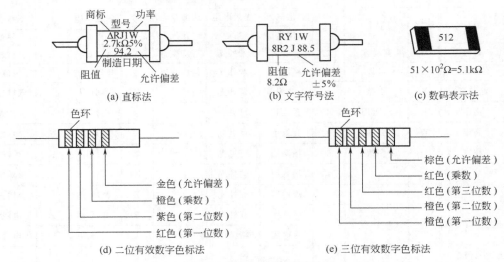

图 4-3　电阻器标称值表示方法

表 4-7　允许偏差的文字符号表示

	W	B	C	D	F	G	J	K	M	N	R	S	Z
偏差/%	±0.05	±0.1	±0.2	±0.5	±1	±2	±5	±10	±20	±30	+100 −10	+50 −20	+80 −20

④ 色标法。用不同颜色表示电阻数值和偏差或其他参数时的色标符号规定，如表 4-8 所示。该表也适合于用色标法表示电容、电感的数值和偏差，它们的单位分别是：用于电阻时为 Ω，用于电容时为 PF，用于电感时为 μH，表示额定电压时只限于电容。

表 4-8　色标符号规定

	银	金	黑	棕	红	橙	黄	绿	蓝	紫	灰	白	
有效数字	—	—	0	1	2	3	4	5	6	7	8	9	—
乘数	10^{-2}	10^{-1}	10^0	10^1	10^2	10^3	10^4	10^5	10^6	10^7	10^8	10^9	—
偏差/%	±10	±5	—	±1	±2	—	—	±0.5	±0.25	±0.1	—	+50 −20	±20
额定电压/V	—	—	—	4	6.3	10	16	25	32	40	50	63	—

用色标法表示电阻数值和偏差如图 4-3（d）、（e）所示。普通电阻常用 2 位有效数字表示，精密电阻常用 3 位有效数字表示。如图 4-3（d）所示的阻值为 $27×10^3\Omega＝27k\Omega$，偏差 $±5\%$，如图 4-3（e）所示的阻值为 $332×10^2＝33.2k\Omega$，偏差 $±1\%$。

第一色环即第一位数值识别方法：第一色环一般是靠最左边，偏差色环常稍远离前面几个色环。还有金、银色环不可能是第一色环，若色环完全是均匀分布且又没有金银色环时，只能通过用万用表测试来帮助判断。若色环颜色分不清楚时，也可利用电阻标称值系列来帮助判断，这样可大大减少颜色可选择种类。例如电阻，蓝□红金从表 4-6 可知，其中□颜色只有两个选择，即红色或灰色，而这两种颜色则较容易区分。

（2）电阻器额定功率

电阻器额定功率是指在正常条件下，电阻器长期连续工作并满足规定的性能要求时，所允许消耗的最大功率。电阻器额定功率系列如表 4-9 所示。

表 4-9　电阻器额定功率系列

非线绕电阻/W	0.05,0.125,0.25,0.5,1,2,5,10,25,50,100
线绕电阻/W	0.125,0.25,0.5,1,2,4,8,10,16,25,40,50,75,100,150,250,500

额定功率 2W 以下的电阻一般不在电阻器上标出，额定功率 2W 以上的电阻才在电阻器上用数字标出，而在线路图上的电阻符号没有特别标记，则一般指额定功率 0.125W 的电阻，电阻器额定功率符号如图 4-4 所示，大于额定功率 1W 的电阻都直接标出。

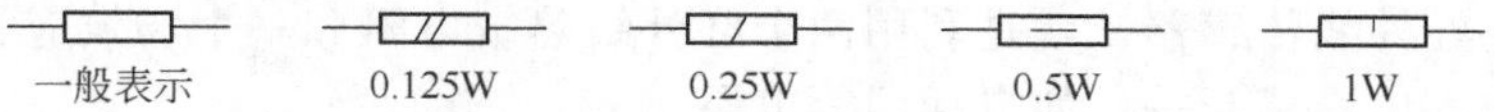

一般表示　　0.125W　　0.25W　　0.5W　　1W

图 4-4　电阻器额定功率符号

（3）电阻器其他性能参数

电阻器其他性能参数，如温度系数、噪声系数等，与其所用的材料有关，一般不在电阻器上标明。

4. 常见电阻器

（1）碳膜电阻（型号 RT）的特点

阻值范围在 $1\Omega～10M\Omega$ 之间，各项性能参数都一般，但其价格低廉，广泛用于各种电子产品中。

（2）金属膜电阻（型号 RJ）的特点

阻值范围在 $1\Omega～10M\Omega$ 之间，温度系数小，稳定性好，噪声低，同功率下与碳膜电阻相比，体积较小，但价格稍贵，常用于要求低噪、高稳定性的电路中。

（3）金属氧化膜电阻（型号 RY）的特点

有极好的脉冲高频过负荷性能，机械性能好，化学性能稳定，但其阻值范围窄（$1\Omega～200k\Omega$），温度系数比金属膜电阻差，常用于一些在恶劣环境中工作的电路上。

（4）线绕电阻（型号 RX）的特点

阻值范围在 $0.01\Omega～10M\Omega$ 之间可以制成精密型和功率型电阻，所以常在高精度或大功率电路中使用，但不适合在高频电路中工作。

（5）金属玻璃釉电阻（型号 RI）的特点

耐高温，功率大，阻值宽（$5.1\Omega～200M\Omega$），温度系数小，耐湿性好。常用它制成小型化贴片电阻。

（6）实芯电阻（型号 RS）的特点

过负荷能力强；不易损坏，可靠性高，价格低廉，但其他性能参数都较差，阻值范围在 $4.7\Omega \sim 22\mathrm{M}\Omega$ 常用在要求高可靠性的电路中（如宇航工业）。

（7）合成碳膜电阻（型号 RH）的特点

阻值范围在 $10 \sim 10^6\mathrm{M}\Omega$ 之间，主要用来制造高压高阻电阻器。

（8）电阻排

又称集成电阻，在一块基片上制成多个参数性能一致的电阻，常在计算机上使用。

（9）熔断电阻

又称水泥电阻，常用陶瓷或白水泥封装，内有热熔性电阻丝，当工作功率超过其额定功率时，会在规定时间内熔断，主要起保护其他电路的作用。在电视、录像机电路中常用作大功率限流电阻。

（10）敏感元器件（M）

主要是指用于检测温度、光照度、湿度、压力、磁通量、气体浓度等物理量的传感器，广泛用于各种自动化控制电路和保护电路上。例如，电话机上使用的压敏电阻，主要用于防雷或防电压冲击。彩电上使用的热敏电阻（消磁电阻），用于实现彩电自动化消磁。抽油烟机上常用的气敏电阻，利用其对可燃性气体特别敏感的特点，可实现自动化抽油烟，也可以用它来制造一氧化碳报警器，或者用作对 CF4 有敏感作用的气敏电阻，制作冰箱、冷气机雪柜检漏器。现在，为了提高传感器的灵敏度，一般加有放大电路。例如，用于测量红外线能量变化的热释红外线传感器，就是利用两个红外线热敏电阻和一个场效应管构成，这种传感器常用于制作人体遥感开关，如自动门等电路。

5. 电位器

电位器一般有三只引脚，若带中心抽头则有四只引脚，若是多联电位器则引脚数就更多了，其中每一个单联电位器都只有一只滑动臂，其余为固定臂。如图 4-5 所示的是碳膜电位器内部结构图。

（1）电位器参数

① 标称阻值和允许偏差。标称阻值是指电位器两个固定端的阻值，其规定的标称值与电阻器规定中的标称值的 E6，E12 系列相同，具体标称值参见表 4-6。允许偏差有下列几种：$\pm 20\%$，$\pm 10\%$，$\pm 5\%$，$\pm 2\%$，$\pm 1\%$，$\pm 0.1\%$ 等。

② 电位器额定功率。在相同体积情况下，线绕电位器功率比一般电位器的功率大。

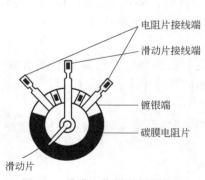

图 4-5　碳膜电位器内部结构图

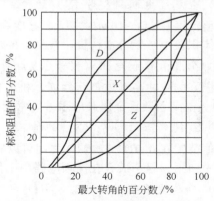

图 4-6　电位器阻值的变化规律
X—直线式；D—对数式；Z—指数式

③ 电位器其他参数。滑动噪声；电位器分辨力；电阻膜耐磨性；双联电位器同步性；电位器阻值变化规律（如图 4-6 所示）；电位器轴长与轴端结构（如图 4-7 所示）。

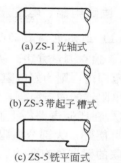

(a) ZS-1 光轴式

(b) ZS-3 带起子槽式

(c) ZS-5 铣平面式

图 4-7　电位器轴长与轴端结构

（2）电位器的种类

电位器种类有很多，按材料、调节方式、结构特点、阻值变化规律、用途分成多种电位器，如表 4-10 所示。

（3）常见几种电位器的特点

① 合成碳膜电位器（型号 WTH）的特点。阻值范围宽，可达 100Ω～4.7MΩ，分辨力高，但滑动噪声大，对温度、湿度适应性差。由于生产成本低，广泛用于收音机、电视机、音响等家电产品中。

表 4-10　电位器的种类

分类方式		种　类
材料	合金型电位器	线性电位器,块金属膜电位器
	合成型电位器	有机和无机实芯型,金属玻璃釉型,导电塑料型
	薄膜型电位器	金属膜型,金属氧化膜型,碳膜型,复合膜型
按调节方式		直滑式,旋转式(有单圈和多圈两种)
按结构特点		带抽头型,带开关型(推拉式和旋转式),单联,同步多联,异步多联
阻值变化规律		线性型,对数型,指数型
用途		普通型,微调型,精密型,功率型,专用型

② 有机实芯电位器（型号 WS）的特点。阻值范围宽，可达 100Ω～4.7MΩ，分辨力高，耐高温，体积小，可靠性高，但噪声较大。主要用于对可靠性，耐高温性有较高要求的电器上。

③ 线绕电位器（型号 WX）的特点。相对额定功率大，耐高温性能稳定，精度易于控制，但阻值范围小，为 4.7Ω～100kΩ，分辨力低，高频特性差。

接触型电位器除了以上三种外，还有可做大范围、高精度调整的多圈电位器，高性能、高耐磨导电塑料电位器，带驱动马达的电位器（常用作遥控调节音量使用）等，在此不再一一叙述。而非接触型电位器因克服了接触型电位器滑动噪声大的缺陷，正逐渐被采用，如光敏电位器、磁敏电位器。

6. 电阻器参数在工艺文件上的填写方法

（1）固定电阻器参数的填写方法

主称 —— 型号 —— 额定功率 —— 引线形式 —— 阻值、偏差

（2）电位器参数的填写方法

主称 —— 型号 —— 品种 —— 功率 —— 阻值 —— 变化特性 —— 轴规格

【例 4-4】　15W，30kΩ，碳膜电阻，引出线是轴向，误差±5%。

在工艺文件上的书写方法　电阻器—RT—15—b—30kΩ—±5%

【例 4-5】　电位器 470kΩ，0.1W 单联合成膜。

在工艺文件上的书写方法　电位器—WT—1—0.1—470kΩ—X—60ZS—3

7. 固定电阻、电位器、敏感电阻的性能检测

（1）固定电阻器的性能检测

① 独立测量方法。使用万用表测量固定电阻器两端的阻值并与标称值进行比较，只要在偏差范围内，则为好电阻器。使用万用表测量电阻器（或其他元器件）时要注意，手不能同时接触电阻器的两条引脚，选择指针尽可能靠中的量程来测量，选好量程后还要对该量程调零。

② 在印制电路板上测量的方法。电阻器损坏时，只要排除了因潮湿或尘埃引起阻值变小的可能外，大部分电阻阻值都会变大甚至开路。而在印制电路板上测量电阻器时，由于与之并联的元器件有很多，正常时无论怎样测量，电阻读数都只会小于或等于标称值。若正、反测量电阻发现有一次读数大于标称值且超出偏差范围，则该电阻肯定是坏电阻，若读数两次都小于标称值，则该电阻不一定是坏电阻。若还有怀疑，则必须拆出来单独测量。

若怀疑电阻（或其他元器件）热稳定性差时，则可以在开机后加热一段时间或刚开机时，观察故障是否有变化，若有变化则该电阻为坏电阻。

（2）电位器质量判断

首先要测量两个固定引线端的阻值，在偏差范围内应与标称值相等，然后分别测量两个固定引脚与滑动引线的阻值，转动电位器滑动臂时阻值应在零到标称值范围内变化，且指针必须平稳摆动，无跳变、抖动等现象。对于多联电位器必须逐联来测量。带开关电位器还要测量开关的通断情况。

（3）敏感电阻器质量判断

通过测量敏感电阻两端阻值在加入相应敏感条件（如加温、加压、加光等）变化的前后来判断其好坏。若变化不大，则敏感电阻器是坏的。

例如，用于彩电消磁的热敏电阻 MZ72，在常温时测量其阻值只有 27Ω，当用风筒加热 1min 左右时，阻值已增至数十兆欧，这说明该消磁电阻是好的。

二、电容器

电容器是组成电路的基本元件之一，它是由两个相互靠近的导体与中间所夹的一层绝缘介质组成。电容器是一种储能元件，常用于谐振、耦合、隔直、滤波、交流旁路等电路中。

1. 常见电容器外形和电路符号以及单位

（1）电容器外形和电路符号

电容器外形和电路符号如图 4-8 所示。

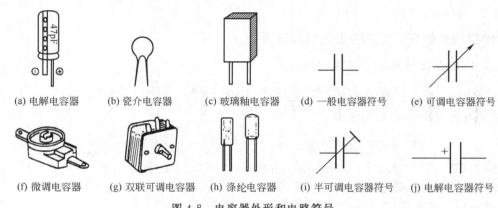

(a) 电解电容器　(b) 瓷介电容器　(c) 玻璃釉电容器　(d) 一般电容器符号　(e) 可调电容器符号

(f) 微调电容器　(g) 双联可调电容器　(h) 涤纶电容器　(i) 半可调电容器符号　(j) 电解电容器符号

图 4-8　电容器外形和电路符号

（2）电容器单位

1F（法拉）＝10^3mF（毫法）＝10^6μF（微法）＝10^9nF（纳法）＝10^{12}pF（皮法）。最常用的两个单位是 μF 和 pF。一般情况下，够 10000pF 就化成 μF 单位，如 20000pF＝0.02μF。

（3）电容器命名

电容器的命名一般由四部分组成，第二、第三部分如表 4-11、表 4-12 所示。

第一部分主称C —— 第二部分材料 —— 第三部分特性分析 —— 第四部分序号

表 4-11　电容器材料代号及其意义

符号	含义	符号	含义	符号	含义	符号	含义
C	高频瓷介	B	聚苯乙烯	Q	漆膜	A	钽电解质
T	低频瓷介	BB	聚丙烯	Z	纸介	N	铌电解质
Y	云母	F	聚四氟乙烯	J	金属化纸介	C	合金电解质
I	玻璃釉	L	涤纶	H	复合介质		
O	玻璃膜	S	聚碳酸酯	D	铝电解		

表 4-12　电容器特性分类中数字、字母的表示意义

数字	1	2	3	4	5	6	7	8	9
瓷介	圆片	管形	叠片	独石	穿心	支柱		高压	
云母	非密封		密封	密封				高压	
有机	非密封		密封	密封	穿心		高压		特殊
电解	筒式		烧结粉液体	烧结粉固体		无极性			特殊
字母	D	X	Y	M	W	J	C	S	
意义	低压	小型	高压	密封	微调	金属化	穿心	独石	

注：以上规定对可变电容和真空电容不适用。

【例 4-6】　CT12　表示圆片低频瓷介电容器，其中"2"表示序号。

2. 电容器性能参数

（1）电容器标称容量和偏差

电容器标称容量和偏差与电阻器的规定相同，可参见表 4-6，但不同种类的电容会使用不同系列，如电解电容使用的是 E6 系列，偏差有 ±10％、±20％、$^{+50\%}_{-20\%}$ 等几种，它的标记方法有以下几种。

① 直标法。直接把电容器容量、偏差、额定电压等参数直接标记在电容器体上，如图 4-9（a）所示。有时因面积小而省略单位，但存在这样的规律，即小数点前面为 0 时，则单位为 μF。小数点前不为 0 时，则单位为 pF。如图 4-9（d）所示，偏差也有用 Ⅰ、Ⅱ、Ⅲ 三级来表示的。

② 文字符号法。如图 4-9（b）所示，与电阻文字符号法相似，只是单位不同。

【例 4-7】　P82＝0.82pF　6n8＝6800pF　2μ2＝2.2μF。

③ 数码表示法。与电阻数码表示法基本相同，如图 4-9（c）所示，只有个别的不同。如第三位数"9"表示 10^{-1}，后面字母表示偏差，可参见表 4-7。

【例 4-8】　339K＝33×10^{-1}pF＝3.3(1±10％)pF　102J＝10×10^2pF＝1000(1±5％)pF
103J＝10×10^3pF＝0.01(1±5％)/μF　204K＝20×10^4pF＝0.2(1±10％)μF

④ 色标法。电容器色标法与电阻器色标法规定相同，可参见表 4-8。基本单位 pF，有

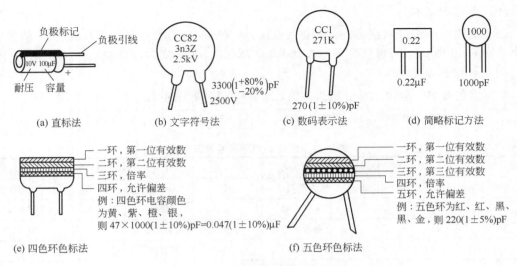

图 4-9　电容容量标记方法

时还会在最后增加一色环表示电容额定电压，如图 4-9(e)、(f) 所示。

电容容量表示方法还有色点表示法，该方法与色标法相似，不再详述。新型贴片除了使用数码法、文字符号法表示外，还使用 1 种颜色＋1 个字母或 1 个字母＋1 个数字来表示其容量。

【例 4-9】　黑色＋A——表示 10pF，A0＝1pF。要详细了解可参考有关资料。

（2）电容器额定直流工作电压

电容器额定直流工作电压是指，电容器在指定的温度范围内能长期可靠地工作所能承受的最大直流电压，它的大小与介质厚度、种类有关。该参数一般都直接标记在电容器上，以便选用。但要注意，当电容器工作在交流电路时，交流电压峰值不得超过额定直流工作电压。电容器常用的额定直流工作电压有：6.3V、10V、16V、25V、63V、100V、160V、250V、400V、630V、1000V、1600V、2500V 等。

（3）工作温度范围

电容器必须在指定的工作温度范围内才能稳定工作。一般的电解电容器都直接标出它的上限工作温度，如 85℃ 或 105℃ 等。

（4）损耗角正切值 tanδ

损耗角正切值 tanδ 是指当电流流过电容器时，电容器的损耗功率与存储功率的比值，该值的大小取决于电容器介质所用的材料、厚度及制造工艺，它真实地表征了电容器质量的优劣。数值越小，电容器质量越好。tanδ 数值一般都在 $10^{-4} \sim 10^{-2}$ 之间，但该值一般不标注在电容器体上，只能用专用仪器来测量，也可以根据电容器所用的介质作参考。

（5）温度系数

温度系数是反映电容器稳定性的一个重要参数，该值有正有负，它的绝对值越小，表明电容器温度稳定性越高。

3. 常见的几种电容器的特点

（1）瓷介电容器

该种电容器是以陶瓷为介质的电容器，根据介质常数可分为高频瓷介电容器 CC 和低频瓷介电容器 CT。

① CC 瓷介电容器。介质常数大于1000。主要特点是体积小，性能稳定，耐热性好，绝缘电阻大，损耗小，成本低廉，但容量范围在 $1pF\sim0.1\mu F$，常用于要求低损耗、容量稳定的高频电路中。

② CT 瓷介电容器。介质常数小于1000。主要特点是体积相对比 CC 型瓷介电容器小，容量比 CC 型大，容量最大达 $4.7\mu F$，但其绝缘电阻低，损耗大，稳定性比 CC 型差，一般用于低频电路中做旁路使用。

（2）云母电容器（型号 CY）

该种电容器是以云母做介质。主要特点是精度高，可达 $\pm(0.01\sim0.03)\%$，性能稳定，可靠，损耗小，绝缘电阻很高，是一种优质电容器，但容量小，一般在 $4.7\sim5100pF$，体积大，成本高，主要用于对稳定性和可靠性要求较高的高频电路上，如一些高频本振电路。

（3）玻璃电容器

玻璃釉（型号 CI）、玻璃膜（型号 CQ），该种电容器是以玻璃为介质，稳定性介于云母电容器与瓷介电容器之间，是一种耐高温、其相对体积小、成本低廉、性能较高的电容器，可制成贴片元件，常在高密度电路中使用。

（4）纸介电容器（型号 CZ）

该种电容是以纸做介质，其特点是制造成本低，比瓷介电容器、玻璃电容器容量范围大，一般在 $0.01\sim10\mu F$ 之间，但绝缘电阻小，损耗大，体积也大，只适用于直流或低频电路中使用。另一种纸介电容器，即金属化纸介电容器（型号 CJ），最大特点是相对于纸介电容器体积减小了 $1/5\sim1/3$，且高压击穿后能够自愈，而其他性能与纸介电容器没有多大差别。

（5）有机薄膜电容器

该类电容器是以有机薄膜为介质。有机薄膜种类有很多，最常见的有涤纶薄膜，聚丙烯薄膜等。这类电容器总性能上都比低频瓷介电容器、纸介电容器好，其容量范围较大，但稳定性还不够高，其中涤纶金属聚碳酸酯等电容器只适用于低频电路。聚苯乙烯、聚四氟乙烯电容器高频特性好，适用于高频电路。聚丙烯电容器能耐高压，聚四氟乙烯电容还能耐高温。

（6）电解电容器

该类电容器是以金属氧化膜为介质。金属为阳极，电解质为阴极，其最大特点是容量范围很大，达 $0.47\sim200000\mu F$。根据介质不同，电解电容器主要分为两种。

① 铝电解电容器（型号 CD）。该种电容器是以铝金属为阳极，常以圆筒状铝壳封装，最大特点是容量范围大，且价格低廉，但其绝缘性差，损耗大，温度稳定性和频率特性差，电解液易干涸老化，不耐用，额定直流工作电压低，一般在 $6.3\sim500V$ 之间，适用于低频旁路、耦合、滤波等电路中使用。

② 钽电解电容器（型号 CA）。该类电容器分固体钽电解电容器和液体钽电解电容器两种。它与铝电解电容器相比，具有绝缘性好，相对体积和损耗都小，温度稳定性、频率特性好，耐用，不易老化，但相对额定直流工作电压较低，最高额定直流工作电压只有百余伏。

（7）可变电容器

可变电容器主要是由动片和定片及之间的介质以平行板式结构而成。动片和定片通常是半圆形或类似半圆形。转动动片，则改变了它们的平衡面积，从而改变其容量。可变电容介质常见有：空气、聚苯乙烯、陶瓷等。单个可调电容器称为单联可调电容器，两个称为双联、多个称为多联。AM 收音机使用的是双联可调电容器，而 AM/FM 收音机使用的则是四联可调电容器，且在顶部还有四个作为补偿使用的微调可调电容器。

4. 电容器的合理选用

电容器的主要性能可由 $\tan\delta$ 和绝缘电阻两个参数来反映，它们也是对电路性能影响最大的两个参数，直接关系到整机技术指标。选用电容器时不能片面地追求电容器的高性能，还要全面地考虑电容的其他参数，如额定直流工作电压，体积，稳定性，能否耐高温等。对于电容器额定直流工作电压，一般选取大于实际工作电压 $1\sim2$ 倍即可。总的来说，在满足产品技术要求的情况下，应该多选用低价位电容器，如一般电路中广泛使用的瓷介电容器、涤纶电容器、铝电解电容器等。

5. 电容器的质量判别

电容器常见故障有开路、短路、漏电或容量减小等，除了准确的容量要用专用仪表测量外，其他电容器的故障用万用表都能很容易地检测出来，下面介绍用万用表检测电容器的方法。

（1）5000pF 以上非电解电容器的检测

首先在测量电容器前必须对电容器短路放电，再用万用表最高挡 $R\times10\text{k}\Omega$ 或 $R\times1\text{k}\Omega$ 挡测量电容器两端，表头指针应先摆动一定角度后返回无穷大（由于万用表精度所限，该类电容指针最后都应指向无穷大），若指针没有任何变动，则说明电容器已开路，若指针最后不能返回无穷大，则说明电容漏电较严重，若为 0Ω，则说明电容器已击穿。电容器容量越大，指针摆动幅度就越大。可以根据指针摆动最大幅度值来判断电容器容量的大小，以确定电容器容量是否减小了。测量时必须记录好测量不同容量的电容器时万用表指针摆动的最大幅度，才能做出准确判断。若因容量太小看不清指针的摆动，则可调转电容两极再测一次，这次指针摆动幅度会更大。

对于 5000pF 以下电容器用万用表及 $R\times10\text{k}\Omega$ 挡测量时，基本看不出指针摆动，所以，若指针指向无穷大则只能说明电容没有漏电，是否有容量只能用专用仪器才能测量出来。

（2）检测带极性电解电容器

首先，要了解万用表电阻挡内部结构，如图 4-10 所示。从图中可知，黑表笔是高电位，

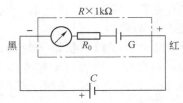

图 4-10　万用表电阻挡内部结构

应接电容器正极，红表笔是低电位接电容器负极。测量时，指针同样摆动一定幅度后返回，但并不是所有的电容器万用表指针都返回至无穷大，有些会慢慢地稳定在某一位置上。读出该位置阻值，即为电容器漏电电阻，漏电电阻越大，其绝缘性越高。一般情况下，电解电容器的漏电电阻大于 $500\text{k}\Omega$ 时性能较好，在 $200\sim500\text{k}\Omega$ 时电容器性能一般，而小于 $200\text{k}\Omega$ 时漏电较为严重。

测量电解电容器时要注意以下几点。

① 每测量一次电容器前都必须先放电后测量（无极性电容器也一样）。

② 测量电解电容器时一般选用 $R\times1\text{k}\Omega$ 或 $R\times10\text{k}\Omega$ 挡，但 $47\mu\text{F}$ 以上的电容器一般不再用 $R\times10\text{k}\Omega$ 挡。

③ 选用电阻挡时要注意万用表内电池（一般最高电阻挡使用 $6\sim22.5\text{V}$ 的电池，其余的使用 1.5V 或 3V 电池）电压不应高于电容器额定直流工作电压，否则测量出来结果不准确的。

④ 当电容器容量大于 $470\mu F$ 时，可先用 $R\times1\Omega$ 挡测量，电容器充满电后（指针指向无穷大时）再调至 $R\times1k\Omega$ 挡，待指针再次稳定后，就可以读出其漏电电阻值，这样可大大缩短电容器的充电时间。

（3）可变电容器检测

首先，观察可变电容动片和定片有没有松动，然后再用万用表最高电阻挡测量动片和定片的引脚电阻，并且调整电容器的旋钮。若发现旋转到某些位置时指针发生偏转，甚至指向 0Ω 时，说明电容器有漏电或碰片情况。电容器旋动不灵活或动片不能完全旋入和完全旋出，都必须修理或更换。对于四联可调电容器，必须对四组可调电容分别测量。

三、电感器

电感器又称电感线圈，是利用自感作用的元件，在电路中起调谐、振荡、滤波、阻波、延迟、补偿等作用。

1. 电感器的主要参数

（1）标称电感量和偏差

电感器电感量标记方法有直标法、文字符号法、数码表示法、色标法等，与电阻器、电容器标称值标记方法一样，只是单位不同。电感量单位为 H，1H（亨利）$=10^3$mH（毫亨）$=10^6\mu H$（微亨）。

（2）品质因数（即 Q 值）

品质因数是指线圈在某一频率下工作时，所表现出的感抗与线圈的总损耗电阻的比值，其中损耗电阻包括直流电阻、高频电阻、介质损耗电阻。Q 值越高，回路损耗越小，所以一般情况下都采用提高 Q 值的方法来提高线圈的品质因数。例如可以使用高频磁芯或介质损耗小的骨架绕制线圈。也可以改变电感器的绕制方法，以减小分布电容，也可以使用镀银线和多股导线绕制线圈以减小高频电阻损耗，有利于提高 Q 值。并不是所有的电路的 Q 值越高越好，例如收音机的中频中周，为了加宽频带，常外接一个阻尼电阻，以降低 Q 值。

（3）分布电容

线圈的匝与匝之间，线圈与铁芯之间都存在电容，这种电容均称为分布电容。频率越高，分布电容影响就越严重，Q 值会急速下降。可以通过改变电感线圈绕制的方法来减少分布电容，如使用蜂房式绕制或间段绕制。

（4）额定电流

电感线圈中允许通过的最大电流。

（5）电感器直流电阻

所有电感器都有一定的直流电阻。阻值越小，回路损耗越小。该阻值是用万用表判断电感好坏的一个重要数据。

2. 电感器种类及电路符号

常见电感器及电路符号如图 4-11 所示。

（1）固定电感器

固定电感器一般在铁氧体上绕上线圈构成，特点是体积小、电感量范围大、Q 值高，常用直标法或色环表示法把电感量标在电感器上，在滤波、陷波、扼流、延迟等电路中使用。

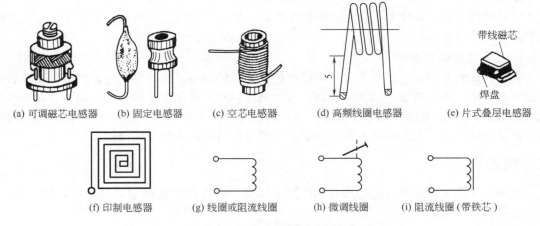

图 4-11　常见电感器及电路符号

（2）片式叠层电感器

这种电感器是由组成磁芯的铁氧体浆料和作为平面螺旋形线圈的导电浆料相间叠加后，烧结而成无引线的片式电感器，其特点是可靠性高、体积小，是理想的表面贴片元件。

（3）平面电感器

用真空蒸发、光刻、电镀方法，在陶瓷基片上淀积一层金属导线，做塑料封装而成，其特点是性能稳定可靠，精度高。这种电感器也可以在印制电路板上直接印制，电感量可以在 $1cm^2$ 的平面上制作 $2\mu H$ 的平面电感。这种电感器常用于高频电路上。

（4）高频空心小电感线圈

这种电感器是在不同直径的圆柱上单层密绕脱胎而成的，其结构简单易制，常用于收音机、电视机、高频放大器等高频谐振电路上，并可通过调节其匝间距离（即改变其电感量）实现电路各项频率指标的调整，例如 FM 收音机低端统调就是通过调节这类电感匝间距离实现的。

（5）各种专用电感器

根据各种电路特点要求，绕制出各种专用电感器，种类很多。常见的如蜂房式绕制中波高频阻流线圈、行振荡线圈、行场偏转线圈、亮度延迟线圈及各种磁头等。

3. 电感器性能检测

在电感器常见故障中，如线圈和铁芯松脱或铁芯断裂，一般细心观察就能判断出来。若电感器开路，即两端电阻为无穷大，则用万用表就很容易测量出来，因为所有电感器都有一定阻值，常见的都在几百欧以下，特殊的也不超过 $10k\Omega$。若电感器出现匝间短路则只能使用数字表准确测量其阻值，并与相同型号好的电感器进行比较，才能做出准确判断。若出现严重短路，阻值变化较大，凭经验也能判断其好坏。也可以用 Q 表测量其 Q 值，若有匝间短路时，Q 值会变得很小。

四、常用低压电器

电器是所有电工器械的简称。低压电器是指在交流 50Hz（或 60Hz）、额定电压为 1200V 及以下，直流额定电压为 1500V 及以下的电路中起通断、保护、控制或调节作用的电器。工作机械所用电器的种类很多。按照低压电器在电气线路中的地位和作用，通常将其分为低压配电电器和低压控制电器两类，表 4-13 所列是低压电器的分类和用途。

表 4-13 常用低压电器的分类和用途

电器名称		主要品种	用途
配电电器	刀开关	负荷开关 熔断器式开关 板形刀开关 大电流开关	主要用于电路的隔离,也能接通和分断额定电流
	转换开关	组合开关 换向开关	用于两种以上电源或负载的转换,接通或分断电路
	自动开关	塑壳式自动开关 框架式自动开关 限流式自动开关 漏电保护自动开关	用于线路过载、短路或欠电压保护,也可用作不频繁接通和分断电路
	熔断器	无填料熔断器 有填料熔断器 快速熔断器 自动熔断器	用于线路或电气设备的过载和短路保护
控制电器	接触器	交流接触器 直流接触器	主要用于远距离频繁启动或控制电动机或接通和分断正常工作的电路
	继电器	热继电器 中间继电器 时间继电器 电流继电器 速度继电器 电压继电器	主要用于控制系统控制其他电器或做主电路保护
	启动器	磁力启动器 降压启动器	主要用于电动机的启动和正反转控制
	控制器	凸轮控制器 平面控制器	主要用于电气控制设备中转换主回路或励磁回路的接法,以实现电动机启动时的换向和调速
	主令电器	按钮 行程开关 万能转换开关 微动开关	主要用于接通和分断控制电路
	电阻器	铁基合金电阻	用于改变电路的电压、电流等参数或变电能为热能
	变阻器	励磁变阻器 启动变阻器 频敏变阻器	主要用于发电机调压及电动机减压启动和调速
	电磁铁	起重电磁 牵引电磁铁 制动电磁铁	用于起重、操纵或牵引机械装置

综合实训 1 ≫ 导线的连接

一、实训内容

① 两根长 1.2m 的 BV2.5mm^2(1/1.76mm)塑料铜芯线做一字形连接。

② 两根长 1.2m 的 BV4mm^2(1/2.24mm)塑料铜芯线做 T 字形分支连接。

③ 两根长 1.2m 的 BV10mm^2(7/1.33mm)塑料铜芯线做一字形连接。

④ 两根长 1.2m 的 BV16mm^2(7/1.7mm)塑料铜芯线做 T 字形分支连接。

二、器材准备

剥线钳、钢丝钳、电工刀、150W 电烙铁、两根长 1.2m 的 BV2.5mm^2 塑料铜芯线、两根长 1.2m 的 BV4mm^2 塑料铜芯线、两根长 1.2m 的 BV10mm^2 塑料铜芯线、两根长 1.2m

的 BV16mm^2 塑料铜芯线、三根长 1.2m 的 BV0.75mm^2 单股塑料铜芯线。

三、训练步骤

① 剖削导线绝缘层。
② 连接导线。
③ 恢复绝缘层。
④ 注意事项：剖削导线绝缘层时，不要损伤线芯；导线缠绕方法要正确；导线缠绕后要平直、整齐和紧密；使用绝缘带包缠时，应均匀紧密不能过疏，更不允许露出芯线。

四、成绩评定

考核及评分标准见下表。

评分标准表

序号	项目内容	评 分 标 准	分值	扣分	得分	备注
1	剖削绝缘层	① 剖削工具选择不当扣 5~10 分； ② 划伤线芯扣 10~30 分	30 分			
2	按要求连接导线	① 绞接方法不对扣 10~20 分； ② 焊接不符合要求扣 10~20 分； ③ 导线连接达不到要求扣 10~30 分	50 分			
3	恢复导线绝缘	① 绝缘带包缠不均匀扣 5~10 分； ② 绝缘带包缠紧密程度不够扣 5~10 分； ③ 绝缘带包缠后露出芯线扣 10~20 分	20 分			
4	安全文明操作	① 违反操作规程，每次扣 5 分； ② 工作场地不整洁，扣 5 分				
	工时：1h	评分				

综合实训 2 ▶▶ 导线与接线端子的连接

一、实训内容

① 在一根长 0.5m 的 BV1.5mm^2 塑料单股铜芯导线两端弯制圆套环。
② 在一根长 0.5m 的 BV4mm^2（1/2.24mm）塑料铜芯线两端压接线鼻子。
③ 在一根长 0.5m 的 BV2.5mm^2（1/1.76mm）塑料铜芯线两端压接针式压头。

二、实训器材

电工刀、剥线钳、螺钉旋具、挤压钳、圆头钳、尖嘴钳，BV1.5mm^2 塑料单股铜芯导线、线鼻子、针式压头。

三、训练步骤

① 剖削导线线端的绝缘层。
② 用圆头钳将已剖去绝缘层的裸线头弯成直角状。
③ 用圆头钳夹住弯成角状的线端头以顺时针方向弯成一圆环。

④ 在一根塑料铜芯线两端压接线鼻子。

⑤ 在一根塑料铜芯线两端压接针式压头。

⑥ 注意事项。

a. 剖削导线绝缘层时，线芯不能损伤；

b. 弯制圆套环时，需使用圆头钳，不得用尖嘴钳代替；

c. 弯制及压接方法要正确；

d. 圆套环的开口方向要与螺钉的旋紧方向一致，即右螺旋方向；

e. 连接后，圆套环不能冒出下面的垫圈。

四、成绩评定

考核及评分标准见下表。

评分标准表

序号	项　　目	评 分 标 准	分值	扣分	得分	备注
1	剖削绝缘层	划伤线芯扣 10～30 分	30 分			
2	弯制圆套环	① 工具选择不对扣 10～20 分； ② 圆套环形状不符合要求扣 10～20 分； ③ 圆套环弯制方向不对扣 30 分	30 分			
3	压接线鼻子	压接线鼻子不符合要求扣 10～20 分	20 分			
4	压接针式压头	针式压头压接不符合要求扣 10～20 分	20 分			
5	安全文明操作	① 违反操作规程，每次扣 5 分； ② 工作场地不整洁，扣 5 分				
	工时：1.5h	评分				

 **实训思考**

1. 常用的绝缘材料有哪几类？每一类各有何特点？

2. 常用的绝缘材料耐热等级有哪几级？每一级型号各有何特点？

3. 绝缘材料的主要性能指标是什么？

4. 简述软磁材料和硬磁材料的特点和工程应用。

5. 常用的熔体材料有哪些？各有何特点？

6. 常用绝缘电线有哪几种？

7. 通用橡皮护套软电缆适用于哪些场合？

8. 低压电器如何分类？

9. 简述交流接触器的工作原理及选用原则。

10. 简述常用的几种熔断器的基本结构及各部分的作用。

11. 试述热继电器的结构和工作原理。

12. 按钮的作用是什么？它由几部分组成？

13. 行程开关由哪几部分组成？它是怎样控制生产机械行程的？

14. 为什么热继电器不能对电路进行短路保护？

15. 常见的电阻器有哪些？它们有哪些主要特点？

第五章
电工技术基础实验

本章也是电工（电路）技术的重要实践性教学环节，它不仅要帮助学生巩固和加深理解所学的理论，重要的是要训练学生的基本技能，树立工程实际观念和严谨的科学作风，为综合实训打下坚实基础。本章精选了电工（电路）技术的基础性实验课题 28 个，旨在训练学生对常用电工仪器仪表的使用和基本技能的提高。

 ## 实验一　欧姆定律与电阻的连接

一、实验目的

1. 通过使用电压表学会测量元件的电压；
2. 通过使用电流表学会测量元件的电流；
3. 根据元件电压与电流的关系验证欧姆定律。

二、原理说明

欧姆定律是最基础的定律，内容是：流过电阻的电流与电压成正比，与电阻成反比，即 $I = \dfrac{U}{R}$。

三、实验设备

实验设备见表 5-1。

表 5-1　实验设备

序号	名称	型号规格	数量	备注
1	直流电源	24V	1	D31
2	直流电压表	0～30V	1	D31
3	直流电流表	0～30mA	1	DG04
4	电阻	1kΩ　1/8W	1	DG04
5	可变电阻器	0～1kΩ　1/8W	1	DG05
6	开关		1	DG05

四、实验内容

按图 5-1 接线。

1. 调整可变电阻器，使其阻值 $R_L = 0$，闭合开关，将电压表读数与电流表读数填入表

1-2，根据公式 $I=\dfrac{U}{R}$，验证欧姆定律。

2. 调整可变电阻器，使其阻值及 $R_{\mathrm{L}}=1\mathrm{k}\Omega$，将电压表与电流表读数填入表 5-2，根据公式 $I=\dfrac{U}{R}$，验证欧姆定律。

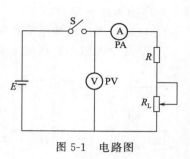

图 5-1　电路图

3. 练习使用数字万用表
① 测量电阻大小；
② 测量二极管；
③ 三极管管脚的判别。

表 5-2　电压、电流记录表

R	R_{L}	U	I
1kΩ	0		
1kΩ	1kΩ		

五、实验注意事项

① 电流表、电压表极性不要接反。
② 调整可变电阻器时应仔细观察电流表的变化情况。

六、思考题

1. 实际测量值和理论值有差异吗？为什么？
2. 如果开关打开，电压表读数为 0，电流表读数也为 0，那么根据欧姆定律，电阻也是 0，这种说法对吗？为什么？
3. 为什么可变电阻变化时，电压表和电流表的读数也随着改变？
4. 为什么开关打开后，将电流表两端与开关两端相连就可以测量电流？

七、实验报告

1. 列表记录实验数据，并计算各被测电阻值。
2. 分析实验结果，总结应用场合。
3. 对思考题的计算。
4. 其他（包括实验的心得、体会及意见等）。

 实验二　电阻串联、并联、混联及其分压、分流电路

一、实验目的

1. 熟悉实验台上各类电源及各类测量仪表的布局和使用方法。
2. 掌握电阻串联及其分压电路、电阻并联及其分流电路
3. 掌握指针式电压表、电流表的使用。

二、原理说明

1. 电阻的串联
几个电阻一个接一个无分叉地顺序相联，叫电阻的串联。图 5-2 所示为三个电阻的串联电路。

电阻串联电路的特点：

① 通过各电阻的电流相同。

② 几个电阻串联可用一个等效电阻来替代，等效电阻 R 等于各电阻之和，即

$$R = R_1 + R_2 + R_3$$

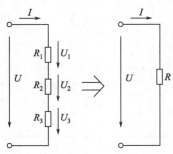

③ 总电压等于各电阻电压之和，即

$$U = U_1 + U_2 + U_3$$

④ 每个电阻的端电压与总电压的关系可表示为

$$U_1 = IR_1 = \frac{R_1}{R}U$$

$$U_2 = IR_2 = \frac{R_2}{R}U$$

$$U_3 = IR_3 = \frac{R_3}{R}U$$

图 5-2　电阻串联

上式称为串联电路的分压公式。显然，电阻值越大，分配到的电压越高。

电阻串联应用较多。如在电工测量中使用电阻串联的分压作用扩大电压表的量程；在电子电路中，常用串联电阻组成分压器以分取部分信号电压。

2. 电阻的并联

若干电阻首尾联接在两个端点之间，使每个电阻承受同一电压，叫电阻的并联。图 5-3 所示电路是由三个电阻并联而成的。

电阻并联电路的特点：

① 各电阻的端电压相同。

② 几个电阻并联，也可用一个等效电阻代替，等效电阻的倒数等于各电阻的倒数之和，即

$$\frac{1}{R} = \frac{1}{R_1} + \frac{1}{R_2} + \frac{1}{R_3}$$

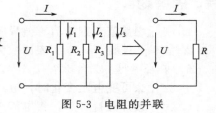

图 5-3　电阻的并联

令 $G = \frac{1}{R}R$，则有

$$G = G_1 + G_2 + G_3$$

G 称为电导，其单位为西门子，用 S 表示，显然 $S = 1/\Omega$。可见，并联电路的总电导等于各电导之和。当只有两个电阻并联时，用下式求等效电阻较简单，即

$$R = \frac{R_1 R_2}{R_1 + R_2}$$

③ 总电流等于各电阻电流之和，即

$$I = I_1 + I_2 + I_3$$

④ 各个电阻中的电流与总电流的关系可用下式表示

$$I_1 = \frac{R}{R_1}I$$

$$I_2 = \frac{R}{R_2}I$$

$$I_3 = \frac{R}{R_3}I$$

上式称为并联电路的分流公式。显然，电阻越小，分配到的电流越大。

当只有两个电阻并联时，各电阻电流分别为

$$I_1 = \frac{U}{R_1} = \frac{R_2}{R_1 + R_2} I$$

$$I_2 = \frac{U}{R_2} = \frac{R_1}{R_1 + R_2} I$$

电阻并联应用也很多，如电炉、电灯等都是并联接入电路的。在电工测量中使用电阻并联的分流作用，能扩大电流表的量程。

3. 电阻的混联

既有电阻串联又有电阻并联的联结方式，叫电阻的混联。

分析电阻混联电路的一般步骤是：

① 计算各串联和并联部分的等效电阻，再计算总的等效电阻；

② 由总电压除总等效电阻得总电流；

③ 根据串联电阻的分压关系和并联电阻的分流关系，逐步计算各元件上的电压、电流以及功率。

三、实验设备

实验设备见表5-3。

表 5-3　实验设备

序号	名称	型号与规格	数量	备注
1	可调直流稳压电源	0～30V	二路	DG04
2	可调恒流源	0～500mA	1	DG04
3	指针式万用表	MF-47 或其他	1	自备
4	可调电阻箱	0～9999.9Ω	1	DG09
5	电阻器	按需选择		DG09

四、实验内容

1. 根据"分压法"原理按图5-2接线，给定电压12V或固定电压。

电压、电流记录表

被测电压、电流值	电路总电压	电路总电流	$R_1/k\Omega$	$R_2/k\Omega$	$R_3/k\Omega$
U					
I					

2. 根据"分流法"原理线路如图5-4所示，给定电流10mA或固定电流。

电压、电流记录表

被测电压、电流值	电路总电压	电路总电流	$R_1/k\Omega$	$R_2/k\Omega$	$R_3/k\Omega$
U					
I					

3. 验证两个电阻并联关系；

4. 验证分流公式；

5. 混联电阻的测量。

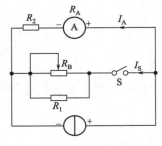

图 5-4　分流实验

五、实验注意事项

1. 在开启 DG04 挂箱的电源开关前，应将两路电压源的输出调节旋钮调至最小（逆时针旋到底），并将恒流源的输出粗调旋钮拨到 2mA 挡，输出细调旋钮应调至最小。接通电源后，再根据需要缓慢调节。

2. 当恒流源输出端接有负载时，如果需要将其粗调旋钮由低挡位向高挡位切换时，必须先将其细调旋钮调至最小。否则输出电流会突增，可能会损坏外接器件。

3. 电压表应与被测电路并接，电流表应与被测电路串接，并且都要注意正、负极性与量程的合理选择。

六、实验报告

1. 列表记录实验数据，并计算各被测仪表的电阻值。
2. 分析实验结果，总结应用场合。
3. 对思考题的计算。
4. 其他（包括实验的心得、体会及意见等）。

实验三　电路元件伏安特性的测绘

一、实验目的

1. 学会识别常用电路元件的方法。
2. 掌握线性电阻、非线性电阻元件伏安特性的测绘。
3. 掌握实验台上直流电工仪表和设备的使用方法。

二、原理说明

任何一个二端元件的特性可用该元件上的端电压 U 与通过该元件的电流 I 之间的函数关系 $I = f(U)$ 来表示，即用 I-U 平面上的一条曲线来表征，这条曲线称为该元件的伏安特性曲线。

1. 线性电阻器的伏安特性曲线是一条 通过坐标原点的直线，如图 5-5 中 a 所示，该直线的斜率等于该电阻器的电阻值。

2. 一般的白炽灯在工作时灯丝处于 高温状态，其灯丝电阻随着温度的升高而增大，通过白炽灯的电流越大，其温度越高，阻值也越大，一般灯泡的"冷电阻"与"热电阻"的阻值可相差几倍至十几倍，所以它的伏安特性如图 5-5 中 b 曲线所示。

3. 一般的半导体二极管是一个非线性 电阻元件，其伏安特性如图 5-5 中 c 所示。正向压降很小（一般的锗管约为 0.2～0.3V，硅管约为 0.5～0.7V），正向电流随正向压降的升高而急骤上升，而反向电压从零一直增加到十几至几十伏时，其反

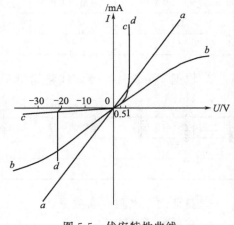

图 5-5　伏安特性曲线

向电流增加很小，粗略地可视为零。可见，二极管具有单向导电性，但反向电压加得过高，超过管子的极限值，则会导致管子击穿损坏。

4. 稳压二极管是一种特殊的半导体二极管，其正向特性与普通二极管类似，但其反向特性较特别，如图 5-5 中 d 所示。在反向电压开始增加时，其反向电流几乎为零，但当电压增加到某一数值时（称为管子的稳压值，有各种不同稳压值的稳压管）电流将突然增加，以后它的端电压将基本维持恒定，当外加的反向电压继续升高时其端电压仅有少量增加。

注意：流过二极管或稳压二极管的电流不能超过管子的极限值，否则管子会被烧坏。

三、实验设备

实验设备见表 5-4。

表 5-4　实验设备

序号	名称	型号与规格	数量	备注
1	可调直流稳压电源	0～30V	1	DG04
2	万用表	FM-47 或其他	1	自备
3	直流数字毫安表	0～200mA	1	D31
4	直流数字电压表	0～200V	1	D31
5	二极管	IN4007	1	DG09
6	稳压管	2CW51	1	DG09
7	白炽灯	12V,0.1A	1	DG09
8	线性电阻器	200Ω,510Ω/8W	1	DG09

四、实验内容

1. 测定线性电阻器的伏安特性

按图 5-6 接线，调节稳压电源的输出电压 U，从 0V 开始缓慢地增加，一直到 10V，记下相应的电压表和电流表的读数 U_R、I。

U_R/V	0	2	4	6	8	10
I/mA						

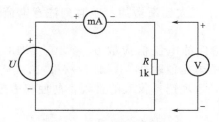

图 5-6　实验电路图 1

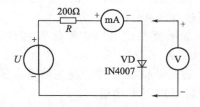

图 5-7　实验电路图 2

2. 测定非线性白炽灯泡的伏安特性

将图 5-7 中的 R 换成一只 12V，0.1A 的灯泡，重复步骤 1。U_L 为灯泡的端电压。

U_L/V	0.1	0.5	1	2	3	4	5
I/mA							

3. 测定半导体二极管的伏安特性

按图 5-7 接线，R 为限流电阻器。测二极管的正向特性时，其正向电流不得超过 35mA，二极管 VD 的正向施压 U_{D+} 可在 $0\sim0.75V$ 之间取值。在 $0.5\sim0.75V$ 之间应多取几个测量点。测反向特性时，只需将图 5-7 中的二极管 VD 反接，且其反向施压 U_{D-} 可达 30V。

正向特性实验数据：

U_{D+}/V	0.10	0.30	0.50	0.55	0.60	0.65	0.70	0.75
I/mA								

反向特性实验数据：

U_{D-}/V	0	−5	−10	−15	−20	−25	−30
I/mA							

4. 测定稳压二极管的伏安特性

① 正向特性实验　将图 5-7 中的二极管换成稳压二极管 2CW51，重复实验内容 3 中的正向测量。U_{Z+} 为 2CW51 的正向施压。

U_{Z+}/V	
I/mA	

② 反向特性实验　将图 5-7 中的 R 换成 510Ω，2CW51 反接，测量 2CW51 的反向特性。稳压电源的输出电压 U_O 从 $0\sim20V$，测量 2CW51 二端的电压 U_{Z-} 及电流 I，由 U_{Z-} 可看出其稳压特性。

U_O/V	
U_{Z-}/V	
I/mA	

五、实验注意事项

1. 测二极管正向特性时，稳压电源输出应由小至大逐渐增加，应时刻注意电流表读数不得超过 35mA。

2. 如果要测定 2AP9 的伏安特性，则正向特性的电压值应取 0，0.10，0.13，0.15，0.17，0.19，0.21，0.24，0.30（V），反向特性的电压值取 0，2，4，……，10（V）。

3. 进行不同实验时，应先估算电压和电流值，合理选择仪表的量程，勿使仪表超量程，仪表的极性亦不可接错。

六、思考题

1. 线性电阻与非线性电阻的概念是什么？电阻器与二极管的伏安特性有何区别？

2. 设某器件伏安特性曲线的函数式为 $I=f(U)$，试问在逐点绘制曲线时，其坐标变量应如何放置？

3. 稳压二极管与普通二极管有何区别，其用途如何？

4. 在图 5-7 中，设 $U=2V$，$U_{D+}=0.7V$，则 mA 表读数为多少？

七、实验报告

1. 根据各实验数据，分别在方格纸上绘制出光滑的伏安特性曲线。（其中二极管和稳压管的正、反向特性均要求画在同一张图中，正、反向电压可取为不同的比例尺）
2. 根据实验结果，总结、归纳被测各元件的特性。
3. 必要的误差分析。
4. 心得体会及其他。

实验四　电源外特性的测试

一、实验目的

1. 通过测量开路电压，学会理解和测量电源电动势；
2. 根据测量数据学会准确画出直流电源外特性曲线及含义；
3. 掌握直流电压源的外特性及测试方法。

二、原理说明

直流电源工作时，自身会发热，这说明电源对外供电的同时，自身也要消耗一部分电能。这个物理现象在工程上用电源内阻来等效。当电源对外供电时，电流流过内阻，会在内阻上产生压降，使电源的输出电压随电流的上升而下降。

三、实验设备

实验设备见表 5-5。

表 5-5　实验设备

序号	名称	型号规格	数量	备注
1	直流电源	12V	1	D31
2	直流电压表	0～30V	1	DG04
3	直流电流表	0～30mA	1	DG04
4	电阻 R_1	200Ω　1/8W	1	DG05
5	可变电阻器 R_L	1kΩ　1/8W	1	DG05
6	开关		1	
7	万用表		1	

四、实验内容

按图 5-8 接线。因电压源内阻一般很小，不易测量，故用 100Ω 电阻等效电源内阻，兼做限流保护电阻。

1. 开关打开，电路中电流为 0，将电压表读数记录于表 5-6 中。
2. 将可变电阻调至最大，闭合开关，观察电压表和电流表的读数，并记录于表 5-6 中。
3. 每间隔 200Ω 逐步减小可调电阻（用万用表测量），观察电压表与电流表读数，并记录于表 5-2 中。
4. 根据表 5-6 中数据做出直流电源外特性曲线，如图 5-9。

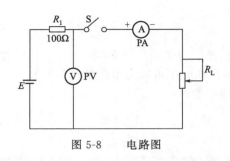
图 5-8 电路图

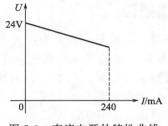
图 5-9 直流电源外特性曲线

表 5-6 实验数据记录表

电压电流　　电阻/Ω	∞（开关打开）	1100	900	700	500	300	100
I/mA							
U/V							

五、实验注意事项

1. 实验应集中精力抓紧做完，一旦实验完成或因故中断实验，应将开关打开。
2. 调整可变电阻时，用万用表测量其数值，此时应该断开开关。

六、思考题

1. 调整可变电阻时，如果不断开电源开关，有什么危害？
2. 如果模拟内阻的 100Ω 电阻换成 10Ω 的电阻，可以吗？为什么？

七、实验报告

1. 根据实验数据，直流电源外特性曲线。
2. 完成数据表格中的计算，对误差作必要的分析。
3. 总结电源外特性曲线的结论。
4. 心得体会及其他。

实验五　电位、电压的测定及电路电位图的绘制

一、实验目的

1. 验证电路中电位的相对性、电压的绝对性；
2. 通过实验数据理解电压与电位的关系；
3. 掌握电路电位图的绘制方法。

二、原理说明

在一个闭合电路中，各点电位的高低视所选的电位参考点的不同而变，但任意两点间的电位差（即电压）则是绝对的，它不因参考点的变动而改变。

电位图是一种平面坐标一、四两象限内的折线图。其纵坐标为电位值，横坐标为各被测点。要制作某一电路的电位图，先以一定的顺序对电路中各被测点编号。以图 5-10 的电路

为例，如图中的 A～F，并在坐标横轴上按顺序、均匀间隔标上 A、B、C、D、E、F、A。再根据测得的各点电位值，在各点所在的垂直线上描点。用直线依次连接相邻两个电位点，即得该电路的电位图。

在电位图中，任意两个被测点的纵坐标值之差即为该两点之间的电压值。

在电路中电位参考点可任意选定。对于不同的参考点，所绘出的电位图形是不同的，但其各点电位变化的规律却是一样的。

三、实验设备

实验设备见表 5-7。

表 5-7　实验设备

序号	名称	型号与规格	数量	备注
1	直流可调稳压电源	0～30V	二路	DG04
2	万用表		1	自备
3	直流数字电压表	0～200V	1	D31
4	电位、电压测定实验电路板		1	DG05

四、实验内容

利用 DG05 实验挂箱上的"基尔霍夫定律/叠加原理"线路，按图 5-10 接线。

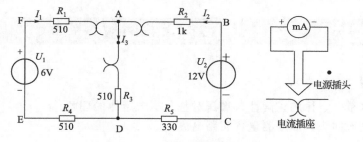

图 5-10　实验电路图

1. 分别将两路直流稳压电源接入电路，令 $U_1 = 6V$，$U_2 = 12V$。（先调准输出电压值，再接入实验线路中。）

2. 以图 5-10 中的 A 点作为电位的参考点，分别测量 B、C、D、E、F 各点的电位值 φ 及相邻两点之间的电压值 U_{AB}、U_{BC}、U_{CD}、U_{DE}、U_{EF} 及 U_{FA}，数据列于表中。

3. 以 D 点作为参考点，重复实验内容 2 的测量，测得数据列于表中。

电位参考点	φ 与 U	φ_A	φ_B	φ_C	φ_D	φ_E	φ_F	U_{AB}	U_{BC}	U_{CD}	U_{DE}	U_{EF}	U_{FA}
A	计算值												
	测量值												
	相对误差												
D	计算值												
	测量值												
	相对误差												

五、实验注意事项

① 本实验线路板系多个实验通用，本次实验中不使用电流插头。DG05 上的 K_3 应拨向 330Ω 侧，三个故障按键均不得按下。

② 测量电位时，用指针式万用表的直流电压挡或用数字直流电压表测量时，用负表棒（黑色）接参考电位点，用正表棒（红色）接被测各点。若指针正向偏转或数显表显示正值，则表明该点电位为正（即高于参考点电位）；若指针反向偏转或数显表显示负值，此时应调换万用表的表棒，然后读出数值，此时在电位值之前应加一负号（表明该点电位低于参考点电位）。数显表也可不调换表棒，直接读出负值。

六、思考题

若以 F 点为参考电位点，实验测得各点的电位值；现令 E 点作为参考电位点，试问此时各点的电位值应有何变化？

七、实验报告

1. 根据实验数据，绘制两个电位图形，并对照观察各对应两点间的电压情况。两个电位图的参考点不同，但各点的相对顺序应一致，以便对照。

2. 完成数据表格中的计算，对误差作必要的分析。

3. 总结电位相对性和电压绝对性的结论。

4. 心得体会及其他。

实验六　基尔霍夫定律的验证

一、实验目的

1. 验证基尔霍夫定律的正确性，加深对基尔霍夫定律的理解。

2. 学会用电流插头、插座测量各支路电流。

二、原理说明

基尔霍夫定律是电路的基本定律。测量某电路的各支路电流及每个元件两端的电压，应能分别满足基尔霍夫电流定律（KCL）和电压定律（KVL）。即对电路中的任一个节点而言，应有 $\sum I = 0$；对任何一个闭合回路而言，应有 $\sum U = 0$。

运用上述定律时必须注意各支路或闭合回路中电流的正方向，此方向可预先任意设定。

三、实验设备

同实验五。

四、实验内容

实验线路与实验五图 5-10 相同，用 DGJ-03 挂箱的"基尔霍夫定律/叠加原理"线路。

① 实验前先任意设定三条支路和三个闭合回路的电流正方向。图 5-10 中的 I_1、I_2、I_3 的方向已设定。三个闭合回路的电流正方向可设为 ADEFA、BADCB 和 FBCEF。

② 分别将两路直流稳压源接入电路，令 $U_1 = 6V$，$U_2 = 12V$。

③ 熟悉电流插头的结构，将电流插头的两端接至数字毫安表的"＋、－"两端。

④ 将电流插头分别插入三条支路的三个电流插座中，读出并记录电流值。

⑤ 用直流数字电压表分别测量两路电源及电阻元件上的电压值，记录之。

被测量	I_1/mA	I_2/mA	I_3/mA	U_1/V	U_2/V	U_{FA}/V	U_{AB}/V	U_{AD}/V	U_{CD}/V	U_{DE}/V
计算值										
测量值										
相对误差										

五、实验注意事项

① 同实验五的注意事项①，但需用到电流插座。

② 所有需要测量的电压值，均以电压表测量的读数为准。U_1、U_2 也需测量，不应取电源本身的显示值。

③ 防止稳压电源两个输出端碰线短路。

④ 用指针式电压表或电流表测量电压或电流时，如果仪表指针反偏，则必须调换仪表极性，重新测量。此时指针正偏，可读得电压或电流值。若用数显电压表或电流表测量，则可直接读出电压或电流值。但应注意：所读得的电压或电流值的正确正、负号应根据设定的电流参考方向来判断。

六、预习思考题

1. 根据图 5-10 的电路参数，计算出待测的电流 I_1、I_2、I_3 和各电阻上的电压值，记入表中，以便实验测量时，可正确地选定毫安表和电压表的量程。

2. 实验中，若用指针式万用表直流毫安挡测各支路电流，在什么情况下可能出现指针反偏，应如何处理？在记录数据时应注意什么？若用直流数字毫安表进行测量时，则会有什么显示呢？

七、实验报告

1. 根据实验数据，选定节点 A，验证 KCL 的正确性。

2. 根据实验数据，选定实验电路中的任一个闭合回路，验证 KVL 的正确性。

3. 将支路和闭合回路的电流方向重新设定，重复 1、2 两项验证。

4. 误差原因分析。

5. 心得体会及其他。

实验七　叠加原理的验证

一、实验目的

1. 验证线性电路叠加原理的正确性。

2. 加深对线性电路的叠加性和齐次性的认识和理解。

二、原理说明

叠加原理指出：在有多个独立源共同作用下的线性电路中，通过每一个元件的电流或其两端的电压，可以看成是由每一个独立源单独作用时在该元件上所产生的电流或电压的代数和。

线性电路的齐次性是指当激励信号（某独立源的值）增加或减小 K 倍时，电路的响应（即在电路中各电阻元件上所建立的电流和电压值）也将增加或减小 K 倍。

三、实验设备

实验设备见表 5-8。

表 5-8 实验设备

序号	名称	型号与规格	数量	备注
1	直流稳压电源	0～30V 可调	二路	
2	万用表		1	自备
3	直流数字电压表	0～200V	1	
4	直流数字毫安表	0～200mV	1	
5	叠加原理实验电路板		1	DGJ-03

四、实验内容

实验线路如图 5-11 所示，用 DGJ-03 挂箱的"基尔夫定律/叠加原理"线路。

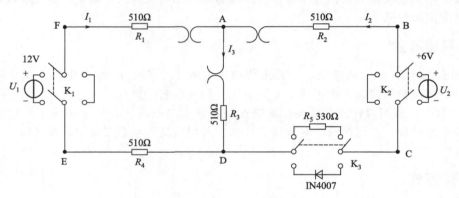

图 5-11 实验电路图

① 将两路稳压源的输出分别调节为 12V 和 6V，接入 U_1 和 U_2 处。

② 令 U_1 电源单独作用（将开关 K_1 投向 U_1 侧，开关 K_2 投向短路侧）。用直流数字电压表和毫安表（接电流插头）测量各支路电流及各电阻元件两端的电压，数据记入表 5-9。

表 5-9 实验数据（一）

测量项目 实验内容	U_1 /V	U_2 /V	I_1 /mA	I_2 /mA	I_3 /mA	U_{AB} /V	U_{CD} /V	U_{AD} /V	U_{DE} /V	U_{FA} /V
U_1 单独作用										
U_2 单独作用										
U_1、U_2 共同作用										
$2U_2$ 单独作用										

③ 令 U_2 电源单独作用（将开关 K_1 投向短路侧，开关 K_2 投向 U_2 侧），重复实验步骤②的测量和记录，数据记入表 5-9。

④ 令 U_1 和 U_2 共同作用（开关 K_1 和 K_2 分别投向 U_1 和 U_2 侧），重复上述的测量和记

录，数据记入表 5-9。

　　⑤ 将 U_2 的数值调至 +12V，重复上述第③项的测量并记录，数据记入表 5-9。

　　⑥ 将 R_5（330Ω）换成二极管 IN4007（即将开关 K_3 投向二极管 IN4007 侧），重复 ①~⑤ 的测量过程，数据记入表 5-10。

　　⑦ 任意按下某个故障设置按键，重复实验内容④的测量和记录，再根据测量结果判断出故障的性质。

表 5-10　实验数据（二）

测量项目 实验内容	U_1 /V	U_2 /V	I_1 /mA	I_2 /mA	I_3 /mA	U_{AB} /V	U_{CD} /V	U_{AD} /V	U_{DE} /V	U_{FA} /V
U_1 单独作用										
U_2 单独作用										
U_1、U_2 共同作用										
$2U_2$ 单独作用										

五、实验注意事项

　　① 用电流插头测量各支路电流时，或者用电压表测量电压降时，应注意仪表的极性，正确判断测得值的 +、- 号后，记入数据表格。

　　② 注意仪表量程的及时更换。

六、预习思考题

　　1. 在叠加原理实验中，要令 U_1、U_2 分别单独作用，应如何操作？可否直接将不作用的电源（U_1 或 U_2）短接置零？

　　2. 实验电路中，若有一个电阻器改为二极管，试问叠加原理的叠加性与齐次性还成立吗？为什么？

七、实验报告

　　1. 根据实验数据表格，进行分析、比较，归纳、总结实验结论，即验证线性电路的叠加性与齐次性。

　　2. 各电阻器所消耗的功率能否用叠加原理计算得出？试用上述实验数据，进行计算并作结论。

　　3. 通过实验步骤⑥及分析表格 5-10 的数据，你能得出什么样的结论？

　　4. 心得体会及其他。

 实验八　电压源与电流源的等效变换

一、实验目的

　　1. 掌握电源外特性的测试方法。

　　2. 验证电压源与电流源等效变换的条件。

二、原理说明

　　① 一个直流稳压电源在一定的电流范围内，具有很小的内阻。故在实用中，常将它视

为一个理想的电压源，即其输出电压不随负载电流而变。其外特性曲线，即其伏安特性曲线 $U=f(I)$ 是一条平行于 I 轴的直线。一个实用中的恒流源在一定的电压范围内，可视为一个理想的电流源。

② 一个实际的电压源（或电流源），其端电压（或输出电流）不可能不随负载而变，因它具有一定的内阻值。故在实验中，用一个小阻值的电阻（或大电阻）与稳压源（或恒流源）相串联（或并联）来模拟一个实际的电压源（或电流源）。

③ 一个实际的电源，就其外部特性而言，既可以看成是一个电压源，又可以看成是一个电流源。若视为电压源，则可用一个理想的电压源 U_s 与一个电阻 R_0 相串联的组合来表示；若视为电流源，则可用一个理想电流源 I_s 与一电导 g_0 相并联的组合来表示。如果这两种电源能向同样大小的负载供出同样大小的电流和端电压，则称这两个电源是等效的，即具有相同的外特性。

一个电压源与一个电流源等效变换的条件为：

$I_s=U_s/R_0$，$g_0=1/R_0$。 或 $U_s=I_sR_0$，$R_0=1/g_0$。如图 5-12 所示。

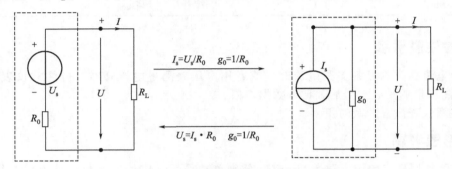

图 5-12　电压源与电流源等效变换电路

三、实验设备

实验设备见表 5-11。

表 5-11　实验设备

序号	名称	型号与规格	数量	备注
1	可调直流稳压电源	0～30V	1	
2	可调直流恒流源	0～200mA	1	
3	直流数字电压表	0～200V	1	
4	直流数字毫安表	0～200mA	1	
5	万用表		1	自备
6	电阻器	51Ω,200Ω 300Ω,1kΩ		DGJ-05
7	可调电阻箱	0～99999.9Ω	1	DGJ-05

四、实验内容

1. 测定直流稳压电源与实际电压源的外特性

① 按图 5-13 接线。U_s 为+6V 直流稳压电源。调节 R_2，令其阻值由大至小变化，记录两表的读数。

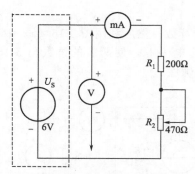
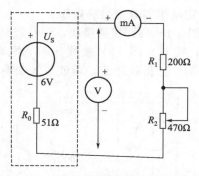

图 5-13 测量直流稳压电源的外特性电路　　图 5-14　测定实际电压源的外特性电路

R_L/Ω						
U/V						
I/mA						

② 按图 5-14 接线，虚线框可模拟为一个实际的电压源。调节 R_2，令其阻值由大至小变化，记录两表的读数。

R_L/Ω						
U/V						
I/mA						

2. 测定电流源的外特性

按图 5-15 接线，I_s 为直流恒流源，调节其输出为 10mA，令 R_0 分别为 1kΩ 和 ∞（即接入和断开），调节电位器 R_L（从 0 至 470Ω），测出这两种情况下的电压表和电流表的读数。

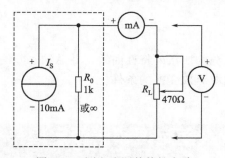

图 5-15　测电流源外特性电路

内阻 $R_0=1$kΩ 时，实验数据表格

R_L/Ω						
U/V						
I/mA						

内阻 $R_0=\infty$时，实验数据表格

R_L/Ω						
U/V						
I/mA						

3. 测定电源等效变换的条件

先按图 5-16（a）线路接线，记录线路中两表的读数。然后利用图 5-16（a）中右侧的元件和仪表，按图 5-16（b）接线。调节恒流源的输出电流 Is，使两表的读数与 5-16（a）时的数值相等，记录 Is 之值，验证等效变换条件的正确性。

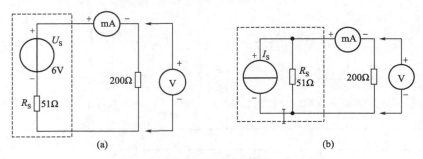

图 5-16　测定电源等效变换条件的电路

五、实验注意事项

① 在测电压源外特性时，不要忘记测空载时的电压值，测电流源外特性时，不要忘记测短路时的电流值，注意恒流源负载电压不要超过 20V，负载不要开路。

② 换接线路时，必须关闭电源开关。

③ 直流仪表的接入应注意极性与量程。

六、预习思考题

1. 通常直流稳压电源的输出端不允许短路，直流恒流源的输出端不允许开路，为什么？

2. 电压源与电流源的外特性为什么呈下降变化趋势，稳压源和恒流源的输出在任何负载下是否保持恒值？

七、实验报告

1. 根据实验数据绘出电源的四条外特性曲线，并总结、归纳各类电源的特性。

2. 从实验结果，验证电源等效变换的条件。

3. 心得体会及其他。

实验九　戴维南定理和诺顿定理——有源二端网络等效参数的测定

一、实验目的

1. 验证戴维南定理和诺顿定理的正确性，加深对该定理的理解。

2. 掌握测量有源二端网络等效参数的一般方法。

二、原理说明

1. 原理

任何一个线性含源网络，如果仅研究其中一条支路的电压和电流，则可将电路的其余部分看作是一个有源二端网络（或称为含源一端口网络）。

戴维南定理指出：任何一个线性有源网络，总可以用一个电压源与一个电阻的串联来等效代替，此电压源的电动势 U_s 等于这个有源二端网络的开路电压 U_{OC}，其等效内阻 R_0 等于该网络中所有独立源均置零（理想电压源视为短接，理想电流源视为开路）时的等效电阻。

诺顿定理指出：任何一个线性有源网络，总可以用一个电流源与一个电阻的并联组合来等效代替，此电流源的电流 I_s 等于这个有源二端网络的短路电流 I_{SC}，其等效内阻 R_0 定义同戴维南定理。

U_{OC}（U_s）和 R_0 或者 I_{SC}（I_s）和 R_0 称为有源二端网络的等效参数。

2. 有源二端网络等效参数的测量方法

（1）开路电压、短路电流法测 R_0

在有源二端网络输出端开路时，用电压表直接测其输出端的开路电压 U_{OC}，然后再将其输出端短路，用电流表测其短路电流 I_{SC}，则等效内阻为

$$R_0 = \frac{U_{OC}}{I_{SC}}$$

如果二端网络的内阻很小，若将其输出端口短路则易损坏其内部元件，因此不宜用此法。

（2）伏安法测 R_0

用电压表、电流表测出有源二端网络的外特性曲线，如图 5-17 所示。根据外特性曲线求出斜率 $\tan\varphi$，则内阻 $R_0 = \tan\varphi = \frac{\Delta U}{\Delta I} = \frac{U_{OC}}{I_{SC}}$。

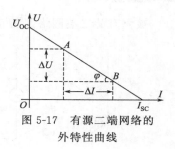

图 5-17　有源二端网络的外特性曲线

也可以先测量开路电压 U_{OC}，再测量电流为额定值 I_N 时的输出端电压值 U_N，则内阻为 $R_0 = \frac{U_{OC} - U_N}{I_N}$。

（3）半电压法测 R_0

如图 5-18 所示，当负载电压为被测网络开路电压的一半时，负载电阻（由电阻箱的读数确定）即为被测有源二端网络的等效内阻值。

（4）零示法测 U_{OC}

在测量具有高内阻有源二端网络的开路电压时，用电压表直接测量会造成较大的误差。为了消除电压表内阻的影响，往往采用零示测量法，如图 5-19 所示。

零示法测量原理是用一低内阻的稳压电源与被测有源二端网络进行比较，当稳压电源的输出电压与有源二端网络的开路电压相等时，电压表的读数将为"0"。然后将电路断开，测量此时稳压电源的输出电压，即为被测有源二端网络的开路电压。

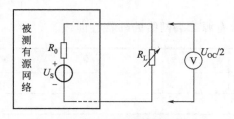

图 5-18　半电压法测等效内阻 R_0

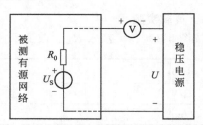

图 5-19　零示法测开路电压电路

三、实验设备

实验设备见表 5-12。

表 5-12　实验设备

序号	名称	型号与规格	数量	备注
1	可调直流稳压电源	0~30V	1	
2	可调直流恒流源	0~500mA	1	
3	直流数字电压表	0~200V	1	
4	直流数字毫安表	0~200mA	1	
5	万用表		1	自备
6	可调电阻箱	0~99999.9Ω	1	DGJ-05
7	电位器	1K/2W	1	DGJ-05
8	戴维南定理实验电路板		1	DGJ-05

四、实验内容

被测有源二端网络如图 5-20（a）。

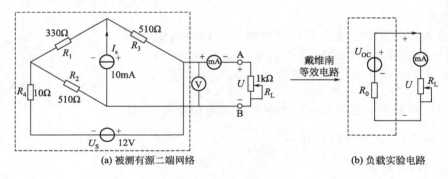

(a) 被测有源二端网络　　　(b) 负载实验电路

图 5-20　实验电路

① 用开路电压、短路电流法测定戴维南等效电路的 U_{OC}、R_0 和诺顿等效电路的 I_{SC}、R_0。按图 5-20（a）接入稳压电源 $U_s=12V$ 和恒流源 $I_s=10mA$，不接入 R_L。测出 U_{OC} 和 I_{SC}，并计算出 R_0。（测 U_{OC} 时，不接入 mA 表。）

U_{OC}/V	I_{SC}/mA	$R_0=U_{OC}/I_{SC}/\Omega$

② 负载实验

按图 5-20（a）接入 R_L。改变 R_L 阻值，测量有源二端网络的外特性曲线。

R_L/Ω						
U/V						
I/mA						

③ 验证戴维南定理：从电阻箱上取得按步骤①所得的等效电阻 R_0 之值，然后令其与直流稳压电源（调到步骤①时所测得的开路电压 U_{OC} 之值）相串联，如图 5-20（b）所示，仿照步骤②测其外特性，对戴氏定理进行验证。

R_L/Ω						
U/V						
I/mA						

④ 验证诺顿定理：从电阻箱上取得按步骤①所得的等效电阻 R_0 之值，然后令其与直流恒流源（调到步骤①时所测得的短路电流 I_{SC} 之值）相并联，如图 5-21 所示，仿照步骤②测其外特性，对诺顿定理进行验证。

R_L/Ω						
U/V						
I/mA						

⑤ 有源二端网络等效电阻（又称入端电阻）的直接测量法。见图 5-20（a）。将被测有源网络内的所有独立源置零（去掉电流源 I_S 和电压源 U_S，并在原电压源所接的两点用一根短路导线相连），然后用伏安法或者直接用万用表的欧姆挡去测定负载 R_L 开路时 A、B 两点间的电阻，此即为被测网络的等效内阻 R_0，或称网络的入端电阻 R_i。

⑥ 用半电压法和零示法测量被测网络的等效内阻 R_0 及其开路电压 U_{OC}。线路及数据表格自拟。

五、实验注意事项

① 测量时应注意电流表量程的更换。

② 步骤⑤中，电压源置零时不可将稳压源短接。

③ 用万用表直接测 R_0 时，网络内的独立源必须先置零，以免损坏万用表。其次，欧姆挡必须经调零后再进行测量。

④ 用零示法测量 U_{OC} 时，应先将稳压电源的输出调至接近于 U_{OC}，再按图 5-19 测量。

⑤ 改接线路时，要关掉电源。

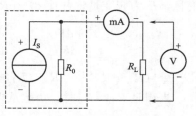

图 5-21　验证诺顿定理电路

六、预习思考题

1. 在求戴维南或诺顿等效电路时，做短路试验，测 I_{SC} 的条件是什么？在本实验中可否直接作负载短路实验？请实验前对线路图 5-20（a）预先作好计算，以便调整实验线路及测量时可准确地选取电表的量程。

2. 说明测有源二端网络开路电压及等效内阻的几种方法，并比较其优缺点。

七、实验报告

1. 根据步骤②、③、④，分别绘出曲线，验证戴维南定理和诺顿定理的正确性，并分析产生误差的原因。

2. 根据步骤①、⑤、⑥的几种方法测得的 U_{OC} 与 R_0，与预习时电路计算的结果作比较，你能得出什么结论。

3. 归纳、总结实验结果。

4. 心得体会及其他。

实验十 最大功率传输条件测定

一、实验目的

1. 掌握负载获得最大传输功率的条件。
2. 了解电源输出功率与效率的关系。

二、原理说明

1. 电源与负载功率的关系

图 5-22 可视为由一个电源向负载输送电能的模型，R_0 可视为电源内阻和传输线路电阻的总和，R_L 为可变负载电阻。

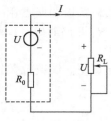

图 5-22　电路模型

负载 R_L 上消耗的功率 P 可由下式表示：

$$P = I^2 R_L = \left(\frac{U}{R_0 + R_L}\right)^2 R_L$$

当 $R_L = 0$ 或 $R_L = \infty$ 时，电源输送给负载的功率均为零。而以不同的 R_L 值代入上式可求得不同的 P 值，其中必有一个 R_L 值，使负载能从电源处获得最大的功率。

2. 负载获得最大功率的条件

根据数学求最大值的方法，令负载功率表达式中的 R_L 为自变量，P 为应变量，并使 $dP/dR_L = 0$，即可求得最大功率传输的条件：

$$\frac{dP}{dR_L} = 0, \text{即} \frac{dP}{dR_L} = \frac{[(R_0 + R_L)^2 - 2R_L(R_L + R_0)]U^2}{(R_0 + R_L)^4}$$

令 $(R_L + R_0)^2 - 2R_L(R_L + R_0) = 0$，解得：$R_L = R_0$
当满足 $R_L = R_0$ 时，负载从电源获得的最大功率为：

$$P_{MAX} = \left(\frac{U}{R_0 + R_L}\right)^2 R_L = \left(\frac{U}{2R_L}\right)^2 R_L = \frac{U^2}{4R_L}$$

这时，称此电路处于"匹配"工作状态。

3. 匹配电路的特点及应用

在电路处于"匹配"状态时，电源本身要消耗一半的功率。此时电源的效率只有 50%。显然，这对电力系统的能量传输过程是绝对不允许的。发电机的内阻是很小的，电路传输的最主要指标是要高效率送电，最好是 100% 的功率均传送给负载。为此负载电阻应远大于电源的内阻，即不允许运行在匹配状态。而在电子技术领域里却完全不同。一般的信号源本身功率较小，且都有较大的内阻。而负载电阻（如扬声器等）往往是较小的定值，且希望能从电源获得最大的功率输出，而电源的效率往往不予考虑。通常设法改变负载电阻，或者在信号源与负载之间加阻抗变换器（如音频功放的输出级与扬声器之间的输出变压器），使电路处于工作匹配状态，以使负载能获得最大的输出功率。

三、实验设备

实验设备见表 5-13。

表 5-13　实验设备

序号	名称	型号规格	数量	备注
1	直流电流表	0～200mA	1	D31
2	直流电压表	0～200V	1	D31
3	直流稳压电源	0～30V	1	DG04
4	实验线路		1	DG05
5	元件箱		1	DG09

四、实验内容与步骤

1. 按图 5-23 接线，负载 R_L 取自元件箱 DG09 的电阻箱。

2. 按表 5-14 所列内容，令 R_L 在 0～1kΩ 范围内变化时，分别测出 U_O、U_L 及 I 的值，表中 U_O、P_O 分别为稳压电源的输出电压和功率，U_L、P_L 分别为 R_L 二端的电压和功率，I 为电路的电流。在 P_L 最大值附近应多测几点。

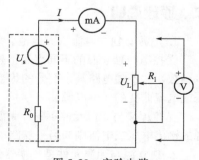

图 5-23　实验电路

表 5-14　数据表（单位：$R-\Omega$，$U-V$，$I-mA$，$P-W$）

	R_L		1kΩ	∞
$U_s=10V$ $R_{01}=51\Omega$	U_O			
	U_L			
	I			
	P_O			
	P_L			
$U_s=15V$ $R_{02}=200\Omega$	R_L		1kΩ	∞
	U_O			
	U_L			
	I			
	P_O			
	P_L			

五、预习与思考题

1. 电力系统进行电能传输时为什么不能工作在匹配工作状态？

2. 实际应用中，电源的内阻是否随负载而变？

3. 电源电压的变化对最大功率传输的条件有无影响？

六、实验报告

1. 整理实验数据，分别画出两种不同内阻下的下列各关系曲线：

$$I \sim R_L, U_O \sim R_L, U_L \sim R_L, P_O \sim R_L, P_L \sim R_L$$

2. 根据实验结果，说明负载获得最大功率的条件是什么？

实验十一　受控源 VCVS、VCCS、CCVS、CCCS 的实验研究

一、实验目的

通过测试受控源的外特性及其转移参数，进一步理解受控源的物理概念，加深对受控源的认识和理解。

二、原理说明

1. 电源有独立电源（如电池、发电机等）与非独立电源（或称为受控源）之分。

受控源与独立源的不同点是：独立源的电势 E_s 或电激流 I_s 是某一固定的数值或是时间的某一函数，它不随电路其余部分的状态而变。而受控源的电势或电激流则是随电路中另一支路的电压或电流而变的一种电源。

受控源又与无源元件不同，无源元件两端的电压和它自身的电流有一定的函数关系，而受控源的输出电压或电流则和另一支路（或元件）的电流或电压有某种函数关系。

2. 独立源与无源元件是二端器件，受控源则是四端器件，或称为双口元件。它有一对输入端（U_1、I_1）和一对输出端（U_2、I_2）。输入端可以控制输出端电压或电流的大小。施加于输入端的控制量可以是电压或电流，因而有两种受控电压源（即电压控制电压源 VCVS 和电流控制电压源 CCVS）和两种受控电流源（即电压控制电流源 VCCS 和电流控制电流源 CCCS）。它们的示意图见图 5-24。

3. 当受控源的输出电压（或电流）与控制支路的电压（或电流）成正比变化时，则称该受控源是线性的。

理想受控源的控制支路中只有一个独立变量（电压或电流），另一个独立变量等于零，即从输入口看，理想受控源或者是短路（即输入电阻 $R_1=0$，因而 $U_1=0$）或者是开路（即输入电导 $G_1=0$，因而输入电流 $I_1=0$）；从输出口看，理想受控源或是一个理想电压源或者是一个理想电流源。

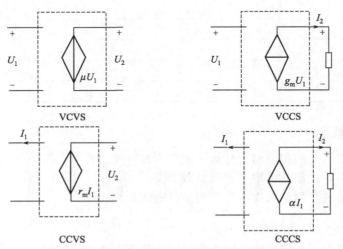

图 5-24　受控电压源与受控电流源

4. 受控源的控制端与受控端的关系式称为转移函数。

四种受控源的转移函数参量的定义如下：

① 压控电压源（VCVS）：$U_2 = f(U_1)$，$\mu = U_2/U_1$ 称为转移电压比（或电压增益）。

② 压控电流源（VCCS）：$I_2 = f(U_1)$，$g_m = I_2/U_1$ 称为转移电导。

③ 流控电压源（CCVS）：$U_2 = f(I_1)$，$r_m = U_2/I_1$ 称为转移电阻。

④ 流控电流源（CCCS）：$I_2 = f(I_1)$，$\alpha = I_2/I_1$ 称为转移电流比（或电流增益）。

三、实验设备

实验设备见表 5-15。

表 5-15　实验设备

序号	名称	型号与规格	数量	备注
1	可调直流稳压源	0～30V	1	DG04
2	可调恒流源	0～500mA	1	DG04
3	直流数字电压表	0～200V	1	D31
4	直流数字毫安表	0～200mA	1	D31
5	可变电阻箱	0～99999.9Ω	1	DG09
6	受控源实验电路板		1	DG04 或 DG06

四、实验内容

1. 测量受控源 VCVS 的转移特性 $U_2 = f(U_1)$ 及负载特性 $U_2 = f(I_L)$，实验线路如图 5-25（a）。

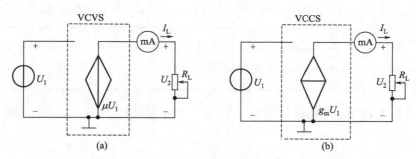

图 5-25　实验线路图（一）

① 不接电流表，固定 $R_L = 2\text{k}\Omega$，调节稳压电源输出电压 U_1，测量 U_1 及相应的 U_2 值，记入下表。

U_1/V	0	1	2	3	5	7	8	9	μ
U_2/V									

在方格纸上绘出电压转移特性曲线 $U_2 = f(U_1)$，并在其线性部分求出转移电压比 μ。

② 接入电流表，保持 $U_1 = 2\text{V}$，调节 R_L 可变电阻箱的阻值，测 U_2 及 I_L，绘制负载特性曲线 $U_2 = f(I_L)$。

R_L/Ω	50	70	100	200	300	400	500	∞
U_2/V								
I_L/mA								

2. 测量受控源 VCCS 的转移特性 $I_L = f(U_1)$ 及负载特性 $I_L = f(U_2)$，实验线路如图 5-25（b）。

① 固定 $R_L = 2\text{k}\Omega$，调节稳压电源的输出电压 U_1，测出相应的 I_L 值，绘制 $I_L = f(U_1)$ 曲线，并由其线性部分求出转移电导 g_m。

U_1/V	0.1	0.5	1.0	2.0	3.0	3.5	3.7	4.0	g_m
I_L/mA									

② 保持 $U_1 = 2\text{V}$，令 R_L 从大到小变化，测出相应的 I_L 及 U_2，绘制 $I_L = f(U_2)$ 曲线。

$R_L/\text{k}\Omega$	50	20	10	8	7	6	5	4	2	1
I_L/mA										
U_2/V										

3. 测量受控源 CCVS 的转移特性 $U_2 = f(I_1)$ 与负载特性 $U_2 = f(I_L)$，实验线路如图 5-26（a）。

① 固定 $R_L = 2\text{k}\Omega$，调节恒流源的输出电流 I_s，按下表所列 I_s 值，测出 U_2，绘制 $U_2 = f(I_1)$ 曲线，并由其线性部分求出转移电阻 r_m。

I_1/mA	0.1	1.0	3.0	5.0	7.0	8.0	9.0	9.5	r_m
U_2/V									

② 保持 $I_s = 2\text{mA}$，按下表所列 R_L 值，测出 U_2 及 I_L，绘制负载特性曲线 $U_2 = f(I_L)$。

$R_L/\text{k}\Omega$	0.5	1	2	4	6	8	10
U_2/V							
I_L/mA							

4. 测量受控源 CCCS 的转移特性 $I_L = f(I_1)$ 及负载特性 $I_L = f(U_2)$，实验线路如图 5-26（b）。

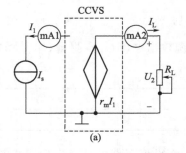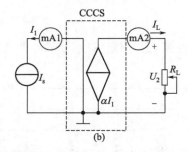

图 5-26　实验线路图（二）

① 参见 3① 测出 I_L，绘制 $I_L = f(I_1)$ 曲线，并由其线性部分求出转移电流比 α。

I_1/mA	0.1	0.2	0.5	1	1.5	2	2.2	α
I_L/mA								

② 保持 $I_s = 1\text{mA}$，令 R_L 为下表所列值，测出 I_L，绘制 $I_L = f(U_2)$ 曲线。

$R_L/k\Omega$	0	0.1	0.5	1	2	5	10	20	30	80
I_L/mA										
U_2/V										

五、实验注意事项

① 每次组装线路，必须事先断开供电电源，但不必关闭电源总开关。

② 用恒流源供电的实验中，不要使恒流源的负载开路。

六、预习思考题

1. 受控源和独立源相比有何异同点？比较四种受控源的代号、电路模型、控制量与被控量的关系如何？

2. 四种受控源中的 r_m、g_m、α 和 μ 的意义是什么？如何测得？

3. 若受控源控制量的极性反向，试问其输出极性是否发生变化？

4. 受控源的控制特性是否适合于交流信号？

5. 如何由两个基本的 CCVS 和 VCCS 获得其他两个 CCCS 和 VCVS，它们的输入输出如何连接？

七、实验报告

1. 根据实验数据，在方格纸上分别绘出四种受控源的转移特性和负载特性曲线，并求出相应的转移参量。

2. 对预习思考题作必要的回答。

3. 对实验的结果作出合理的分析和结论，总结对四种受控源的认识和理解。

4. 心得体会及其他。

 ## 实验十二　RC 一阶电路的响应测试

一、实验目的

1. 测定 RC 一阶电路的零输入响应、零状态响应及完全响应。

2. 学习电路时间常数的测量方法。

3. 掌握有关微分电路和积分电路的概念。

4. 进一步学会用示波器观测波形。

二、原理说明

① 动态网络的过渡过程是十分短暂的单次变化过程。要用普通示波器观察过渡过程和测量有关的参数，就必须使这种单次变化的过程重复出现。为此，利用信号发生器输出的方波来模拟阶跃激励信号，即利用方波输出的上升沿作为零状态响应的正阶跃激励信号；利用方波的下降沿作为零输入响应的负阶跃激励信号。只要选择方波的重复周期远大于电路的时间常数 τ，那么电路在这样的方波序列脉冲信号的激励下，它的响应就和直流电接通与断开的过渡过程是基本相同的。

② 图 5-27(b) 所示的 RC 一阶电路的零输入响应和零状态响应分别按指数规律衰减和增长，其变化的快慢决定于电路的时间常数 τ。

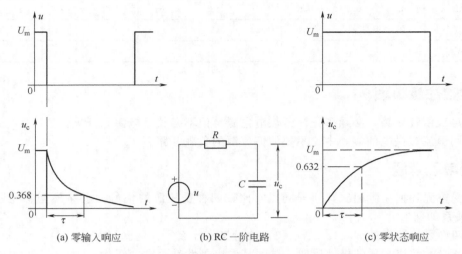

(a) 零输入响应   (b) RC 一阶电路   (c) 零状态响应

图 5-27 RC 一阶电路的零输入响应、零状态响应

③ 时间常数 τ 的测定方法。用示波器测量零输入响应的波形如图 5-27(a) 所示。

根据一阶微分方程的求解得知 $u_c = U_m e^{-t/RC} = U_m e^{-t/\tau}$。当 $t = \tau$ 时，$U_c(\tau) = 0.368 U_m$。此时所对应的时间就等于 τ。亦可用零状态响应波形增加到 $0.632 U_m$ 所对应的时间测得，如图 5-27(c) 所示。

④ 微分电路和积分电路是 RC 一阶电路中较典型的电路，它对电路元件参数和输入信号的周期有着特定的要求。一个简单的 RC 串联电路，在方波序列脉冲的重复激励下，当满足 $\tau = RC \ll \dfrac{T}{2}$ 时（T 为方波脉冲的重复周期），且由 R 两端的电压作为响应输出，则该电路就是一个微分电路。因为此时电路的输出信号电压与输入信号电压的微分成正比。如图 5-28(a) 所示。利用微分电路可以将方波转变成尖脉冲。

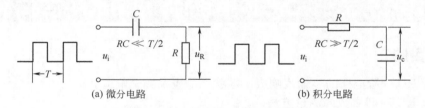

(a) 微分电路   (b) 积分电路

图 5-28 微分电路和积分电路

若将图 5-28(a) 中的 R 与 C 位置调换一下，如图 5-28(b) 所示，由 C 两端的电压作为响应输出，且当电路的参数满足 $\tau = RC \gg \dfrac{T}{2}$，则该 RC 电路称为积分电路。因为此时电路的输出信号电压与输入信号电压的积分成正比。利用积分电路可以将方波转变成三角波。

从输入输出波形来看，上述两个电路均起着波形变换的作用，请在实验过程仔细观察与记录。

三、 实验设备

实验设备见表 5-16。

表 5-16　实验设备

序　号	名称	型号与规格	数　量	备　注
1	函数信号发生器		1	
2	双踪示波器		1	自备
3	动态电路实验板		1	DGJ-03

四、实验内容

实验线路板的器件组件，请认清 R、C 元件的布局及其标称值，各开关的通断位置等。

① 从电路板上选 $R=10\text{k}\Omega$，$C=6800\text{pF}$ 组成如图5-27(b) 所示的 RC 充放电电路。u_i 为脉冲信号发生器输出的 $U_m=3\text{V}$、$f=1\text{kHz}$ 的方波电压信号，并通过两根同轴电缆线，将激励源 u_i 和响应 u_c 的信号分别连至示波器的两个输入口 Y_A 和 Y_B。这时可在示波器的屏幕上观察到激励与响应的变化规律，请测算出时间常数 τ，并用方格纸按 1:1 的比例描绘波形。

少量地改变电容值或电阻值，定性地观察对响应的影响，记录观察到的现象。

② 令 $R=10\text{k}\Omega$，$C=0.1\mu\text{F}$，观察并描绘响应的波形，继续增大 C 之值，定性地观察对响应的影响。

③ 令 $C=0.01\mu\text{F}$，$R=100\Omega$，组成如图 5-28(a) 所示的微分电路。在同样的方波激励信号 ($U_m=3\text{V}$，$f=1\text{kHz}$) 作用下，观测并描绘激励与响应的波形。

增减 R 之值，定性地观察对响应的影响，并作记录。当 R 增至 $1\text{M}\Omega$ 时，输入输出波形有何本质上的区别？

五、实验注意事项

① 调节电子仪器各旋钮时，动作不要过快、过猛。实验前，需熟读双踪示波器的使用说明书。观察双踪时，要特别注意相应开关、旋钮的操作与调节。

② 信号源的接地端与示波器的接地端要连在一起（称共地），以防外界干扰而影响测量的准确性。

③ 示波器的辉度不应过亮，尤其是光点长期停留在荧光屏上不动时，应将辉度调暗，以延长示波管的使用寿命。

六、预习思考题

1. 什么样的电信号可作为 RC 一阶电路零输入响应、零状态响应和完全响应的激励源？

2. 已知 RC 一阶电路 $R=10\text{k}\Omega$，$C=0.1\mu\text{F}$，试计算时间常数 τ，并根据 τ 值的物理意义，拟定测量 τ 的方案。

3. 何谓积分电路和微分电路，它们必须具备什么条件？它们在方波序列脉冲的激励下，其输出信号波形的变化规律如何？这两种电路有何功用？

4. 预习要求：熟读仪器使用说明，回答上述问题，准备方格纸。

七、实验报告

1. 根据实验观测结果，在方格纸上绘出 RC 一阶电路充放电时 u_c 的变化曲线，由曲线测得 τ 值，并与参数值的计算结果作比较，分析误差原因。

2. 根据实验观测结果，归纳、总结积分电路和微分电路的形成条件，阐明波形变换的特征。

3. 心得体会及其他。

实验十三　用三表法测量电路等效参数

一、实验目的

1. 学会用交流电压表、交流电流表和功率表测量元件的交流等效参数的方法。
2. 学会功率表的接法和使用。

二、原理说明

① 正弦交流信号激励下的元件值或阻抗值,可以用交流电压表、交流电流表及功率表分别测量出元件两端的电压 U、流过该元件的电流 I 和它所消耗的功率 P,然后通过计算得到所求的各值,这种方法称为三表法,是用以测量 50Hz 交流电路参数的基本方法。

计算的基本公式为

阻抗的模 $|Z| = \dfrac{U}{I}$,电路的功率因数 $\cos\varphi = \dfrac{P}{UI}$

等效电阻 $R = \dfrac{P}{I^2} = |Z|\cos\varphi$,等效电抗 $X = |Z|\sin\varphi$

或 $X = X_L = 2\pi fL$,$X = X_c = \dfrac{1}{2\pi fC}$

② 阻抗性质的判别方法:可用在被测元件两端并联电容或将被测元件与电容串联的方法来判别。其原理如下。

a. 在被测元件两端并联一只适当容量的试验电容,若串接在电路中电流表的读数增大,则被测阻抗为容性,电流减小则为感性。

图 5-29(a) 中,Z 为待测定的元件,C' 为试验电容器。图 (b) 是图 (a) 的等效电路,图中 G、B 为待测阻抗 Z 的电导和电纳,B' 为并联电容 C' 的电纳。在端电压有效值不变的条件下,按下面两种情况进行分析:

设 $B + B' = B''$,若 B' 增大,B'' 也增大,则电路中电流 I 将单调地上升,故可判断 B 为容性元件。

设 $B + B' = B''$,若 B' 增大,而 B'' 先减小而后再增大,电流 I 也是先减小后上升,如图 5-30 所示,则可判断 B 为感性元件。

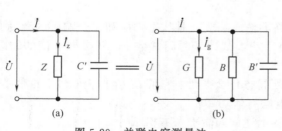

图 5-29　并联电容测量法

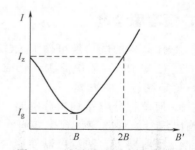

图 5-30　电流和电纳的变化曲线

由以上分析可见,当 B 为容性元件时,对并联电容 C' 值无特殊要求;而当 B 为感性元件时,$B' < |2B|$ 才有判定为感性的意义。$B' > |2B|$ 时,电流单调上升,与 B 为容性时相同,并不能说明电路是感性的。因此 $B' < |2B|$ 是判断电路性质的可靠条件,由此得判定条件为

$$C' < \left|\frac{2B}{\omega}\right|$$

b. 与被测元件串联一个适当容量的试验电容，若被测阻抗的端电压下降，则判为容性，端压上升则为感性，判定条件为 $\dfrac{1}{\omega C'} < |2X|$。式中 X 为被测阻抗的电抗值，C' 为串联试验电容值，此关系式可自行证明。

判断待测元件的性质，除上述借助于试验电容 C' 测定法外，还可以利用该元件的电流 i 与电压 u 之间的相位关系来判断。若 i 超前于 u，为容性；i 滞后于 u，则为感性。

③ 本实验所用的功率表为智能交流功率表，其电压接线端应与负载并联，电流接线端应与负载串联。

三、 实验设备

实验设备见表 5-17。

表 5-17　实验设备

序　号	名　　称	型号与规格	数　量	备　注
1	交流电压表	0～500V	1	
2	交流电流表	0～5A	1	
3	功率表		1	(DGJ-07)
4	自耦调压器		1	
5	镇流器(电感线圈)	与 30W 日光灯配用	1	DGJ-04
6	电容器	$1\mu F, 4.7\mu F/500V$	1	DG09
7	白炽灯	15W/220V	3	DGJ-04

四、实验内容

测试线路如图 5-31 所示。

① 按图 5-31 接线，并经指导教师检查后，方可接通市电电源。

② 分别测量 15W 白炽灯（R）、30W 日光灯镇流器（L）和 $4.7\mu F$ 电容器（C）的等效参数。

③ 测量 L、C 串联与并联后的等效参数。

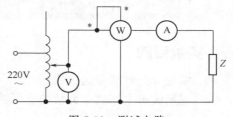

图 5-31　测试电路

被测阻抗	测量值			计算值			电路等效参数		
	U/V	I/A	P/W	$\cos\varphi$	Z/Ω	$\cos\varphi$	R/Ω	L/mH	$C/\mu F$
15W 白炽灯 R									
电感线圈 L									
电容器 C									
L 与 C 串联									
L 与 C 并联									

④ 验证用串、并试验电容法判别负载性质的正确性。实验线路同图 5-31，但不必接功率表，按下表内容进行测量和记录。

被测元件	串 $1\mu F$ 电容		并 $1\mu F$ 电容	
	串前端电压/V	串后端电压/V	并前电流/A	并后电流/A
R(三只 15W 白炽灯)				
$C(4.7\mu F)$				
$L(1H)$				

五、实验注意事项

① 本实验直接用市电 220V 交流电源供电，实验中要特别注意人身安全，不可用手直接触摸通电线路的裸露部分，以免触电，进实验室应穿绝缘鞋。

② 自耦调压器在接通电源前，应将其手柄置在零位上，调节时，使其输出电压从零开始逐渐升高。每次改接实验线路、换拨黑匣子上的开关及实验完毕，都必须先将其旋柄慢慢调回零位，再断电源。必须严格遵守这一安全操作规程。

③ 实验前应详细阅读智能交流功率表的使用说明书，熟悉其使用方法。

六、预习思考题

1. 在 50Hz 的交流电路中，测得一只铁芯线圈的 P、I 和 U，如何算得它的阻值及电感量？

2. 如何用串联电容的方法来判别阻抗的性质？试用 I 随 X'_C（串联容抗）的变化关系做定性分析，证明串联试验时，C' 满足 $\dfrac{1}{\omega C'} < |2X|$。

七、实验报告

1. 根据实验数据，完成各项计算。
2. 完成预习思考题 1、2 的任务。
3. 心得体会及其他。

实验十四　日光灯线路的连接及功率因数的提高

一、实验目的

1. 掌握日光灯线路的接线。
2. 理解改善电路功率因数的意义并掌握其方法。

二、　原理说明

日光灯线路如图 5-32 所示，图中 A 为日光灯管，L 为镇流器，S 为启辉器，C 为补偿电容器，用以改善电路的功率因数（$\cos\varphi$ 值）。有关日光灯的工作原理请自行翻阅有关资料。

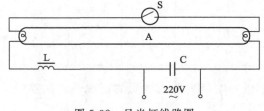

图 5-32　日光灯线路图

三、　实验设备

实验设备见表 5-18。

表 5-18　实验设备

序号	名称	型号与规格	数量	备注
1	交流电压表	0~500V	1	
2	交流电流表	0~5A	1	
3	功率表		1	(DGJ-07)
4	自耦调压器		1	
5	镇流器、启辉器	与40W灯管配用	各1	DGJ-04
6	日光灯灯管	40W	1	屏内
7	电容器	$1\mu F, 2.2\mu F, 4.7\mu F/500V$	各1	DGJ-05
8	白炽灯及灯座	220V, 15W	1~3	DGJ-04
9	电流插座		3	DGJ-04

四、实验内容

① 日光灯线路接线与测量。按图 5-33 接线。经指导教师检查后接通实验台电源，调节自耦调压器的输出，使其输出电压缓慢增大，直到日光灯刚启辉点亮为止，记下三表的指示值。然后将电压调至 220V，测量电压 U、电流 I、功率 P、功率因数 $\cos\varphi$ 数据记入表中。

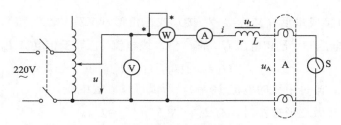

图 5-33　测量电路接线图

测量数据				
项　　目	U/V	I/V	P/W	$\cos\varphi$
未并电容 C				
并电容 C 后				

② 并联电路电容（$4.7\mu F/500V$）后，电路功率因数改善。重复测量，数据记入表中。

五、实验注意事项

① 本实验用交流市电 220V，务必注意用电和人身安全。
② 功率表要正确接入电路。
③ 线路接线正确，日光灯不能启辉时，应检查启辉器及其接触是否良好。

六、预习思考题

1. 参阅课外资料，了解日光灯的启辉原理。
2. 在日常生活中，当日光灯上缺少了启辉器时，人们常用一根导线将启辉器的两端短接一下，然后迅速断开，使日光灯点亮（DGJ-04 实验挂箱上有短接按钮，可用它代替启辉器做试验）；或用一只启辉器去点亮多只同类型的日光灯，这是为什么？

3. 为了改善电路的功率因数，常在感性负载上并联电容器，此时增加了一条电流支路，试问电路的总电流是增大还是减小，此时感性元件上的电流和功率是否改变？

4. 提高线路功率因数为什么只采用并联电容器法，而不用串联法？所并的电容器是否越大越好？

七、实验报告

1. 讨论改善电路功率因数的意义和方法。
2. 装接日光灯线路的心得体会及其他。

 实验十五　三相交流电路电压、电流的测量

一、实验目的

1. 掌握三相负载做星形连接、三角形连接的方法，验证这两种接法下线、相电压及线、相电流之间的关系。
2. 充分理解三相四线供电系统中中线的作用。

二、原理说明

① 三相负载可接成星形（又称"Y"接）或三角形（又称"△"接）。当三相对称负载做Y形连接时，线电压 U_L 是相电压 U_p 的 $\sqrt{3}$ 倍。线电流 I_L 等于相电流 I_p，即

$$U_L = \sqrt{3}U_p, \quad I_L = I_p$$

在这种情况下，流过中线的电流 $I_0 = 0$，所以可以省去中线。

当对称三相负载做△形连接时，有 $I_L = \sqrt{3}I_p$，$U_L = U_p$。

② 不对称三相负载做Y连接时，必须采用三相四线制接法，即Y$_0$接法。而且中线必须牢固连接，以保证三相不对称负载的每相电压维持对称不变。

倘若中线断开，会导致三相负载电压的不对称，致使负载轻的那一相的相电压过高，使负载遭受损坏；负载重的一相相电压又过低，使负载不能正常工作。尤其是对于三相照明负载，无条件地一律采用Y$_0$接法。

③ 当不对称负载做△接时，$I_L \neq \sqrt{3}I_p$，但只要电源的线电压 U_L 对称，加在三相负载上的电压仍是对称的，对各相负载工作没有影响。

三、实验设备

实验设备见表5-19。

表5-19　实验设备

序　号	名　称	型号与规格	数　量	备　注
1	交流电压表	0~500V	1	
2	交流电流表	0~5A	1	
3	万用表		1	自备
4	三相自耦调压器		1	
5	三相灯组负载	220V,15W白炽灯	9	DGJ-04
6	电门插座		3	DGJ-04

四、实验内容

1. 三相负载星形连接（三相四线制供电）

按图 5-34 线路组接实验电路。即三相灯组负载经三相自耦调压器接通三相对称电源。将三相调压器的旋柄置于输出为 0V 的位置（即逆时针旋到底）。经指导教师检查合格后，方可开启实验台电源，然后调节调压器的输出，使输出的三相线电压为 220V，并按下述内容完成各项实验，分别测量三相负载的线电压、相电压、线电流、相电流、中线电流、电源与负载中点间的电压。将所测得的数据记入表 5-20 中，并观察各相灯组亮暗的变化程度，特别要注意观察中线的作用。

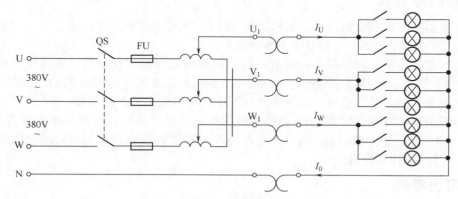

图 5-34　三相负载星形连接实验电路

表 5-20　实验数据

测量数据 实验内容（负载情况）	开灯盏数			线电流/A			线电压/V			相电压/V			中线电流 I_0/A	中点电压 U_{N0}/V
	U_1 相	V_1 相	W_1 相	I_U	I_V	I_W	U_{UV}	U_{VW}	U_{WU}	U_{U0}	U_{V0}	U_{W0}		
Y_0 接平衡负载	3	3	3											
Y 接平衡负载	3	3	3											
Y_0 接不平衡负载	1	2	3											
Y 接不平衡负载	1	2	3											
Y_0 接 B 相断开	1		3											
Y 接 B 相断开	1		3											
Y 接 B 相短路	1		3											

2. 负载三角形连接（三相三线制供电）

按图 5-35 改接线路，经指导教师检查合格后接通三相电源，并调节调压器，使其输出线电压为 220V，并按表 5-21 的内容进行测试。

表 5-21　实验数据

测量数据 负载情况	开灯盏数			线电压＝相电压/V			线电流/A			相电流/A		
	U_1-V_1 相	V_1-W_1 相	W_1-U_1 相	U_{UV}	U_{VW}	U_{WU}	I_U	I_V	I_W	I_{UV}	I_{VW}	I_{WU}
三相平衡	3	3	3									
三相不平衡	1	2	3									

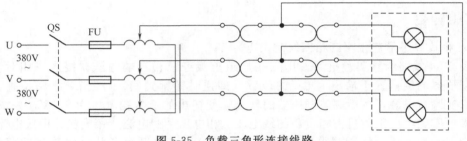

图 5-35　负载三角形连接线路

五、实验注意事项

① 本实验采用三相交流市电，线电压为 380V，应穿绝缘鞋进实验室。实验时要注意人身安全，不可触及导电部件，防止意外事故发生。

② 每次接线完毕，同组同学应自查一遍，然后由指导教师检查后，方可接通电源，必须严格遵守先断电、再接线、后通电；先断电、后拆线的实验操作原则。

③ 星形负载做短路实验时，必须首先断开中线，以免发生短路事故。

④ 为避免烧坏灯泡，DGJ-04 实验挂箱内设有过压保护装置。当任一相电压大于 245～250V 时，即声光报警并跳闸。因此，在做 Y 接不平衡负载或缺相实验时，所加线电压应以最高相电压小于 240V 为宜。

六、预习思考题

1. 三相负载根据什么条件做星形或三角形连接？

2. 复习三相交流电路有关内容，试分析三相星形连接不对称负载在无中线情况下，当某相负载开路或短路时会出现什么情况？如果接上中线，情况又如何？

3. 本次实验中为什么要通过三相调压器将 380V 的市电线电压降为 220V 的线电压使用？

七、实验报告

1. 用实验测得的数据验证对称三相电路中的 $\sqrt{3}$ 关系。

2. 用实验数据和观察到的现象，总结三相四线供电系统中中线的作用。

3. 不对称三角形连接的负载，能否正常工作？实验是否能证明这一点？

4. 根据不对称负载三角形连接时的相电流值做相量图，并求出线电流值，然后与实验测得的线电流做比较，分析之。

5. 心得体会及其他。

 ## 实验十六　单相铁芯变压器特性的测试

一、实验目的

1. 通过测量，计算变压器的各项参数。

2. 学会测绘变压器的空载特性与外特性。

二、原理说明

① 图 5-36 为测试变压器参数的电路。由各仪表读得变压器原边（AX，低压侧）的 U_1、I_1、P_1 及副边（ax，高压侧）的 U_2、I_2，并用万用表 $R \times 1$ 挡测出原、副绕组的电阻 R_1

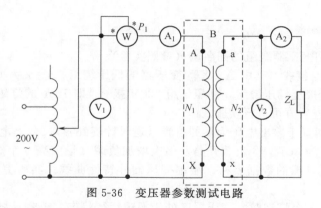

图 5-36　变压器参数测试电路

和 R_2，即可算得变压器的以下各项参数值

电压比 $K_u = \dfrac{U_1}{U_2}$，电流比 $K_I = \dfrac{I_2}{I_1}$，

原边阻抗 $Z_1 = \dfrac{U_1}{I_1}$，副边阻抗 $Z_2 = \dfrac{U_2}{I_2}$，

阻抗比 $= \dfrac{Z_1}{Z_2}$，负载功率 $P_2 = U_2 I_2 \cos\varphi_2$，

损耗功率 $P_o = P_1 - P_2$，

功率因数 $= \dfrac{P_1}{U_1 I_1}$，原边线圈铜耗 $P_{cu1} = I_1^2 R_1$，

副边铜耗 $P_{cu2} = I_2^2 R_2$，铁耗 $P_{Fe} = P_o - (P_{cu1} + P_{cu2})$。

② 铁芯变压器是一个非线性元件，铁芯中的磁感应强度 B 决定于外加电压的有效值 U。当副边开路（即空载）时，原边的励磁电流 I_{10} 与磁场强度 H 成正比。在变压器中，副边空载时，原边电压与电流的关系称为变压器的空载特性，这与铁芯的磁化曲线（$B\text{-}H$ 曲线）是一致的。

空载实验通常是将高压侧开路，由低压侧通电进行测量，又因空载时功率因数很低，故测量功率时应采用低功率因数瓦特表。此外因变压器空载时阻抗很大，故电压表应接在电流表外侧。

③ 变压器外特性测试。为了满足三组灯泡负载额定电压为 220V 的要求，故以变压器的低压（36V）绕组作为原边，220V 的高压绕组作为副边，即当作一台升压变压器使用。

在保持原边电压 U_1（36V）不变时，逐次增加灯泡负载（每只灯为 15W），测定 U_1、U_2、I_1 和 I_2，即可绘出变压器的外特性，即负载特性曲线 $U_2 = f(I_2)$。

三、实验设备

实验设备见表 5-22。

表 5-22　实验设备

序　号	名　称	型号与规格	数　量	备　注
1	交流电压表	0~450V	2	
2	交流电流表	0~5A	2	
3	单相功率表		1	（DGJ-07）
4	试验变压器	220V/36V 50V·A	1	DGJ-04
5	自耦调压器		1	
6	白炽灯	220V,15W	5	DGJ-04

四、实验内容

① 用交流法判别变压器绕组的同名端（参照实验）。

② 按图 5-36 线路接线。其中 A、X 为变压器的低压绕组，a、x 为变压器的高压绕组。即电源经屏内调压器接至低压绕组，高压绕组 220V 接 Z_L 即 15W 的灯组负载（3 只灯泡并联），经指导教师检查后方可进行实验。

③ 将调压器手柄置于输出电压为零的位置（逆时针旋到底），合上电源开关，并调节调压器，使其输出电压为 36V。令负载开路及逐次增加负载（最多亮 5 个灯泡），分别记下五个仪表的读数，记入自拟的数据表格，绘制变压器外特性曲线。实验完毕将调压器调回零位，断开电源。

当负载为 4 个及 5 个灯泡时，变压器已处于超载运行状态，很容易烧坏。因此，测试和记录应尽量快，总共不应超过 3min。实验时，可先将 5 只灯泡并联安装好，断开控制每个灯泡的相应开关，通电且电压调至规定值后，再逐一打开各个灯的开关，并记录仪表读数。待开 5 灯的数据记录完毕后，立即用相应的开关断开各灯。

④ 将高压侧（副边）开路，确认调压器处在零位后，合上电源，调节调压器输出电压，使 U_1 从零逐次上升到 1.2 倍的额定电压（1.2×36V），分别记下各次测得的 U_1，U_{20} 和 I_{10} 数据，记入自拟的数据表格，用 U_1 和 I_{10} 绘制变压器的空载特性曲线。

五、实验注意事项

① 本实验是将变压器作为升压变压器使用，并用调节调压器提供原边电压 U_1，故使用调压器时应首先调至零位，然后才可合上电源。此外，必须用电压表监视调压器的输出电压，防止被测变压器输出过高电压而损坏实验设备，且要注意安全，以防高压触电。

② 由负载实验转到空载实验时，要注意及时变更仪表量程。

③ 遇异常情况，应立即断开电源，待处理好故障后，再继续实验。

六、预习思考题

1. 为什么本实验将低压绕组作为原边进行通电实验？此时，在实验过程中应注意什么问题？

2. 为什么变压器的励磁参数一定是在空载实验加额定电压的情况下求出？

七、实验报告

1. 根据实验内容，自拟数据表格，绘出变压器的外特性和空载特性曲线。

2. 根据额定负载时测得的数据，计算变压器的各项参数。

3. 计算变压器的电压调整率 $\Delta U\% = \dfrac{U_{20} - U_{2N}}{U_{20}} \times 100\%$。

4. 心得体会及其他。

实验十七　单相电度表的校验

一、实验目的

1. 掌握电度表的接线方法。

2. 学会电度表的校验方法。

二、原理说明

① 电度表是一种感应式仪表，是根据交变磁场在金属中产生感应电流，从而产生转矩的基本原理而工作的仪表，主要用于测量交流电路中的电能。它的指示器能随着电能的不断增大（也就是随着时间的延续）而连续地转动，从而能随时反映出电能积累的总数值。因此，它的指示器是一个"积算机构"，是将转动部分通过齿轮传动机构折换为被测电能的数值，由数字及刻度直接指示出来。

它的驱动元件是由电压铁芯线圈和电流铁芯线圈在空间上、下排列，中间隔以铝制的圆盘。驱动两个铁芯线圈的交流电，建立起合成的特殊分布的交变磁场，并穿过铝盘，在铝盘上产生出感应电流。该电流与磁场的相互作用结果产生转动力矩驱使铝盘转动。铝盘上方装有一个永久磁铁，其作用是对转动的铝盘产生制动力矩，使铝盘转速与负载功率成正比。因此，在某一段测量时间内，负载所消耗的电能 W 就与铝盘的转数 n 成正比。即 $N=\dfrac{n}{W}$，比例系数 N 称为电度表常数，常在电度表上标明，其单位是 r/1kW·h。

② 电度表的灵敏度是指在额定电压、额定频率及 $\cos\varphi=1$ 的条件下，从零开始调节负载电流，测出铝盘开始转动的最小电流值 $I_{\min}$，则仪表的灵敏度表示为

$$S=\frac{I_{\min}}{I_N}\times100\%$$

式中，I_N 为电度表的额定电流。$I_{\min}$ 通常较小，约为 I_N 的 0.5%。

③ 电度表的潜动是指负载电流等于零时，电度表仍出现缓慢转动的现象。按照规定，无负载电流时，在电度表的电压线圈上施加其额定电压的 110%（达 242V）时，观察其铝盘的转动是否超过一圈。凡超过一圈者，判为潜动不合格。

三、实验设备

实验设备见表 5-23。

表 5-23　实验设备

序　号	名　　称	型号与规格	数　量	备　注
1	电度表	1.5(6)A	1	
2	单相功率表		1	(DGJ-07)
3	交流电压表	0～500V	1	
4	交流电流表	0～5A	1	
5	自耦调压器		1	
6	白炽灯	220V，100W	3	自备
7	灯泡、灯泡座	220V，15W	9	DGJ-04
8	秒表		1	自备

四、实验内容与步骤

记录被校验电度表的数据：额定电流 $I_N=$ 　　　　，额定电压 $U_N=$ 　　　　，电度表常数 $N=$ 　　　　，准确度为　　　　　　。

1. 用功率表、秒表法校验电度表的准确度

按图 5-37 接线。电度表的接线与功率表相同，其电流线圈与负载串联，电压线圈与负载并联。

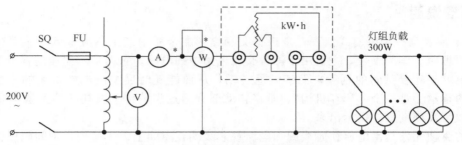

图 5-37　电度表的准确度校验电路

　　线路经指导教师检查无误后，接通电源。将调压器的输出电压调到 220V，按表 5-24 的要求接通灯组负载，用秒表定时记录电度表转盘的转数及记录各仪表的读数。

表 5-24　实验数据

负载情况	测 量 值						计 算 值		
	U/V	I/A	电表读数/(kW·h)			时间/s	转数 n	计算电能 W'/(kW·h)	$(\Delta W/W)/\%$	电度表常数 N
			起	止	功率/W					
300W										
300W										

　　为了准确地计时及计圈数，可将电度表转盘上的一小段着色标记刚出现（或刚结束）时作为秒表计时的开始，并同时读出电度表的起始读数。此外，为了能记录整数转数，可先预定好转数，待电度表转盘刚转完此转数时，作为秒表测定时间的终点，并同时读出电度表的终止读数。所有数据记入表 5-24。

　　建议 n 取 24 圈，则 300W 负载时，需时 2min 左右。

　　为了准确和熟悉起见，可重复多做几次。

　　2. 电度表灵敏度的测试

　　电度表灵敏度的测试要用到专用的变阻器，一般都不具备。此处可将图 5-37 中的灯组负载改成三组灯组相串联，并全部用 220V、15W 灯泡。再在电度表与灯组负载之间串接 8W，10~30kΩ 的电阻（取自 DG09 挂箱上的 8W，10kΩ、20kΩ 电阻）。每组先开通一只灯泡。接通 220V 后看电度表转盘是否开始转动。然后逐只增加灯泡或者减少电阻。直到转盘开转。则这时电流表的读数可大致作为其灵敏度。请同学们自行估算其误差。

　　做此实验前应使电度表转盘的着色标记处于可看见的位置。由于负载很小，转盘的转动很缓慢，必须耐心观察。

　　3. 检查电度表的潜动是否合格

　　断开电度表的电流线圈回路，调节调压器的输出电压为额定电压的 110%（即 242V），仔细观察电度表的转盘有否转动。一般允许有缓慢地转动。若转动不超过一圈即停止，则该电度表的潜动为合格，反之则不合格。

　　实验前应使电度表转盘的着色标记处于可看见的位置。由于"潜动"非常缓慢，要观察正常的电度表"潜动"是否超过一圈，需要 1h 以上。

五、实验注意事项

　　① 本实验台配有一只电度表，实验时，只要将电度表挂在 DGJ-04 挂箱上的相应位置，并用螺母紧固即可。接线时要卸下护板。实验完毕，拆除线路后，要装回护板。

② 记录时，同组同学要密切配合。秒表定时、读取转数和电度表读数步调要一致，以确保测量的准确性。

③ 实验中用到220V强电，操作时应注意安全。凡需改动接线，必须切断电源，接好线后，检查无误后才能加电。

六、预习思考题

1. 查找有关资料，了解电度表的结构、原理及其检定方法。
2. 电度表接线有哪些错误接法，它们会造成什么后果？

七、实验报告

1. 对被校电度表的各项技术指标做出评论。
2. 对校表工作的体会。
3. 其他。

 # 实验十八　三相笼式异步电动机点动和自锁控制

一、实验目的

1. 通过对三相笼式异步电动机点动控制和自锁控制线路的实际安装接线，掌握由电气原理图变换成安装接线图的知识。
2. 通过实验进一步加深理解点动控制和自锁控制的特点。

二、原理说明

① 继电－接触控制在各类生产机械中获得广泛地应用，凡是需要进行前后、上下、左右、进退等运动的生产机械，均采用传统的典型的正、反转继电－接触控制。

② 在控制回路中常采用接触器的辅助触头来实现自锁和互锁控制。要求接触器线圈得电后能自动保持动作后的状态，这就是自锁，通常用接触器自身的动合触头与启动按钮相并联来实现，以达到电动机的长期运行，这一动合触头称为"自锁触头"。使两个电器不能同时得电动作的控制，称为互锁控制，如为了避免正、反转两个接触器同时得电而造成三相电源短路事故，必须增设互锁控制环节。为操作的方便，也为防止因接触器主触头长期大电流的烧蚀而偶发触头粘连后造成的三相电源短路事故，通常在具有正、反控制的线路中采用既有接触器的动断辅助触头的电气互锁，又有复合按钮机械互锁的双重互锁的控制环节。

③ 控制按钮通常用以短时通、断小电流的控制回路，以实现近、远距离控制电动机等执行部件的启、停或正、反转控制。按钮是专供人工操作使用。对于复合按钮，其触点的动作规律是：当按下时，其动断触头先断，动合触头后合；当松手时，则动合触头先断，动断触头后合。

④ 在电动机运行过程中，应对可能出现的故障进行保护。

采用熔断器做短路保护，当电动机或电器发生短路时，及时熔断熔体，达到保护线路、保护电源的目的。熔体熔断时间与流过的电流关系称为熔断器的保护特性，这是选择熔体的主要依据。

采用热继电器实现过载保护，使电动机免受长期过载之危害。其主要的技术指标是整定电流值，即电流超过此值的20％时，其动断触头应能在一定时间内断开，切断控制回路，动作后只能由人工进行复位。

⑤ 在电气控制线路中，最常见的故障发生在接触器上。接触器线圈的电压等级通常有 220V 和 380V 等，使用时必须认清，切勿疏忽，否则，电压过高易烧坏线圈，电压过低，吸力不够，不易吸合或吸合频繁，这不但会产生很大的噪声，也因磁路气隙增大，致使电流过大，也易烧坏线圈。此外，在接触器铁芯的部分端面嵌装有短路铜环，其作用是为了使铁芯吸合牢靠，消除颤动与噪声，若发现短路环脱落或断裂现象，接触器将会产生很大的振动与噪声。

三、实验设备

实验设备见表 5-25。

表 5-25　实验设备

序　号	名　称	型号与规格	数　量	备　注
1	三相交流电源	220V		
2	三相笼式异步电动机	DJ24	1	
3	交流接触器		1	D61-2
4	按钮		2	D61-2
5	热继电器	D9305d	1	D61-2
6	交流电压表	0～500V		
7	万用电表		1	自备

四、实验内容

认识各电器的结构、图形符号、接线方法；抄录电动机及各电器铭牌数据；并用万用电表 Ω 挡检查各电器线圈、触头是否完好。

笼机接成△接法；实验线路电源端接三相自耦调压器输出端 U、V、W，供电线电压为 220V。

1. 点动控制

按图 5-38 点动控制线路进行安装接线，接线时，先接主电路，即从 220V 三相交流电源的输出端 U、V、W 开始，经接触器 KM 的主触头，热继电器 FR 的热元件到电动机 M 的三个线端 U、V、W，用导线按顺序串联起来。主电路连接完整无误后，再连接控制电路，即从 220V 三相交流电源某输出端（如 V）开始，经过常开按钮 SB₁、接触器 KM 的线圈、热继电器 FR 的常闭触头到三相交流电源另一输出端（如 W）。显然这是对接触器 KM 线圈供电的电路。

接好线路，经指导教师检查后，方可进行通电操作。

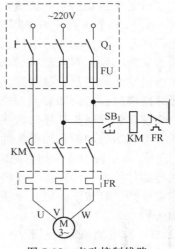

图 5-38　点动控制线路

① 开启控制屏电源总开关，按启动按钮，调节调压器输出，使输出线电压为 220V。

② 按启动按钮 SB₁，对电动机 M 进行点动操作，比较按下 SB₁ 与松开 SB₁ 电动机和接触器的运行情况。

③ 实验完毕，按控制屏停止按钮，切断实验线路三相交流电源。

2. 自锁控制电路

按图 5-39 所示自锁线路进行接线，它与图 5-38 的不同点在于控制电路中多串联一只常闭按钮 SB$_2$，同时在 SB$_1$ 上并联 1 只接触器 KM 的常开触头，它起自锁作用。

接好线路经指导教师检查后，方可进行通电操作。

① 按控制屏启动按钮，接通 220V 三相交流电源。

② 按启动按钮 SB$_1$，松手后观察电动机 M 是否继续运转。

③ 按停止按钮 SB$_2$，松手后观察电动机 M 是否停止运转。

④ 按控制屏停止按钮，切断实验线路三相电源，拆除控制回路中自锁触头 KM，再接通三相电源，启动电动机，观察电动机及接触器的运转情况。从而验证自锁触头的作用。

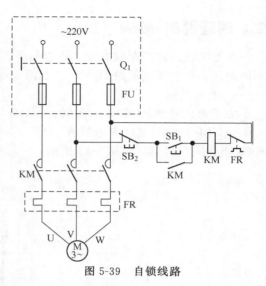

图 5-39 自锁线路

实验完毕，将自耦调压器调回零位，按控制屏停止按钮，切断实验线路的三相交流电源。

五、实验注意事项

① 接线时合理安排挂箱位置，接线要求牢靠、整齐、清楚、安全可靠。

② 操作时要胆大、心细、谨慎，不许用手触及各电器元件的导电部分及电动机的转动部分，以免触电及意外损伤。

③ 通电观察继电器动作情况时，要注意安全，防止碰触带电部位。

六、预习思考题

1. 试比较点动控制线路与自锁控制线路从结构上看主要区别是什么？从功能上看主要区别是什么？

2. 自锁控制线路在长期工作后可能出现失去自锁作用。试分析产生的原因是什么？

3. 交流接触器线圈的额定电压为 220V，若误接到 380V 电源上会产生什么后果？反之，若接触器线圈电压为 380V，而电源线电压为 220V，其结果又如何？

4. 在主回路中，熔断器和热继电器热元件可否少用一只或两只？熔断器和热继电器两者可否只采用其中一种就可起到短路和过载保护作用？为什么？

实验十九 三相笼式异步电动机正反转控制

一、实验目的

1. 通过对三相笼式异步电动机正反转控制线路的安装接线，掌握由电气原理图接成实际操作电路的方法。

2. 加深对电气控制系统各种保护、自锁、互锁等环节的理解。

3. 学会分析、排除继电—接触控制线路故障的方法。

二、原理说明

在笼机正反转控制线路中，通过相序的更换来改变电动机的旋转方向。本实验给出两种不同的正、反转控制线路如图 5-40 及图 5-41 所示，具有如下特点。

1. 电气互锁

为了避免接触器 KM_1（正转）、KM_2（反转）同时得电吸合造成三相电源短路，在 KM_1（KM_2）线圈支路中串接有 KM_1（KM_2）动断触头，它们保证了线路工作时 KM_1、KM_2 不会同时得电（如图 5-40 所示），以达到电气互锁目的。

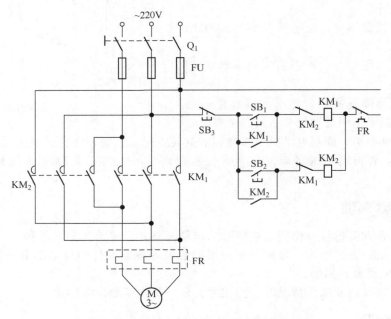

图 5-40　接触器联锁正反转控制线路

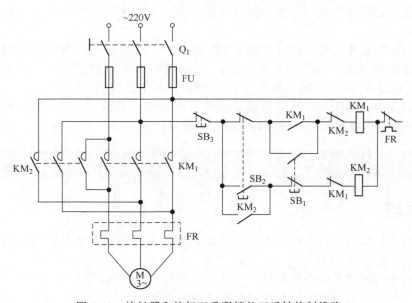

图 5-41　接触器和按钮双重联锁的正反转控制线路

2. 电气和机械双重互锁

除电气互锁外，可再采用复合按钮 SB_1 与 SB_2 组成的机械互锁环节（如图 5-41 所示），以求线路工作更加可靠。

3. 线路具有短路、过载、失、欠压保护等功能

三、 实验设备

实验设备见表 5-26。

表 5-26　实验设备

序　号	名　　　称	型号与规格	数　量	备　注
1	三相交流电源	220V		
2	三相笼式异步电动机	DJ24	1	
3	交流接触器	JZC4-40	2	D61-2
4	按钮		3	D61-2
5	热继电器	D9305d	1	D61-2
6	交流电压表	0～500V	1	
7	万用电表		1	自备

四、实验内容

认识各电器的结构、图形符号、接线方法；抄录电动机及各电器铭牌数据；并用万用电表 Ω 挡检查各电器线圈、触头是否完好。

鼠笼机接成△接法；实验线路电源端接三相自耦调压器输出端 U、V、W，供电线电压为 220V。

1. 接触器联锁的正反转控制线路

按图 5-40 接线，经指导教师检查后，方可进行通电操作。

① 开启控制屏电源总开关，按启动按钮，调节调压器输出，使输出线电压为 220V。

② 按正向启动按钮 SB_1，观察并记录电动机的转向和接触器的运行情况。

③ 按反向启动按钮 SB_2，观察并记录电动机和接触器的运行情况。

④ 按停止按钮 SB_3，观察并记录电动机的转向和接触器的运行情况。

⑤ 再按 SB_2，观察并记录电动机的转向和接触器的运行情况。

⑥ 实验完毕，按控制屏停止按钮，切断三相交流电源。

2. 接触器和按钮双重联锁的正反转控制线路

按图 5-41 接线，经指导教师检查后，方可进行通电操作。

① 按控制屏启动按钮，接通 220V 三相交流电源。

② 按正向启动按钮 SB_1，电动机正向启动，观察电动机的转向及接触器的动作情况。按停止按钮 SB_3，使电动机停转。

③ 按反向启动按钮 SB_2，电动机反向启动，观察电动机的转向及接触器的动作情况。按停止按钮 SB_3，使电动机停转。

④ 按正向（或反向）启动按钮，电动机启动后，再去按反向（或正向）启动按钮，观察有何情况发生？

⑤ 电动机停稳后，同时按正、反向两只启动按钮，观察有何情况发生？

⑥ 失压与欠压保护。

a. 按启动按钮 SB_1（或 SB_2）电动机启动后，按控制屏停止按钮，断开实验线路三相电

源，模拟电动机失压（或零压）状态，观察电动机与接触器的动作情况，随后，再按控制屏上启动按钮，接通三相电源，但不按 SB$_1$（或 SB$_2$），观察电动机能否自行启动？

b. 重新启动电动机后，逐渐减小三相自耦调压器的输出电压，直至接触器释放，观察电动机是否自行停转。

⑦ 过载保护。打开热继电器的后盖，当电动机启动后，人为地拨动双金属片模拟电动机过载情况，观察电机、电器动作情况。

注意：此项内容，较难操作且危险，有条件可由指导教师做示范操作。

实验完毕，将自耦调压器调回零位，按控制屏停止按钮，切断实验线路电源。

五、故障分析

① 接通电源后，按启动按钮（SB$_1$ 或 SB$_2$），接触器吸合，但电动机不转且发出"嗡嗡"声响；或者虽能启动，但转速很慢。这种故障大多是主回路一相断线或电源缺相。

② 接通电源后，按启动按钮（SB$_1$ 或 SB$_2$），若接触器通断频繁，且发出连续的劈啪声或吸合不牢，发出颤动声，此类故障原因可能是：线路接错，将接触器线圈与自身的动断触头串在一条回路上了；自锁触头接触不良，时通时断；接触器铁芯上的短路环脱落或断裂；电源电压过低或与接触器线圈电压等级不匹配。

六、预习思考题

1. 在电动机正、反转控制线路中，为什么必须保证两个接触器不能同时工作？采用哪些措施可解决此问题，这些方法有何利弊，最佳方案是什么？

2. 在控制线路中，短路、过载、失、欠压保护等功能是如何实现的？在实际运行过程中，这几种保护有何意义？

 实验二十　常用电子仪器仪表的使用

一、实验目的

1. 学习电子电路实验中常用的电子仪器——数字万用表、示波器、函数信号发生器等的主要技术指标、性能及正确使用方法。

2. 掌握用数字万用表测量电压、电流、电阻、二极管、三极管等方法，初步掌握用双踪示波器观察正弦信号波形和读取波形参数的方法。

二、实验原理

1. 数字万用表的操作方法

首先要根据测试项目选择插孔或转换开关的位置，由于使用时测量电压、电流和电阻等交替地进行，一定不要忘记换挡。万用表有红、黑两根表笔，位置不能接反、接错，否则，会带来测试错误或判断失误。一般将万用表的黑表笔插入 COM 插孔，红表笔插入 VΩ 插孔。数字万用表采用数字直接显示，因此，读数十分方便。

（1）电压的测量

将黑表笔插入 COM 插孔，红表笔插入 VΩ 插孔。测直流电压时，将功能开关置于 DCV 量程范围，测交流电压时则应置于 ACV 量程范围，并将测试表笔连接到被测负载或信号源上，在显示电压读数时，同时会指示出红表笔所接电源的极性。如果不知被测电压范围，则首先将功能开关置于最大量程后，视情况降至合适量程。如果值显"1"表示过量程，功能开关应置于更高量程。

（2）电流的测量

电流的量程选择和读数方法与电压一样。测量时必须先断开电路，然后按照电流从"＋"到"－"的方向，将万用表串联到被测电路中，即电流从红表笔流入，从黑表笔流出。如果误将万用表与负载并联，则因表头的内阻很小，会造成短路烧毁仪表。

（3）电阻的测量

将量程开关拨至 Ω 的合适量程，红表笔插入 VΩ 孔，黑表笔插入 COM 孔。如果被测电阻值超出所选择量程的最大值，万用表将显示"1"，这时应选择更高的量程。测量电阻时，红表笔为正极，黑表笔为负极，这与指针式万用表正好相反。因此，测量晶体管、电解电容器等有极性的元器件时，必须注意表笔的极性。

（4）二极管的测量

测量二极管时，使用万用表的二极管的挡位。若将红表笔接二极管阳（正）极，黑表笔接二极管阴（负）极，则二极管处于正偏，阻值一般在几百欧到几千欧，万用表有一定数值显示。若将红表笔接二极管阴极，黑表笔接二极管阳极，二极管处于反偏，万用表高位显示为"1"或很大的数值，此时说明二极管是好的。在测量时若两次的数值均很小，则二极管内部短路；若两次测得的数值均很大或高位为"1"，则二极管内部开路。

（5）三极管的测量

选数字万用表的二极管挡，用红表笔接三极管的某一管脚（假设作为基极），用黑笔分别接另外两个管脚，如果表的液晶屏上两次都显示有零点几伏的电压（锗管为 0.3 左右；硅管为 0.7 左右），那么此管应为 NPN 管，且红表笔所接的那一个管脚是基极。如果两次所显的为"OL"，那么红表笔所接的那一个管脚便是 PNP 型管的基极。

在判别出管子的型号和基极的基础上，可以再判别发射极和集电极。仍用二极管挡，对于 NPN 管令红表笔接其"B"极，黑表笔分别接另两个脚上，两次测得的极间电压中，电压微高的那一极为"E"极，电压低一些的那极为"C"极。如果是 PNP 管，令黑表笔接其"B"极，同样所得电压高的为"E"极，电压低一些的为"C"。

判别三极管的好坏，只要查一下三极管各 PN 结是否损坏，通过万用表测量其发射极、集电极的正向电压和反向电压来判定。如果测得的正向电压与反向电压相似且几乎为零，或正向电压为"OL"说明三极管已经短路或断路。

注：文中的"OL"是指万用表不能正常显示数字时而出现的一固定符号，出现什么样的固定符号要看是使用什么牌子的万用表而定。如：有的万用表则会显示一固定符号"1"。

2. 模拟示波器使用说明

模拟示波器主要按键以及旋钮的功能如下。

① 电源开关：按下此开关，仪器电源接通，指示灯亮。

② 聚焦：用以调节示波管电子束的焦点，使显示的光点成为细而清晰的圆点。

③ 校准信号：此端口输出幅度为 0.5V，频率为 1kHz 的方波信号。

④ 垂直位移：用以调节光迹在垂直方向的位置。

⑤ 垂直方式：选择垂直系统的工作方式。

CH1：只显示 CH1 通道的信号。

CH2：只显示 CH2 通道的信号。

交替：用于同时观察两路信号，此时两路信号交替显示，该方式适合于在扫描速率较快时使用；断续：两路信号断续工作，适合于在扫描速率较慢时，同时观察两路信号。

叠加：用于显示两路信号相加的结果，当 CH2 极性开关被按入时，则两信号相减。

CH2 反相：按入此键，CH2 的信号被反相。

⑥ 灵敏度选择开关（VOLTS/DIV）：选择垂直轴的偏转系数，从 2～10V/div 分 12 个

挡级调整，可根据被测信号的电压幅度选择合适的挡级。

⑦ 微调：用以连续调节垂直轴偏转系数，调节范围≥2.5倍，该旋钮逆时针旋足时为校准位置，此时可根据"VOLTS/DIV"开关度盘位置和屏幕显示幅度读取该信号的电压值。

⑧ 耦合方式（AC GND DC）垂直通道的输入耦合方式选择。

AC：信号中的直流分量被隔开，用以观察信号的交流成分；

DC：信号与仪器通道直接耦合，当需要观察信号的直流分量或被测信号的频率较低时应选用此方式；

GND 输入端处于接地状态，用以确定输入端为零电位时光迹所在位置。

⑨ 水平位移：用以调节光迹在水平方向的位置。

⑩ 电平：用以调节被测信号在变化至某一电平时触发扫描。

⑪ 极性：用以选择被测信号在上升沿或下降沿触发扫描。

⑫ 扫描方式：选择产生扫描的方式。

自动：当无触发信号输入时，屏幕上显示扫描光迹，一旦有触发信号输入，电路自动转换为触发扫描状态，调节电平可使波形稳定地显示在屏幕上，此方式适合观察频率在 50Hz 以上的信号。

常态：无信号输入时，屏幕上无光迹显示，有信号输入时，且触发电平旋钮在合适位置上，电路被触发扫描，当被测信号频率低于 50Hz 时，必须选择该方式。

锁定：仪器工作在锁定状态后，无需调节电平即可使波形稳定地显示在屏幕上。

单次：用于产生单次扫描，进入单次状态后，按动复位键，电路工作在单次扫描方式，扫描电路处于等待状态，当触发信号输入时，扫描只产生一次，下次扫描需再次按动复位按键。

⑬ ×5 扩展：按入后扫描速度扩展 5 倍。

⑭ 扫描速率选择开关（SEC/DIV）：根据被测信号的频率高低，选择合适的挡极。当扫描"微调"置校准位置时，可根据度盘的位置和波形在水平轴的距离读出被测信号的时间参数。

⑮ 微调：用于连续调节扫描速率，调节范围≥2.5倍，逆时针旋足为校准位置。

⑯ 触发源：用于选择不同的触发源。

CH1：在双踪显示时，触发信号来自 CH1 通道，单踪显示时，触发信号则来自被显示的通道。

CH2：在双踪显示时，触发信号来自 CH2 通道，单踪显示时，触发信号则来自被显示的通道。

交替：在双踪交替显示时，触发信号交替来自于两个 Y 通道，此方式用于同时观察两路不相关的信号。

外接：触发信号来自于外接输入端口。

3. 模拟示波器使用举例说明

幅度和频率的测量方法（以测试示波器的校准信号为例）。

① 将示波器探头插入通道 1 插孔，并将探头上的衰减置于"1"挡；

② 将通道选择置于 CH1，耦合方式置于 DC 挡；

③ 将探头探针插入校准信号源小孔内，此时示波器屏幕出现光迹；

④ 调节垂直旋钮和水平旋钮，使屏幕显示的波形图稳定，并将垂直微调和水平微调置于校准位置；

⑤ 读出波形图在垂直方向所占格数，乘以垂直衰减旋钮的指示数值，得到校准信号的

幅度;

（如 0.5V/div，表示垂直方向每格幅度为 0.5V）乘以被测信号在屏幕垂直方向所占格数，即得出该被测信号的幅度。

⑥ 读出波形每个周期在水平方向所占格数，乘以水平扫描旋钮的指示数值，得到校准信号的周期（周期的倒数为频率）;

（如 0.5ms/div，表示水平方向每格时间为 0.5ms），乘以被测信号一个周期占有格数，即得出该信号的周期，也可以换算成频率。

⑦ 一般校准信号的频率为 1kHz，幅度为 0.5V，用以校准示波器内部扫描振荡器频率，如果不正常，应调节示波器（内部）相应电位器，直至相符为止。

三、实验内容

1. 练习使用数字万用表
① 测量电阻大小。
② 测量二极管。
③ 三极管管脚的判别。
2. 测量
用示波器测量正弦波信号的周期、频率、幅值。

四、实验总结

1. 整理实验数据。
2. 分析讨论实验中发生的现象和问题。

 ## 实验二十一 观察正弦波、方波、三角波的频率分量

一、实训内容

用频谱分析仪观察正弦波、方波、三角波的频率分量。

二、实训目的

了解非正弦周期信号的分解及组成。

三、实训设备

频谱分析仪 1 台和函数发生器 1 台等。

四、实训内容

① 调节函数发生器，使之输出频率为 1MHz、幅度为 5V 的正弦波信号。
② 将函数发生器的输出与频谱仪的射频输入端连接起来。
③ 调节频谱仪相关旋钮，观察信号的频率分量。
④ 读出各频率分量的幅度、频率值。
⑤ 将相应的数值填写在实验数据记录表中。
⑥ 再调函数发生器，使之输出频率为 3MHz、幅度为 8V 的正弦波信号，重复步骤
④、⑤。

⑦ 改变函数发生器的输出波形，使之输出方波、三角波，重复步骤④、⑤、⑥。
⑧ 将实验结果填入表 5-27 中。

表 5-27　测量记录表

		正弦波		方波		三角波	
		1MHz	3MHz	1MHz	3MHz	1MHz	3MHz
直流分量	频率						
	幅度						
基波分量	频率						
	幅度						
二次谐波	频率						
	幅度						
三次谐波	频率						
	幅度						
四次谐波	频率						
	幅度						

实验二十二　整流滤波电路的测试

一、实验目的

1. 研究单相桥式整流、电容滤波电路的特性。
2. 掌握整流滤波电路的测试方法。

二、实验原理

图 5-42 单相桥式整流电路用四只二极管接成电桥形式，变压器的二次绕组和负载分别接在桥式电路的两对角线顶点上。

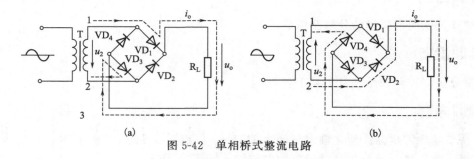

图 5-42　单相桥式整流电路

桥式整流电路中，u_2 的一个周期内，两个半波都有同方向的电流通过负载，因此该整流电路输出的电流和电压均比半波整流电路大一倍，即

$$U_o = 2 \times \frac{\sqrt{2}}{\pi} U_2 \approx 0.9 U_2$$

图 5-43 单相桥式整流、滤波电路，电容滤波需将滤波电容器并联在整流电路的负载上。

电容器 C 的作用是滤除单向脉动电流中的交流成分。它是根据电容器两端电压在电路状态改变时不能突变的原理工作的。

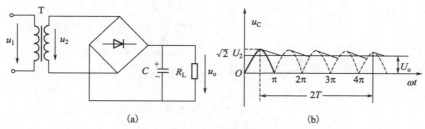

图 5-43　单相桥式整流滤波电路

电容滤波效果的好坏由电容器放电快慢来决定。放电时间常数 $\tau = R_{L}C$，若 τ 较大，放电较慢，波形的平滑程度较好；反之，若 τ 较小，放电较快，波形的平滑程度较差。

通常取 $\tau = 4T/2 = 2T = 0.04s$。可以证明 $\tau = 2T$ 时，对桥式整流电路，输出电压平均值 $U_{o} \approx 1.2U_{2}$。

三、实验设备与器件

实验设备见表 5-28。

表 5-28　实验设备

序号	名　称	型号与规格	数量	备注
1	可调工频电源		1	
2	双踪示波器	SB-8 或 ST-16	1	
3	交流毫伏表	DA-16	1	
4	直流电压表	MF-30	1	
5	直流毫安表	0～500mA	1	
6	桥堆	2WO6(或 KBP306)	1	
7	电阻器、电容器		若干	

四、实验内容

1. 整流电路测试

按图 5-44 连接实验电路，取可调工频电源 14V 电压作为整流电路输入电压 u_{2}。接通工频电源，测量输出端直流电压 U_{L}，用示波器观察 u_{2}，u_{L} 的波形，把数据及波形记入表中。

2. 整流滤波电路测试

按图 5-45 连接实验电路，取可调工频电源 14V 电压作为整流电路输入电压 u_{2}。接通工频电源，测量输出端直流电压 U_{L}，用示波器观察 u_{2}，u_{L} 的波形，把数据及波形记入表中。

五、实验总结

1. 整理实验数据。
2. 分析讨论实验中发生的现象和问题。

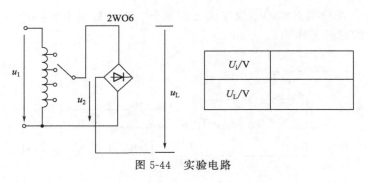

U_i/V	
U_L/V	

图 5-44 实验电路

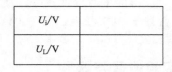

U_i/V	
U_L/V	

图 5-45 整流滤波电路

实验二十三 集成稳压器

一、实验目的

1. 研究集成稳压器的特点和性能指标的测试方法。
2. 了解集成稳压器扩展性能的方法。

二、实验原理

W78××系列三端式稳压器输出正极性电压，一般有 5V、6V、9V、12V、15V、18V、24V 七个挡，输出电流最大可达 1.5A（加散热片）。若要求负极性输出电压，则可选用 W79××系列稳压器。

图 5-46 为 W78××系列的外形和接线图。它有三个引出端。

输入端（不稳定电压输入端）　　标以"1"

输出端（稳定电压输出端）　　标以"3"

公共端　　标以"2"

除固定输出三端稳压器外，尚有可调式三端稳压器，后者可通过外接元件对输出电压进行调整，以适应不同的需要。

本实验所用集成稳压器为三端固定正稳压器 W7812，它的主要参数有：输出直流电压 $U_O=+12V$，输出电流 L：0.1A，M：0.5A，电压调整率 10mV/V，输出电阻 $R_O=0.15\Omega$，输入电压 U_I 的范围 15～17V。因为一般 U_I 要比 U_O 大 3～5V，才能保证集成稳压器工作在线性区。

图 5-47 是用三端式稳压器 W7812 构成的单电源电压输出串联型稳压电源的实验电路

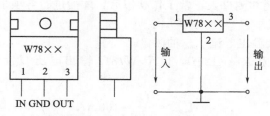

图 5-46　W78×× 系列外形及接线图

图。当稳压器距离整流滤波电路比较远时，在输入端必须接入电容器 C_3（数值为 $0.33\mu F$），以抵消线路的电感效应，防止产生自激振荡。输出端电容 C_4（$0.1\mu F$）用以滤除输出端的高频信号，改善电路的暂态响应。

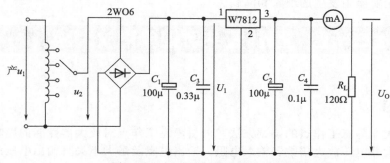

图 5-47　由 W7812 构成的稳压电源

三、实验设备与器件

实验设备与器件见表 5-29。

表 5-29　实验设备与器件

序号	名　称	型号与规格	数量	备注
1	可调工频电源		1	
2	双踪示波器	SB-8 或 ST-16	1	
3	交流毫伏表	DA-16	1	
4	直流电压表	MF-30	1	
5	直流毫安表	0～500mA	1	
6	三端稳压器	W7812、W7912	各1	
7	桥堆	2WO6(或 KBP306)	1	
8	电阻器、电容器		若干	

四、实验内容

1. 集成稳压器性能测试

取负载电阻 $R_L = 120\Omega$。

接通工频 14V 电源，测量 U_2 值；测量滤波电路输出电压 U_1（稳压器输入电压），集成稳压器输出电压 U_O，它们的数值应与理论值大致符合，否则说明电路出了故障。设法查找故障并加以排除。电路经初测进入正常工作状态后，才能进行各项指标的测试。

2. 各项性能指标测试

输出电压 U_O 和最大输出电流 I_{omix} 的测量。

在输出端接负载电阻 $R_L = 120\Omega$，由于 W7812 输出电压 $U_O = 12V$，因此流过 R_L 的电流

$$I_{omix} = \frac{12}{120} = 100\text{mA}$$

这时 U_O 应基本保持不变，若变化较大则说明集成块性能不良。

五、实验总结

1. 整理实验数据。
2. 分析讨论实验中发生的现象和问题。

 实验二十四　晶体管共射极单管放大器

一、实验目的

1. 学会放大器静态工作点的调试方法，分析静态工作点对放大器性能的影响。
2. 掌握放大器电压放大倍数、输入电阻、输出电阻及最大不失真输出电压的测试方法。
3. 熟悉常用电子仪器及模拟电路实验设备的使用。

二、实验原理

图 5-48 为电阻分压式工作点稳定单管放大器实验电路图。它的偏置电路采用 R_{B1} 和 R_{B2} 组成的分压电路，并在发射极中接有电阻 R_E，以稳定放大器的静态工作点。当在放大器的输入端加入输入信号 u_i 后，在放大器的输出端便可得到一个与 u_i 相位相反，幅值被放大了的输出信号 u_O，从而实现了电压放大。

在图 5-48 电路中，当流过偏置电阻 R_{B1} 和 R_{B2} 的电流远大于晶体管 VT 的基极电流 I_B 时（一般 5~10 倍），则它的静态工作点可用下式估算

$$U_B \approx \frac{R_{B1}}{R_{B1} + R_{B2}} U_{CC}$$

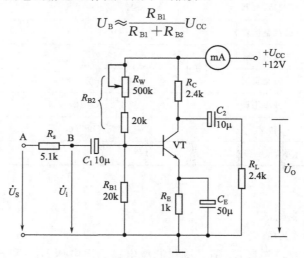

图 5-48　共射极单管放大器实验电路

$$I_E \approx \frac{U_B - U_{BE}}{R_E} \approx I_C$$

$$U_{CE} = U_{CC} - I_C(R_C + R_E)$$

电压放大倍数

$$A_V = -\beta \frac{R_C /\!/ R_L}{r_{be}}$$

输入电阻

$$R_i = R_{B1} /\!/ R_{B2} r_{be}$$

输出电阻

$$R_O \approx R_C$$

放大器的测量和调试一般包括：放大器静态工作点的测量与调试，消除干扰与自激振荡及放大器各项动态参数的测量与调试等。

1. 放大器静态工作点的测量与调试

（1）静态工作点的测量

测量放大器的静态工作点，应在输入信号 $u_i = 0$ 的情况下进行，即将放大器输入端与地端短接，然后选用量程合适的直流毫安表和直流电压表，分别测量晶体管的集电极电流 I_C 以及各电极对地的电位 U_B、U_C 和 U_E。一般实验中，为了避免断开集电极，采用测量电压 U_E 或 U_C，然后算出 I_C 的方法，例如，只要测出 U_E，即可用 $I_C \approx I_E = \frac{U_E}{R_E}$ 算出 I_C（也可根据 $I_C = \frac{U_{CC} - U_C}{R_C}$，由 U_C 确定 I_C），同时也能算出 $U_{BE} = U_B - U_E$，$U_{CE} = U_C - U_E$。

为了减小误差，提高测量精度，应选用内阻较高的直流电压表。

（2）静态工作点的调试

放大器静态工作点的调试是指对管子集电极电流 I_C（或 U_{CE}）的调整与测试。

静态工作点是否合适，对放大器的性能和输出波形都有很大影响。如工作点偏高，放大器在加入交流信号以后易产生饱和失真，此时 u_o 的负半周将被削底，如图 5-49（a）所示；如工作点偏低则易产生截止失真，即 u_o 的正半周被缩顶（一般截止失真不如饱和失真明显），如图 5-49（b）所示。所以在选定工作点以后还必须进行动态调试，即在放大器的输入端加入一定的输入电压 u_i，检查输出电压 u_o 的大小和波形是否满足要求。如不满足，则应调节静态工作点的位置。

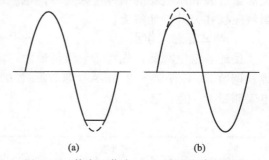

(a)   (b)

图 5-49　静态工作点对 u_o 波形失真的影响

2. 放大器动态指标测试

放大器动态指标包括电压放大倍数等。

调整放大器到合适的静态工作点，然后加入输入电压 u_i，在输出电压 u_o 不失真的情况下，用交流毫伏表测出 u_i 和 u_o 的有效值 U_i 和 U_o，则

$$A_V = \frac{U_o}{U_i}$$

三、实验设备与器件

实验设备与器件见表 5-30。

表 5-30 实验设备与器件

序号	名 称	型号与规格	数量	备注
1	直流稳压电源	+12V	1	
2	函数信号发生器	XD-22	1	
3	双踪示波器	SB-8 或 ST-16	1	
4	交流毫伏表	DA-16	1	
5	直流电压表	MF-30	1	
6	直流毫安表	0～500mA	1	
7	数字万用电表	DT-890B$^+$	1	
8	频率计		1	
9	晶体三极管	3DG6×1(β=50～100) 或 9011×1	1	
10	电阻器、电容器		若干	

四、实验内容

实验电路如图 5-48 所示。为防止干扰，各仪器的公共端必须连在一起，同时信号源、交流毫伏表和示波器的引线应采用专用电缆线或屏蔽线，如使用屏蔽线，则屏蔽线的外包金属网应接在公共接地端上。

1. 调试静态工作点

接通直流电源前，先将 R_W 调至最大，函数信号发生器输出旋钮旋至零。接通 +12V 电源、调节 R_W，使 I_C=2.0mA（即 U_E=2.0V），用直流电压表测量 U_B、U_E、U_C 及用万用电表测量 R_{B2} 值。记入下表。

I_C=2mA

测量值				计算值		
U_B/V	U_E/V	U_C/V	R_{B2}/kΩ	U_{BE}/V	U_{CE}/V	I_C/mA

2. 测量电压放大倍数

在放大器输入端加入频率为 1kHz 的正弦信号 u_S，调节函数信号发生器的输出旋钮，使放大器输入电压 U_i≈10mV，同时用示波器观察放大器输出电压 u_o 波形，在波形不失真的条件下用交流毫伏表测量下述三种情况下的 U_o 值，并用双踪示波器观察 u_o 和 u_i 的相位关系，记入下表。

$R_C/\text{k}\Omega$	$R_L/\text{k}\Omega$	U_o/V	A_V	观察记录一组 u_o 和 u_i 波形
2.4	∞			
1.2	∞			
2.4	2.4			

五、实验总结

1. 列表整理测量结果,并把实测的静态工作点、电压放大倍数、输入电阻、输出电阻之值与理论计算值比较(取一组数据进行比较),分析产生误差原因。

2. 总结 R_C,R_L 及静态工作点对放大器电压放大倍数、输入电阻、输出电阻的影响。

3. 讨论静态工作点变化对放大器输出波形的影响。

4. 分析讨论在调试过程中出现的问题。

实验二十五　负反馈放大器

一、实验目的

1. 学习负反馈对放大器各项性能指标的影响。

2. 加深理解放大电路中引入负反馈性能的测试方法。

二、实验原理

负反馈在电子电路中有着非常广泛的应用,虽然它使放大器的放大倍数降低,但能在多方面改善放大器的动态指标,如稳定放大倍数,改变输入、输出电阻,减小非线性失真和展宽通频带等。因此,几乎所有的实用放大器都带有负反馈。

负反馈放大器有四种组态,即电压串联、电压并联、电流串联、电流并联。本实验以电压串联负反馈为例,分析负反馈对放大器各项性能指标的影响。

① 图 5-50 为带有负反馈的两级阻容耦合放大电路,在电路中通过 R_f 把输出电压 u_o 引回到输入端,加在晶体管 VT_1 的发射极上,在发射极电阻 R_{F1} 上形成反馈电压 u_f。根据反馈的判断法可知,它属于电压串联负反馈。

主要性能指标如下。

闭环电压放大倍数

$$A_{Vf}=\frac{A_V}{1+A_V F_V}$$

式中　A_V——$A_V=U_o/U_i$ 基本放大器(无反馈)的电压放大倍数,即开环电压放大倍数;

$1+A_V F_V$——反馈深度,它的大小决定了负反馈对放大器性能改善的程度。

反馈系数

$$F_V=\frac{R_{F1}}{R_f+R_{F1}}$$

输入电阻

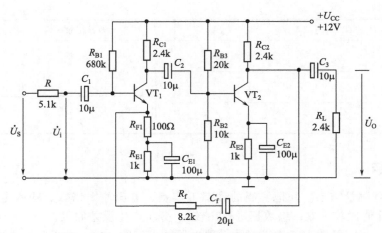

图 5-50 带有电压串联负反馈的两级阻容耦合放大器

$$R_{if} = (1 + A_v F_v) R_i$$

式中 R_i——基本放大器的输入电阻。

输出电阻

$$R_{Of} = \frac{R_O}{1 + A_{vO} F_v}$$

式中 R_O——基本放大器的输出电阻;

A_{vO}——基本放大器 $R_L = \infty$ 时的电压放大倍数。

② 本实验还需要测量基本放大器的动态参数,怎样实现无反馈而得到基本放大器呢?不能简单地断开反馈支路,而是要去掉反馈作用,但又要把反馈网络的影响(负载效应)考虑到基本放大器中去。

在画基本放大器的输入回路时,因为是电压负反馈,可将负反馈放大器的输出端交流短路,即令 $u_O = 0$,此时 R_f 相当于并联在 R_{F1} 上;

在画基本放大器的输出回路时,由于输入端是串联负反馈,因此需将反馈放大器的输入端(VT₁ 管的射极)开路,此时 $(R_f + R_{F1})$ 相当于并接在输出端。可近似认为 R_f 并接在输出端。

根据上述规律,就可得到所要求的如图 5-51 所示的基本放大器。

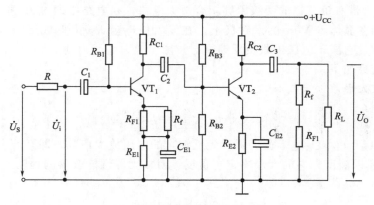

图 5-51 基本放大器

三、实验设备与器件

实验设备与器件见表 5-31。

表 5-31 实验设备与器件

序号	名　称	型号与规格	数量	备注
1	直流稳压电源	+12V	1	
2	函数信号发生器	XD-22	1	
3	双踪示波器	SB-8 或 ST-16	1	
4	交流毫伏表	DA-16	1	
5	直流电压表	MF-30	1	
6	直流毫安表	0～500mA	1	
7	数字万用电表	DT-890B$^+$	1	
8	频率计		1	
9	晶体三极管	3DG6×2(β=50～100)或 9011×2	1	
10	电阻器、电容器		若干	

四、实验内容

测试基本放大器的各项性能指标。

将实验电路按图 5-51 改接,即把 R_f 断开后分别并在 R_{F1} 和 R_L 上,其他连线不动。

1. 测量中频电压放大倍数 A_V,输入电阻 R_i 和输出电阻 R_O。

① 以 $f=1kHz$,U_S 约 5mV 正弦信号输入放大器,用示波器监视输出波形 u_O,在 u_O 不失真的情况下,用交流毫伏表测量 U_S、U_i、U_L,记入下表中。

② 保持 U_S 不变,断开负载电阻 R_L(注意,R_f 不要断开),测量空载时的输出电压 U_O,记入下表。

基本放大器	U_S/mv	U_i/mv	U_L/V	U_O/V	A_V	R_i/kΩ	R_O/kΩ
负反馈放大器	U_S/mv	U_i/mv	U_L/V	U_O/V	A_{Vf}	R_{if}/kΩ	R_{Of}/kΩ

2. 测量通频带

接上 R_L,保持 1. 中的 U_S 不变,然后增加和减小输入信号的频率,找出上、下限频率 f_H 和 f_L,记入下表中。

基本放大器	f_L/kHz	f_H/kHz	Δf/kHz
负反馈放大器	f_{Lf}/kHz	f_{Hf}/kHz	Δf_f/kHz

五、实验总结

1. 整理实验数据。
2. 分析讨论实验中发生的现象和问题。

 实验二十六　组合逻辑电路的应用与测试

一、实验目的

1. 掌握与非门的逻辑功能。
2. 进一步熟悉数字电路实验装置的结构、基本功能和使用方法。

二、实验原理

1. 与非门的逻辑功能

与非门的逻辑功能是：当输入端中有一个或一个以上是低电平时，输出端为高电平；只有当输入端全部为高电平时，输出端才是低电平（即有"0"得"1"，全"1"得"0"。）

其逻辑表达式为

$$Y = \overline{A \cdot B}$$

2. 或非门的逻辑功能

或非门的逻辑功能是：当输入端中有一个或一个以上是高电平时，输出端为低电平；只有当输入端全部为低电平时，输出端才是高电平（即有"1"得"0"，全"0"得"1"。）

其逻辑表达式为

$$Y = \overline{A + B}$$

三、实验设备与器件

实验设备与器件见表 5-32。

表 5-32　实验设备与器件

序号	名　称	型号与规格	数量	备注
1	+5V 直流稳压电源			
2	逻辑电平开关			
3	双踪示波器			
4	逻辑电平显示器			
5	拨码开关组			

四、实验内容

① 测试与非门 74LS20 的逻辑功能图 5-52（可以用 2 个或 3 个输入端测试，有"0"得"1"，全"1"得"0"的功能。）

输入端接逻辑开关输出插口，以提供"0"与"1"电平信号，开关向上，输出逻辑"1"，向下为逻辑"0"。输出端接由 LED 发光二极管组成的逻辑电平显示器，LED 亮为逻

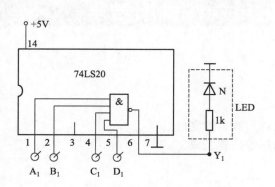

A	B	C	Y

图 5-52　与非门 74LS20

辑"1"，不亮为逻辑"0"。

② 设计一个三人表决电路图 5-53，结果按少数服从多数的原则决定，用与非门实现其逻辑功能。

$$Y=\overline{\overline{AB} \cdot \overline{AC} \cdot \overline{BC}}$$

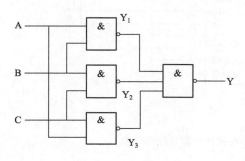

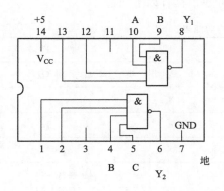

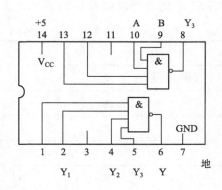

图 5-53　三人表决电路图

列出真值表，填入实验结果。

五、实验总结

1. 自拟各实验记录用的数据表格及逻辑电平记录表格。

2. 整理实验数据，列出真值表，并加以分析。

实验二十七 74LS160 组成 n 进制计数器

一、实验内容

1. 掌握集成计数器的功能测试及应用。
2. 用异步清零端设计 6 进制计数器，显示选用数码管完成。
3. 用同步置 0 设计 7 进制计数器，显示选用数码管完成。

二、演示电路

74LS160 十进制计数器连线图如图 5-54 所示。

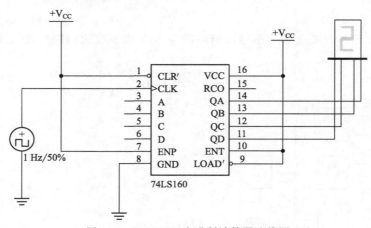

图 5-54　74LS160 十进制计数器连线图

74LS160 的功能表如表 5-33 所示。由表 5-33 可知，具有以下功能。

表 5-33　74LS160 的功能表

输　　入									输　　出			
CP	$\overline{\text{CR}}$	$\overline{\text{LD}}$	P	T	D_0	D_1	D_2	D_3	Q_0	Q_1	Q_2	Q_3
×	0	×	×	×	×	×	×	×	0	0	0	0
↑	1	0	×	×	a	b	c	d	a	b	c	d
×	1	1	0	1	×	×	×	×	保持			
×	1	1	×	0	×	×	×	×	保持（C=0）			
↑	1	1	1	1	×	×	×	×	计数			

1. 异步清零

当 $\overline{\text{CR}}$（CLR'）=0 时，不管其他输入端的状态如何（包括时钟信号 CP），计数器输出将被直接置零，称为异步清零。

2. 同步并行预置数

在 $\overline{\text{CR}}$=1 的条件下，当 $\overline{\text{LD}}$（LOAD'）=0，且有时钟脉冲 CP 的上升沿作用时，D_0、D_1、

D_2、D_3 输入端的数据将分别被 $Q_0 \sim Q_3$ 所接收。由于这个置数操作要与 CP 上升沿同步，且 D_0、D_1、D_2、D_3 的数据同时置入计数器，所以称为同步并行置数。

3. 保持

在 $\overline{CR} = \overline{LD} = 1$ 的条件下，当 ENT＝ENP＝0，即两个计数使能端中有 0 时，不管有无 CP 脉冲作用，计数器都将保持原有状态不变（停止计数）。需要说明的是，当 ENP＝0，ENT＝1 时，进位输出 C 也保持不变；而当 ENT＝0 时，不管 ENP 状态如何，进位输出 RCO＝0。

4. 计数

当 $\overline{CR} = \overline{LD} = ENP = ENT = 1$ 时，74LS160 处于计数状态，电路从 0000 状态开始，连续输入 16 个计数脉冲后，电路将从 1111 状态返回到 0000 状态，RCO 端从高电平跳变至低电平。可以利用 RCO 端输出的高电平或下降沿作为进位输出信号。

连上十进制加法计数器 74LS160，电路如图 5-54 所示，给 2 管脚加矩形波，看数码管显示结果，并记录显示结果。

三、用 160 和与非门组成 6 进制加法计数器（用异步清零端设计）

74LS160 从 0000 状态开始计数，当输入第 6 个 CP 脉冲（上升沿）时，输出 $Q_3 Q_2 Q_1 Q_0 =$ 0110，此时 $\overline{CR} = \overline{Q_3 Q_0} = 0$，反馈给 CR 端一个清零信号，立即使 Q_3、Q_2、Q_1、Q_0 返回 0000 状态，接着 $\overline{CR}$ 端的清零信号也随之消失，74LS160 重新从 0000 状态开始新的计数周期。

反馈归零逻辑为代码中为 1 的 Q 相与非。

$$\overline{CR} = \overline{Q_2^n Q_1^n}$$

电路如图 5-55 所示，给 2 管脚加矩形波，看数码管显示结果，并记录显示结果。

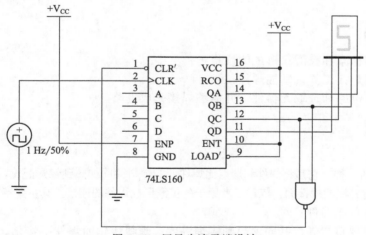

图 5-55　用异步清零端设计

四、用 160 和与非门组成 7 进制加法计数器（用同步置零设计）

计数器从 $Q_3 Q_2 Q_1 Q_0 = 0000$ 开始计数，当第 6 个 CP 到达后，计到 0110，此时 $\overline{LD} = \overline{Q_2 Q_1} = 0$。并不能立即清零，而是要等第 7 个脉冲上沿到来后，计数器被置成 0000。不会用异步清零端那样出现 0110 过渡状态，这是与用异步清零端的差别。用同步清零端设计计数器如图 5-56 所示，如 $\overline{LD} = \overline{Q_2^n Q_1^n}$，则为七进制计数器。

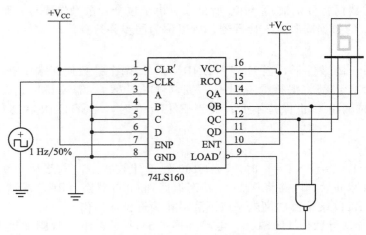

图 5-56　同步清零端设计计数器

五、实验总结

1. 实验名称、内容和实验电路。
2. 画出用 160 和与非门组成 6 进制加法计数器的状态转换图。
3. 画出同步清零端设计的七进制计数器的状态转换图。说明同步置 0 与异步清零的区别?

实验二十八　电路的焊接与测试

一、实验目的

1. 学会资料检索和查阅;形成阅读报告;
2. 熟练使用焊接工具,掌握焊接技术;
3. 学会设计电路和选取元器件,并能够焊接完成电路。

二、原理说明

1. 锡焊简介

锡焊是焊接的一种,它是将焊件和熔点比焊件低的焊料共同加热到锡焊温度,在焊件不熔化的情况下,焊料熔化并浸润焊接面,依靠二者原子的扩散形成焊件的连接。其主要特征有以下三点:

① 焊料熔点低于焊件;

② 焊接时将焊料与焊件共同加热到锡焊温度,焊料熔化而焊件不熔化;

③ 焊接的形成依靠熔化状态的焊料浸润焊接面,由毛细作用使焊料进入焊件的间隙,形成一个合金层,从而实现焊件的结合。

2. 锡焊必须具备的条件

① 焊件必须具有良好的可焊性;

② 焊件表面必须保持清洁;

③ 要使用合适的助焊剂;

④ 焊件要加热到适当的温度;

⑤ 合适的焊接时间;

3. 焊点合格的标准

① 焊点有足够的机械强度：一般可采用把被焊元器件的引线端子打弯后再焊接的方法。

② 焊接可靠，保证导电性能。

③ 焊点表面整齐、美观：焊点的外观应光滑、清洁、均匀、对称、整齐、美观、充满整个焊盘并与焊盘大小比例合适。

4. 焊接工具

（1）结构

电烙铁的结构图 5-57 常见的电烙铁有直热式、感应式、恒温式，还有吸锡式电烙铁。

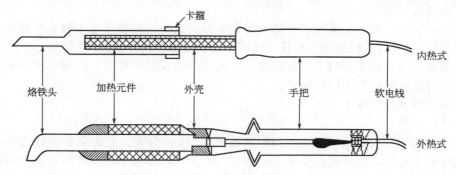

图 5-57　电烙铁的结构

（2）烙铁头温度的调整与判断

通常情况下，我们用目测法判断烙铁头的温度图 5-58。根据助焊剂的发烟状态判别：在烙铁头上熔化一点松香芯焊料，根据助焊剂的烟量大小判断其温度是否合适。温度低时，发烟量小，持续时间长；温度高时，烟气量大、消散快；在中等发烟状态，约 6～8s 消散时，温度约为 300℃，这时是焊接的合适温度。

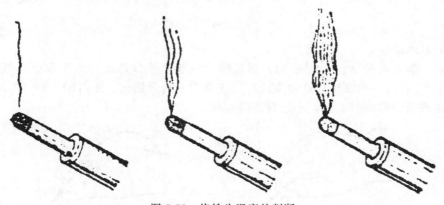

图 5-58　烙铁头温度的判断

5. 手工焊接工艺

（1）元器件引线加工成型

元器件在印制板上的排列和安装有两种方式图 5-59，一种是立式，另一种是卧式。元器件引线弯成的形状应根据焊盘孔的距离不同而加工成型。加工时，注意不要将引线齐根弯折，一般应留 1.5mm 以上，弯曲不要成死角，圆弧半径应大于引线直径的 1～2 倍。并用工具保护好引线的根部，以免损坏元器件。同类元件要保持高度一致。各元器件的符号标志向上（卧式）或向外（立式），以便于检查。

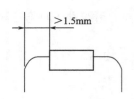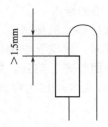

图 5-59　元器件引线加工成型

（2）元器件的插装

卧式插装：卧式插装是将元器件紧贴印制电路板插装，元器件与印制电路板的间距应大于 1mm。卧式插装法元件的稳定性好、比较牢固、受振动时不易脱落。

立式插装：立式插装的特点是密度较大、占用印制板的面积少、拆卸方便。电容、三极管、DIP 系列集成电路多采用这种方法。

（3）手工烙铁焊接技术

电烙铁的握法：

为了人体安全一般烙铁离开鼻子的距离通常以 30cm 为宜。电烙铁拿法有三种，如图 5-60。反握法动作稳定，长时间操作不宜疲劳，适合于大功率烙铁的操作。正握法适合于中等功率烙铁或带弯头电烙铁的操作。一般在工作台上焊印制板等焊件时，多采用握笔法。

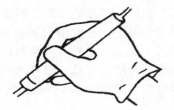

图 5-60　电烙铁的握法

焊锡的基本拿法：

焊锡丝一般有两种拿法如图 5-61。焊接时，一般左手拿焊锡，右手拿电烙铁。进行连续焊接时采用图（a）的拿法，这种拿法可以连续向前送焊锡丝。图（b）所示的拿法在只焊接几个焊点或断续焊接时适用，不适合连续焊接。

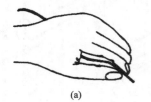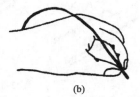

(a)　　　　　　　　　　　　　　　　(b)

图 5-61　焊锡的基本拿法

五步焊接法如图 5-62：

① 准备施焊：烙铁头和焊锡靠近被焊工件并认准位置，处于随时可以焊接的状态，此时保持烙铁头干净可沾上焊锡。

② 加热焊件：将烙铁头放在工件上进行加热，烙铁头接触热容量较大的焊件。

③ 熔化焊锡：将焊锡丝放在工件上，熔化适量的焊锡，在送焊锡过程中，可以先将焊锡接触烙铁头，然后移动焊锡至与烙铁头相对的位置，这样做有利于焊锡的熔化和热量的传

导。此时注意焊锡一定要润湿被焊工件表面和整个焊盘。

④ 移开焊锡丝：待焊锡充满焊盘后，迅速拿开焊锡丝，待焊锡用量达到要求后，应立即将焊锡丝沿着元件引线的方向向上提起焊锡。

⑤ 移开烙铁：焊锡的扩展范围达到要求后，拿开烙铁，注意撤烙铁的速度要快，撤离方向要沿着元件引线的方向向上提起。

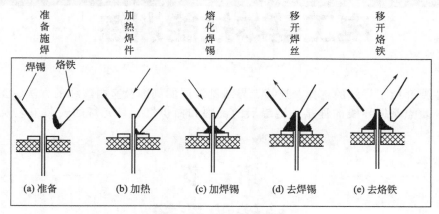

图 5-62　五步焊接法

焊接质量的检查：

目视检查：就是从外观上检查焊接质量是否合格，有条件的情况下，建议用 3～10 倍放大镜进行目检，目视检查的主要内容有：

① 是否有错焊、漏焊、虚焊；

② 有没有连焊、焊点是否有拉尖现象；

③ 焊盘有没有脱落、焊点有没有裂纹；

④ 焊点外形润湿应良好，焊点表面是不是光亮、圆润；

⑤ 焊点周围是无有残留的焊剂；

⑥ 焊接部位有无热损伤和机械损伤现象。

手触检查：在外观检查中发现有可疑现象时，采用手触检查。主要是用手指触摸元器件有无松动、焊接不牢的现象，用镊子轻轻拨动焊接部或夹住元器件引线，轻轻拉动观察有无松动现象。

三、实验内容

① 了解焊接工具的使用方法；

② 掌握元器件的焊接方法；

③ 了解合格焊点的质量标准及焊点缺陷产生的原因；

④ 自行设计电路，选取元器件，并焊接完成电路；

参考图：三条支路的复杂直流电路；电阻串联电路；电阻并联电路等。

四、实验预习

资料检索和查阅，了解焊接工具的使用方法和元器件的焊接方法。

五、成果提交内容

1. 查阅资料，提交焊接技术相关资料一份；

2. 电路板设计的原理图；

3. 根据原理图所焊接的电路板。

第六章
电工基本技能训练

本章主要介绍了导线的选择、连接、导线绝缘层的剖削及室内配线的方法、工艺和常用照明电路。重点掌握导线的连接、绝缘层的剖削和白炽灯、日光灯的安装工艺及常见故障检修。

第一节
导线的选择

一、导线的认识

电工所用的导线分两大类，即电磁线和电力线（俗称布电线）。电磁线用来制作各种电感线圈，如变压器、电动机和电磁铁等所用的绕组（即线包）。电力线则用来作为各种电路的联结通路。每一大类的导线又分有许多品种和规格。

电磁线：按绝缘材料分有漆包线、丝包线、丝漆包线、纸包线玻璃纤维包线和纱包线等多种；截面的几何形状，有圆形和矩形两种；导线的芯线有铜芯和铝芯两种。常用导线有铜芯铜导线，电阻率小，导电性能较好；铝导线电阻率比铜导线稍大些，但价格低，也广泛应用。

导线有单股和多股两种，一般截面积在 $6mm^2$ 及以下为单股线；截面积在 $10mm^2$ 及以上为多股线。多股线是由几股或几十股线芯绞合在一起形成一根的，有 7 股、19 股、37 股等。

电力线：分裸导线和绝缘导线，常用的裸导线有裸铝绞线和钢芯铝绞线两种。钢芯铝绞线的强度较高，用于电压较高或电杆挡距较大的线路上，一般低压电力线路多数采用铝绞线。绝缘导线有电磁线、绝缘电线、电缆等多种。常用绝缘导线在导线线芯外面包有绝缘材料，如橡胶、塑料、棉纱、玻璃丝等。

绝缘导线按不同绝缘材料和不同用途，又分有塑料线、塑料护套线、塑料软线；橡皮线；棉线编织橡皮软线（即花线）橡套软线和铅包线，以及各种电缆等。其中以塑料线、塑料护套线、塑料软线橡皮线和裸绞线为最常用。

导线又分软线和硬线。

二、导线的选择

导线是电工、电子电路中的重要组成部分。在电工、电子设备的使用和维护过程中，常要对所使用的低压导线、电缆的截面进行选择配线，所以导线截面的选择技能是使用和维护电工电子设备所必备的。导线截面选得过大虽然能降低电能损耗，但将增加有色金属的消耗量，投资增多；截面选择的过小，电路又会产生过大的电压损失和电能损耗，以致难以保证电能质量，并容易引发热而引发事故。因此，正确合理地选择导线和电缆的截面，满足技术上和经济上的要求，有着极为重要的意义。在电工、电子电路中选择导线或电缆截面应注意下列几个方面。

1. 导线的温升

导体接通电流以后，经过暂热过程达到稳定状态。导体的稳定温升取决于通入导体的电流。电流大稳定温升高，电流小稳定温升低。如果通入导体的电流过大，则使导体温度过高，造成导体过热，接触处发生强烈氧化使接触电阻增大，接触电阻的增大又会引起该处继续发热，温度更为上升。其结果可使导体退火或在连接处烧坏，造成严重事故。架设在室内的裸导体还可能引起火灾。绝缘导线和电缆的温度若过高，则使绝缘加速老化降低使用寿命。纸绝缘的电力电缆还会在其绝缘层中形成气泡，降低绝缘性能，极易被击穿。所以，导线和电缆的温度都不能过高。按规程：按发热条件计算架空电力线路时，不论正常或事故运行情况下，裸导线的允许温度不得超过 70℃，橡胶绝缘导线为 65℃，塑料绝缘导线为 70℃，若用石棉、玻璃丝等特种绝缘材料的导线，其允许温度可达 100～180℃；油浸纸绝缘的电力电缆的允许温度与电压级有关，如 3kV 以下的为 80℃，6kV 为 65℃，10kV 为 60℃，20～35kV 的允许温度为 50℃。

电流通过导线和电缆时将使它们发热，从而使其温度升高。既然导体的允许温度不宜过高，那么导体中所通过的电流也就受到限制，该电流称为允许电流或安全电流。当通过的电流超过其允许电流时，将使绝缘线和电缆的绝缘加速老化，严重时将烧毁导线和电缆，或引起火灾和其他事故，不能保证安全供电。

按允许发热条件（允许电流或安全电流）选择导线或电缆截面，保证导线或电缆的工作温度不致超过允许温度，是选择一切导体截面都必须遵循的一个条件。

根据在电路中所接的电气设备容量，计算出线路中的电流。单相电热、照明线路的电流计算

$$P = UI \quad I = \frac{P}{U}$$

式中　P——线路中的总功率，W；

　　　U——单相线路的额定电压，V；

　　　I——单相线路的额定电流，A。

电动机是电工电路中的主要电气设备，大部分使用的是三相交流感应式电动机，每相中的电流计算公式

$$I = \frac{P \times 1000}{\sqrt{3} U \eta \cos\varphi}$$

式中　P——电动机的额定功率，kW；

　　　U——三相线电压，V；

　　　η——电动机效率；

　$\cos\varphi$——电动机的功率因数。

2. 电压损失

电流通过导线时，除了产生电能损耗外，由于线路上有电阻和电抗，还将产生电压损失。当电压损失超过一定的范围后，将使用电设备端子上的电压不足，严重地影响用电设备的正常运行。但在另一方面，又要充分利用它们的负荷能力，以免浪费有色金属。

例如电压降低后将引起电动机的转矩大大降低，影响其正常运行；电压降低也使白炽灯

的光通量不足，影响正常照明或生产（电压降低 5％，光通量降低 18％）。反之，如电压过高，则引起电动机的启动电流增加，功率因数降低。白炽灯灯泡寿命将大为缩短（如电压长期升高 5％，灯泡的寿命要减半）。所以欲保证电气设备的正常运行，必须根据线路的允许电压损失来选择导线或电缆截面，是保证用户或用电设备得到足够电压的一项条件。

电压损失计算公式

$$\Delta U' = \frac{IR}{U} \times 100\%$$

式中　　$\Delta U'$——电压损失，％；

I——负荷电流，A；

R——导线的电阻，Ω。

其中

$$R = \rho \frac{L}{S}$$

式中　　ρ——电阻率，Ω·m；

S——导线截面积，m²；

L——导线长度，m。

一般工业用动力和电热设备所允许的电压损失为 5％。

3. 经济条件

导线和电缆截面的大小，直接影响设备的总成本。截面选得小些，可节约有色金属和减少总投资，但电路中的电能损耗增大。反之，截面选得大些，电路中的电能损耗虽然减少，但所用资金就增大。

上述各种选择条件，由于导线使用场合、用途、负荷情况的不同应有所侧重。如车间动力线路电压低线路短，常常主要按允许发热条件选择导线截面，必要时再按允许电压损失校验。而照明线路则首先应按允许电压损失选择截面，然后按允许发热条件进行校验。

第二节
导线绝缘层的剖削

导线线头绝缘层的剖削是导线加工的第一步，是为以后导线的连接做准备。在导线连接前，先把导线端部的绝缘层剥除，并将裸露的导体表面清理干净。剥去绝缘层的长度，视连接方法和导线截面积而定。截面积小的单根导线剥去长度可以短些，截面积大的多股导线剥去长度应该长些。剖削绝缘层时，不应损伤导线线芯。

剖削绝缘层可以用电工刀、剥线钳、钢丝钳等电工工具，电工必须学会使用电工刀或钢丝钳来剖削。一般情况下，导线芯线截面积为 4mm² 以下的塑料硬线，用钢丝钳剖削；芯线截面积大于 4mm² 的塑料硬线，可以用电工刀剖削；塑料软线只能用剥线钳或钢丝钳剖削，不可用电工刀剖削，因塑料软线太软，线芯又由多股铜丝组成，用电工刀剖削很容易伤及线芯。

一、塑料硬线绝缘层的剖削

1. 用钢丝钳剖削

① 用左手捏住导线，根据线头所需长度用钢丝钳钳口轻轻切割绝缘层表皮，用力要适

中，不可切入芯线。

② 用右手握住钢丝钳头部用力向外勒去塑料绝缘层，如图 6-1 所示。

③ 剖削出的芯线应保持完整无损，如损伤较大，应重新剖削。

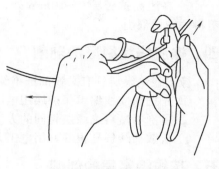

2. 用电工刀剖削

① 根据所需长度用电工刀以 45°角倾斜切入塑料绝缘层，注意掌握力度，使电工刀口刚好削透绝缘层而不伤及线芯，如图 6-2(a) 所示。

② 电工刀面与芯线保持 25°角度左右，用力向线端推削，不可切入芯线，削去上面一层塑料绝缘，如图 6-2(b) 所示。

③ 将下面塑料绝缘层向后扳翻，用电工刀齐根切去，如图 6-2(c) 所示。

图 6-1　钢丝钳剖削

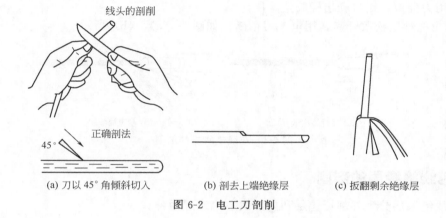

(a) 刀以 45°角倾斜切入　　(b) 剖去上端绝缘层　　(c) 扳翻剩余绝缘层

图 6-2　电工刀剖削

二、塑料软线绝缘层的剖削

塑料软线绝缘层除用剥线钳除去外，仍可用钢丝钳直接剖削截面积为 4mm² 及以下的导线。

用剥线钳剖削时，先定好所需的剖削长度，把导线放入相应的刀口中（比导线直径稍大），用手将钳柄一握，导线的绝缘层即被割破自动弹出。

用钢丝钳剖削方法同上。

三、塑料护套线绝缘层的剖削

塑料护套线的绝缘层必须用电工刀来剖削，剖削方法如下。

① 按所需长度用电工刀刀尖对准芯线缝隙间划开护套层，如图 6-3(a) 所示。

② 向后扳翻护套层，用刀齐根切去，如图 6-3(b) 所示。

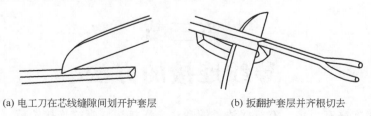

(a) 电工刀在芯线缝隙间划开护套层　　(b) 扳翻护套层并齐根切去

图 6-3　塑料护套线绝缘层的剖削

③ 在距离护套层 5～10mm 处，用电工刀以 45°角倾斜切入绝缘层，其他剖削方法如同塑料硬线的剖削。

四、橡皮线绝缘层的剖削

橡皮线绝缘层外有柔韧的纤维编织保护层，剖削方法如下。

① 先把橡皮线编织保护层用电工刀尖划开，将其扳翻后齐根切去。

② 用剖削塑料绝缘层相同的方法剖去橡胶层。

③ 松散棉纱层到根部，用电工刀切去。

五、花线绝缘层的剖削

花线绝缘层分内外两层，外层是柔韧的棉纱编织物，剖削方法如下。

① 在所需长度处用电工刀在棉纱织物保护层四周割切一圈后拉去。

② 在距棉纱织物保护层 10mm 处，用钢丝钳刀口切割橡胶绝缘层，右手握住钳头，左手把花线用力抽拉，钳口勒出橡胶绝缘层。

③ 露出棉纱层松散开来，用电工刀割断，如图 6-4(a)、(b) 所示。

(a) 将棉纱层散开　　　　　　　　　　(b) 割短棉纱层

图 6-4　花线绝缘层的剖削

六、铅包线绝缘层的剖削

铅包线绝缘层分为外部铅包层和内部线芯绝缘层两种。

① 先用电工刀在铅包层切割一刀，如图 6-5(a) 所示。

② 然后用双手来回扳动切口处，铅包层便沿切口折断，就可把铅包层拉出来，如图 6-5(b) 所示。

③ 内部线芯绝缘层的剖削，按塑料线绝缘层的剖削方法进行，如图 6-5(c) 所示。

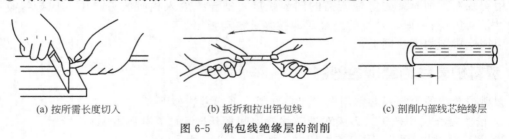

(a) 按所需长度切入　　　　　(b) 扳折和拉出铅包线　　　　　(c) 剖削内部线芯绝缘层

图 6-5　铅包线绝缘层的剖削

第三节
导线连接的方法

导线的连接方法有很多，有绞接法、缠卷法、压接法、螺栓连接法等，各种连接方法各有长处，适用于不同导线及不同的工作地点。导线的对接不外乎三个步骤：剖削绝缘层、导线中导体的连接、恢复绝缘层。而导线与设备的连接则包括剖削绝缘层，以及导线与设备接线端的连接。

导线的连接必须牢固，导线的接头是线路的薄弱环节，导线的连接质量关系线路和电气设备运行的可靠性和安全程度。导线线头的连接处要有良好的电接触、足够的机械强度、耐腐蚀以及导线的连接包括导线与导线、电缆与电缆、导线与设备元件、电缆与设备元件及导线与电缆的连接。导线的连接与导线材质、截面大小、结构形式、耐压高低、连接部位、敷设方式等因素有关，并保证足够的接触面积，否则容易发生连接处过热或断裂等故障。导线用绞接法连接时，先将导线互绞 3 圈，然后将两线端分别在另一线上紧密地缠绕 5 圈，余线割去，使端部紧贴导线。导线用缠卷法连接时，先将两线端用钢丝钳稍做弯曲，相互并合，然后用直径约为 16mm 的裸铜线紧密地缠绕在两根导线的并合部分，缠卷长度视导线的粗细而定：导线直径在 5mm 以下时缠卷约 60mm，导线直径在 5mm 以上时，缠卷约 90mm。

一、铜芯导线的连接

1. 单股铜芯导线的直接连接

单股导线的直接连接有绞接和缠卷两种方法。

（1）绞接法

绞接法适用于截面较小（6mm²）的导线直接连接。

① 去除导线的绝缘层及氧化层，把两导线端头芯线的 2/3 长度处成 X 形相交，按顺时针方向绞在一起并用钳子咬住，互相绞绕 2～3 圈，如图 6-6（a）所示。

② 再扳直两线头，然后用一手握钳，用另一只手将每个线头在另一芯线上紧贴并绕 5 圈，截面较大的导线绕 10 圈。如图 6-6（b）所示。

③ 将每根线头在芯线上缠绕 6 圈，多余的线头用钢丝钳剪去，并挤紧钳平芯线的末端，并钳平芯线的末端及切口毛刺，如图 6-6（c）所示。

（2）缠卷法

缠卷法用于截面较大（10mm²）的导线的直接连接。如图 6-7 所示。

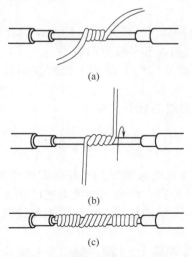

图 6-6　单股铜芯导线的绞接

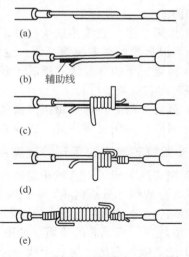

图 6-7　单股铜芯导线的缠卷连接

2. 单股铜芯导线的 T 形分支连接

（1）绞接法

① 把去除绝缘层及氧化层的支路线芯的线头与干线线芯十字相交，使支路线芯根部留出 3～5mm 裸线，如图 6-8(a) 所示。

② 将支路线芯按顺时针方向紧贴干线线芯密绕 6～8 圈，用钢丝钳切去余下线芯，并钳平线芯末端及切口毛刺，如图 6-8(b) 所示。

（2）缠卷法

先将分支线做直角弯曲，并在其端部稍做弯曲，然后将两线合并，用裸铜导线紧密缠卷，缠卷 5 圈同直线连接，如图 6-9 所示。

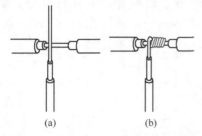

图 6-8　铜芯导线 T 形连接绞接法

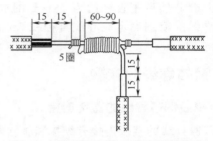

图 6-9　铜芯导线的 T 形连接缠卷法

3. 多股铜芯导线的直线连接

当导线不够长或要分接支路时，就要将导线与导线连接。常用导线的线芯有单股、7 股和 19 股等多种，连接方法随芯线的股数不同而异。下面以 7 股铜芯导线为例进行说明。

① 先将除去绝缘层及氧化层的两根线头分别散开并拉直，在靠近绝缘层的 1/3 线芯处将该段线芯绞紧，把余下的 2/3 线头分散成伞状。如图 6-10(a) 所示。

② 把两个分散成伞状的线头隔根对叉，如图 6-10(b) 所示。然后放平两端对叉的线头，如图 6-10(c) 所示。

③ 把一端的 7 股线芯按 2、2、3 股分成三组，把第一组的 2 股线芯扳起，垂直于线头，如图 6-10(d) 所示。然后按顺时针方向紧密缠绕 2 圈，将余下的线芯向右与线芯平行方向扳平。如图 6-10(e) 所示。

④ 将第二组 2 股线芯扳成与线芯垂直方向，如图 6-10(f) 所示。然后按顺时针方向紧压着前两股扳平的线芯缠绕 2 圈，也将余下的线芯向右与线芯平行方向扳平。

⑤ 将第三组的 3 股线芯扳成于线头垂直方向，如图 6-10(g) 所示。然后按顺时针方向紧压线芯向右缠绕。

⑥ 缠绕 3 圈后，切去每组多余的线芯，钳平线端如图 6-10(h) 所示。

⑦ 用同样方法再缠绕另一边线芯。

4. 多股铜芯导线的 T 形分支连接

① 先将除去绝缘层及氧化层的分支线芯钳直，在靠近绝缘层的 1/8 处将该段线芯绞紧，把余下部分的线芯分成两组，一组 4 股，另一组 3 股并排齐，然后用螺丝刀把已除去绝缘层的干线线芯撬分成两组，把支路线芯中 4 股的一组插入干线两组线芯中间，把支线的 3 股线芯的一组放在干线线芯的前面，如图 6-11(a) 所示。

② 把 3 股线芯的一组往干线一边按顺时针方向紧紧缠绕 3～4 圈，剪去多余线头，钳平线端，如图 6-11(b) 所示。

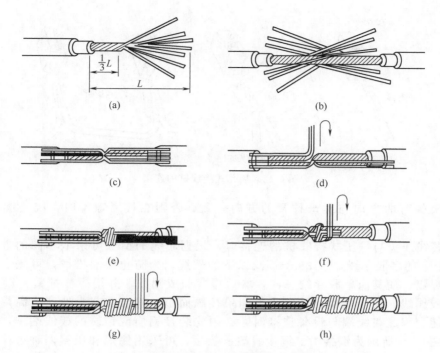

图 6-10   7 股铜芯导线的直接连接

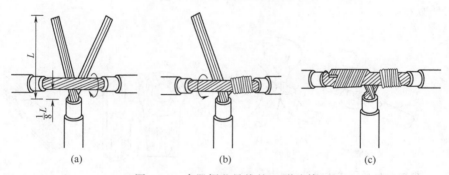

图 6-11   多股铜芯导线的 T 形连接

③ 把 4 股线芯的一组按逆时针方向往干线的另一边缠绕 4～5 圈，剪去多余线头，钳平线端，如图 6-11(c) 所示。

二、接线桩头的连接方法

各种电气装置或设备的接线桩，在连接导线线头时，必须做到接触牢固，并具有足够的接触面积。常用的接线桩有插孔压接式和平压式两种。

1. 插孔式接线桩的连接方法

单根线头在与针孔式接线桩连接时，为了防止线头脱落，应把线头折成双芯线头，然后插入孔式接线桩，如图 6-12(a) 所示，图 6-12(b)、(c) 所示分别为多线头的连接和头攻头的连接。

2. 平压式接线桩头的连接方法

将单根线头在导线端部弯成一个圆圈，套在接线桩头上，如图 6-13 所示。弯圆圈时，

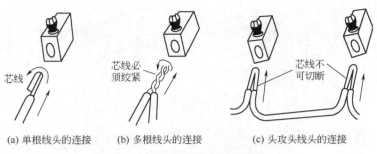

(a) 单根线头的连接　　(b) 多根线头的连接　　(c) 头攻头线头的连接

图 6-12　插孔式接线桩的连接

应注意线头的弯曲方向与螺母拧紧的方向一致，否则在拧紧螺母时，线头圆圈有可能散开。

多股芯线线头与平压式接线桩的连接时，根据芯线的型号可采取不同的方法。对于 $3mm^2$ 及以下的多股芯线，或 $25mm^2$ 及以下的软线，为防止线端松散，可先在导线端部搪上一层焊锡，使其像单股导线一样，然后再弯曲成圆圈，并用螺栓拧紧。对于 $10mm^2$ 以上的多股铜线，由于线粗、载流大，如果接触面小，就会在节头处产生高热，甚至有烧坏的可能。因此在线端与设备连接时，必须先装接铝质或铜质的接线端子，再与设备连接。如图 6-14 所示为铜接头、铜接线端子装接，可采用锡焊和压接两种方法。采用压接方法时，将线芯插入端于孔内，用压接钳进行压接即可。多股芯线与接线鼻的压接方法如图 6-15 所示。

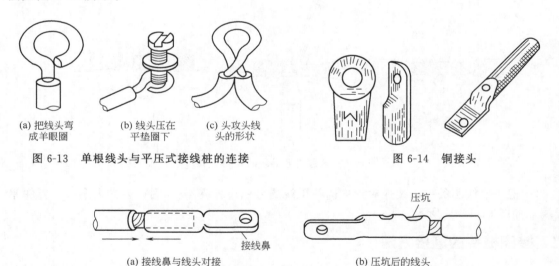

(a) 把线头弯　　　(b) 线头压在　　(c) 头攻头线
成羊眼圈　　　　平垫圈下　　　　头的形状

图 6-13　单根线头与平压式接线桩的连接

图 6-14　铜接头

(a) 接线鼻与线头对接　　　　　　　　(b) 压坑后的线头

图 6-15　多股芯线与接线鼻的压接方法

三、铝芯导线的连接

由于铝极易氧化，而且铝氧化膜的电阻值很高，所以铝芯线不宜采用铜芯导线的连接方法，而常采用螺钉压接法和压接管压接法。

1. 螺钉压接法

螺钉压接法适用于负荷较小的单股铝芯导线的连接。

① 除去铝芯线的绝缘层，用钢丝刷刷去铝芯线头的铝氧化膜，并涂上中性凡士林，如图 6-16 所示。

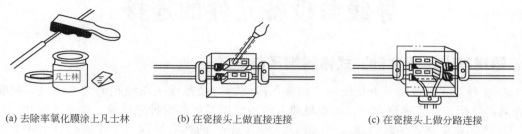

(a) 去除率氧化膜涂上凡士林   (b) 在瓷接头上做直接连接   (c) 在瓷接头上做分路连接

图 6-16　单根铝芯导线的螺钉压接法连接

② 直线连接时，先把每根铝芯导线在接近线段处卷上 2～3 圈，以备线头断列后再次连接用，然后把四个线头两两相对地插入两只瓷接头（又称接线桥）的四个接线端子上，然后旋紧接线桩上的螺钉。

③ 最后在瓷接头上加罩铁皮盒盖或木罩盒盖。如果连接处在插座或熔断器附近，则不必用瓷接头，可用插座或熔断器上的接线桩进行过渡连接。

2. 压接管压接法

压接管压接法适用于较大负荷的多股铝芯导线的直线连接，需要用压接钳和压接管，如图 6-17(a)、(b) 所示。

① 根据多股铝芯线规格选择合适的压接管，除去需连接的两根多股铝芯导线的绝缘层，用钢丝刷清除铝芯线头和压接管内壁的铝氧化层，涂上中性凡士林。

② 将两根铝芯线头相对穿入在接管，并使线端穿出压接管 25～30mm，如图 6-17(c) 所示。

③ 进行压接时，第一道压坑应压在铝芯线端的一侧，不可压反，压接坑的距离和数量应符合技术要求，如图 6-17(d)、(e) 所示。

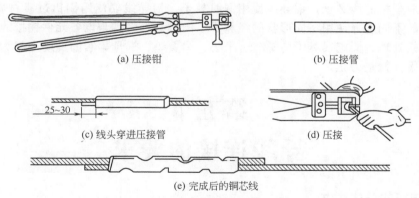

(a) 压接钳   (b) 压接管

(c) 线头穿进压接管   (d) 压接

(e) 完成后的铜芯线

图 6-17　多股铝芯线压接管压接法

四、铜芯导线和铝芯导线的连接

单股铜芯导线与单股铝芯导线连接时，要先将铜芯导线镀锡，然后将铝线芯在铜线芯上缠绕大约 6～10 圈，再将铜线芯与铝线芯缠绕 2 圈绞紧。在电流较小的低压线路中的导线连接常用此种方法。

第四节
导线与设备元件的连接

一、导线与设备元件针孔式接线端子的连接

① 在针孔式接线端子上接线时，如果单股线芯与接线端子插线孔的大小适宜，只要把芯线插入针孔，旋紧螺钉即可。如果单股芯线较细则要把芯线折成双根，再插入针孔。

② 线芯是由多根细丝组成，截面为 $0.5 \sim 10 mm^2$ 的多股导线，先在线端装上线鼻子或针式轧头，并用挤压钳挤压，然后再插入接线端子的针孔进行连接。

二、与设备元件螺钉平压式接线端子的连接

1. 截面为 $0.75 \sim 10 mm^2$ 单股导线的连接方法

① 先把导线线端弯成圆套环再与设备元件的端子连接，方法步骤如下。

第一步，先剖削导线线端的绝缘层，剖削长度为圆套环拉直后的长度加上 2mm。

第二步，用圆头钳将已剖去绝缘层的裸线头弯成直角状，弯曲处距导线绝缘层 2mm。

第三步，用圆头钳夹住弯成角状的线端头以顺时针方向弯成一圆环，并对其修正，使圆心在导线中心线的延长线上，其孔的直径要与紧固螺钉相适应。

② 圆套环的上、下两面各放一个垫圈，用螺钉穿入与接线桩头连接紧固。要注意，圆套环的开口方向要与螺钉的旋紧方向一致，即右螺旋方向，以使圆环拧紧。如果两根导线在一个接线端子上连接，要在另一根导线的圆套环上增加一个垫圈。

连接后，圆套环不能冒出下面的垫圈，导线的绝缘层距垫圈或螺钉帽的外边 $1 \sim 2mm$。

2. 较大截面的单股芯线、多股芯线的连接方法

截面大于 $10 mm^2$ 的单股导线和截面大于 $2.5 mm^2$ 的多股导线与设备元件连接时，则一定要压接相应规格的线鼻子，铜导线使用铜线鼻子，铝导线要使用铜铝过渡材质的线鼻子。按设备端子的不同选择使用不同形状的线鼻子，同时必须将其与设备元件铜接线端子的接触面一同做镀锡处理。固定线鼻子的螺栓、平垫、弹簧垫、螺母等紧固件应全部为镀锌件，螺母旋紧至压平弹簧垫为止。

第五节
导线连接的要求

1. 导线连接的总体要求

① 导线的连接必须符合国标 GB 50258—96、GB 50173—92 所规范的电气装置安装工程施工及验收标准规程的要求。低压系统，电流较小时应采用绞接、缠绕连接。在无特殊要求和规定的场合，连接导线的芯线要采用焊接、压板压接或套管连接。

② 必须学会使用剥线钳、钢丝钳和电工刀剖削导线的绝缘层。线芯截面为 $4 mm^2$ 及以下的塑料硬线一般用钢丝钳或剥线钳进行剖削，线芯截面大于 $4 mm^2$ 的塑料硬线可用电工刀，塑料软线绝缘层剖削只能用剥线钳或钢丝钳剖削，不可用电工刀剖削。塑料护套

线绝缘层的剖削，必须使用电工刀。剖削导线绝缘层，不得损伤芯线，如果损伤较多应重新剖削。

③ 导线的绝缘层破损及导线连接后必须恢复绝缘，恢复后的绝缘强度不应低于原有绝缘层的强度。使用绝缘带包缠时，应均匀紧密不能过疏，更不允许露出芯线，以免造成触电或短路事故。在绝缘端子的根部与导线绝缘层间的空白处，要用绝缘带包缠严密。绝缘带平时不可放在温度很高的地方，也不可浸染油类。凡是包缠绝缘的相与相、相与零线上的接头位置要错开一定的距离，以避免发生相与相、相与零线之间的短路。

2. 导线与导线的连接要求

① 熔焊连接。熔焊连接的焊缝不能有凹陷、夹渣、断股、裂纹及根部未焊合等缺陷。焊接的外形尺寸应符合焊接工艺要求，焊接后必须清除残余焊药和焊渣。锡焊连接的焊缝应饱满，表面光滑，焊剂无腐蚀性，焊后要清除残余的焊剂。

② 使用压板或其他专用夹具压接，其规格要与导线线芯截面相适宜，螺钉、螺母等紧固件应拧紧到位，要有防松装置。

③ 采用套管、压模等连接器件连接，其规格要和导线线芯的截面相适应，压接深度、压坑数量、压接长度应符合相关要求。

④ 10kV 及以下架空线路的单股和多股导线采用缠绕法连接，其连接方法要随芯线的股数和材料不同而异。导线缠绕方法要正确，连接部位的导线缠绕后要平直、整齐和紧密，不应有断股、松股等缺陷。

⑤ 在配线的分支线路连接处和架空线的分支线路连接处，干线不应受到支线的横向拉力。

⑥ 在架空线路中，不同材质、不同规格、不同绞制方向的导线严禁在跨挡内连接。在其他部位以及低压配电线路中不同材质的导线不能直接连接，必须使用过渡元件连接。

⑦ 采用接续管连接的导线，连接后的握着力与原导线的保持计算拉断力比，接续管连接不小于 95％，螺栓式耐张线夹连接不小于 90％，缠绕连接不小于 80％。

⑧ 不管采用何种形式的连接法，导线连接后的电阻不得大于与接线长度相同的长度的导线电阻。

⑨ 穿在管内的导线，绝缘必须完好无损，不允许在管内有接头，所有的接头和分支路都应在接线盒内进行。

⑩ 护套线的连接，不可采用线与线在明处直接连接，应采用接线盒、分线盒或借用其他电器装置的接线柱来连接接头。

⑪ 铜芯导线采用绞接或缠绕法连接，必须先对其搪锡或镀锡处理后再进行连接，连接后再进行蘸锡处理。单股与单股、单股与软铜线连接时，可先除去其表面的氧化膜，连接后再蘸锡。

⑫ 不管采用何种连接方法，导线连接后都应将毛刺和不妥之处修理合适并符合要求。

3. 导线与设备元件的连接要求

在设备元件、用电器具上均有接线端子供连接导线用。常用的接线端子有针孔式和螺钉平压式两种。

（1）在针孔式接线端子上连接

① 截面 10mm² 及以下的单股铜芯线、单股铝芯线可直接与设备元件、用电器具的接线端子连接，其中铜芯线应先搪锡再连接。

② 截面为 2.5mm² 及以下的多股铜细丝导线的线芯，必须先绞紧搪锡或在导线端头上

采用针形接轧头压接后插入端子针孔连接，切不可有细丝露在外面以免发生短路事故。

③ 单股铝芯线和截面大于 2.5mm² 的多股铜芯线应压接针式轧头后再与接线端子连接。

（2）在螺钉平压式接线端子上连接

① 截面为 10mm² 及以下的单股铜芯线、单股铝芯线，应将其端头弯制成圆套环。

② 截面为 10mm² 及以下的多股铜芯线、铝芯线和较大截面的单股线，须在其线端压接线鼻子后再与设备元件的接线端子连接。

所有导线的连接必须牢固，不得松动。在任何情况下，连接器件必须与连接导线的截面和材料性质相适应。

4. 电缆的连接要求

① 保证密封。如果电缆密封不良，电缆油就会渗漏出来，使绝缘干枯，绝缘性能降低。同时纸绝缘有很大的吸水性，极易受潮，若电缆密封不良，潮气就会侵入电缆内部，导致绝缘性能降低。

② 保证绝缘强度。电缆接头的绝缘强度，应不低于电缆本身的绝缘强度。

③ 保证电气距离，避免短路或击穿。

④ 保证导体接触良好，接触电阻要小而稳定，并有一定的机械强度。接触电阻必须低于同长度导体电阻的 1.2 倍，其抗拉强度不低于电缆芯线强度的 70%。

第六节
导线绝缘层的恢复

在导线连接处，导线绝缘层破损或导线连接后都必须恢复绝缘，以保证安全。恢复后的导线绝缘层，其绝缘强度不应低于导线的绝缘强度。恢复方法是包裹绝缘带。最常用的绝缘带有黑胶布、橡胶带、黄蜡带、涤纶薄膜带、塑料带。它们具有不同的特性，黄蜡带绝缘性能好，但没有黏性，用作绝缘内层的恢复；黑胶布带有黏性，可用作绝缘外层的恢复。黄蜡带或黑胶带通常选用带宽 20mm，这样包缠较方便。

1. 绝缘带的包缠

① 先用黄蜡带（或涤纶带）从离切口两根带宽（约 40mm）处的绝缘层上开始包缠，将黄蜡带从导线左边完整的绝缘层上开始包缠，包缠两根带宽后方可进入无绝缘层的线芯部分，缠绕时采用斜叠法，黄蜡带与导线保持约 55°的倾斜角。

每圈叠压带宽的 1/2，如图 6-18(a)、(b) 所示。

② 包缠一层黄蜡带后，将黑胶带接于黄蜡带的尾端，以同样的斜叠法按另一方向包缠一层用胶带，如图 6-18(c)、(d) 所示。

2. 注意事项

电压为 380V 的线路恢复绝缘时，需先包缠 1～2 层黄蜡带，然后再包缠一层黑胶带。通常用黄蜡带、涤纶薄膜带和黑胶带作为恢复绝缘层的材料，黄蜡带和黑胶带一般选用 20mm 宽，其方法步骤如下。

① 包一层黄蜡带后，将黑胶布接在黄蜡带的尾端，按另一斜叠方向包缠一层黑胶布，也要每圈压叠带宽的 1/2。

② 在 220V 线路上的导线恢复绝缘时，先包一层黄蜡带，然后再包缠一层黑胶带，也可

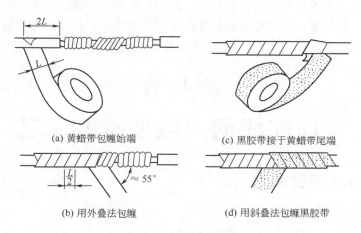

(a) 黄蜡带包缠始端　　　　　　(c) 黑胶带接于黄蜡带尾端

(b) 用外叠法包缠　　　　　　(d) 用斜叠法包缠黑胶带

图 6-18　绝缘带的包缠

只包缠两层黑胶带。

双股线芯的导线连接时，用绝缘带将前后圈压前圈 1/2 带宽正反各包缠一次，包缠后的首尾应压住原绝缘层一个绝缘带宽。

③ 包缠绝缘带时，不能过疏，更不允许露出线芯，以免造成事故。

④ 包缠时绝缘带要拉紧，要包缠紧密、坚实，并黏结在一起，以免潮气侵入。

第七节
导线的焊接

在电路中的导线连接经常需要进行焊接，下面介绍铜芯导线接头的锡焊方法。

1. 烙铁锡焊

$10mm^2$ 及以下铜芯导线接头，可按下述步骤用 $150W$ 电烙铁进行锡焊。

① 打磨氧化层，单股线可用砂纸去除氧化膜；多股线可先散开并用钳子夹住导线端头拉直后再用砂纸去除氧化膜；软导线可先将导线拧紧，拧紧时应戴干净手套或用钳子以免污染线芯，然后再用砂纸除去氧化膜打磨的长度应比接头或终端的长度稍长一点。

② 打磨后应立即在接头上的打磨处涂上一层中性无酸焊锡膏。

③ 用电烙铁吃上锡，在涂上焊锡膏的导线端头处上下来回反复上锡，上锡后用干净的棉丝将污物、油迹擦掉。然后再用电烙铁沾上少量的锡将搪锡后的线芯进行焊接。

2. 蘸锡焊接

把锡放入锡锅内并加热熔化，然后将打磨好且涂上焊锡膏的线芯插入锡锅，稍后即可拔出并用干净棉丝除去污物、油迹，使其放出光泽。连接后，稍用砂纸打磨，涂上焊锡膏后再次插入锡锅蘸锡，并除去污物油迹。

3. 浇焊

对于 $16mm^2$ 及其以上的铜芯导线接头，应采用浇焊法。浇焊时应先将焊锡放在化锡锅内，用喷灯或电炉熔化，使表面呈磷黄色即达到高热，将导线接头放在焊锡锅上面，用勺盛上熔化的锡，从接头上面浇下，刚开始浇时，因为接头较冷，锡在接头上不会有很好的流动性，应继续浇下去，使接头处温度提高，直到全部焊牢为止。最后用抹布轻轻擦去锡渣，使接头表面光滑。

第八节
室内配线的一般要求和工艺

一、室内配线的一般要求

1. 可靠性要求

室内配电线路应当尽可能地满足民用建筑所必需的供电可靠性要求。所谓可靠性，是指根据建筑物用电负荷的性质和重要程度，对供电系统提出的不能中断供电的要求。不同的负荷，可靠性的要求不同，一般分三个等级：一级负荷，要求供电系统无论是正常运行还是发生事故时，都应保持其连续供电，因此，一级负荷应有两个独立电源供电，二级负荷，当地区供电条件允许投资不高时，宜由两个电源供电。当地区供电条件困难或负荷较小时，则允许采用一条 6kV 及以上专用架空线供电；三级负荷，无特殊供电要求。

为了确定某民用建筑的负荷等级，必须向建设单位调查研究，然后慎重决定。不同级别的负荷对供电电源和供电方式的要求也是不同的。供电的可靠性是由供电电源、供电方式和供电线路共同决定的。

2. 电能质量要求

电能质量的指标通常是电压、频率和波形，其中尤以电压最为重要。它包括电压的偏移、电压的波动和电压的三相不平衡等。因此，电压质量除了与电源有关外还与动力、照明线路的合理设计有很大关系，在设计电路时，必须考虑线路的电压损失。一般情况下，低压供电半径不宜超过 250m。

3. 发展要求

从工程角度看，低压配电线路力求接线操作方便、安全，具有一定的灵活性，并能适应用电负荷的发展需要。例如，住宅远期用电负荷密度。1996 年以前的规范规定，多层住宅为每平方米 6～10W，高层住宅为每平方米 10～15W。近年来由于家用电器的迅速发展和居住面积的扩大，住宅用电负荷密度随之迅速增加，国家规范也及时做了修订，因此，再设计时应认真做好调查研究，参照当时当地的有关规定，并适当考虑发展的要求。

4. 其他要求

民用建筑低压配电系统还应满足以下要求。
① 配电系统的电压等级一般不宜超过两级；
② 为便于维修，多层建筑宜分层设置配电箱，每套房间宜有独立的电源开关；
③ 单相用电设备应适当配置，力求达到三相负荷平衡；
④ 由建筑物外引来的配电线路，应在屋内靠近进线处便于操作维护的地方装设开关设备；
⑤ 应节省有色金属的消耗、减少电能的消耗、降低运行费用等。

民用建筑低压配电一般采用 $380V/220V$ 中性点直接接地系统。一般民用建筑的照明和动力设备由同一台变压器供电。

二、室内配线的一般工艺

室内配线的一般工艺可分为以下九个步骤。

① 定位。按施工要求，在建筑物上确定出照明灯具、插座、配电装置、启动、控制设备等的实际位置，并注上记号。

② 划线。在导线沿建筑物敷设的路径上，划出线路走向色线，并确定绝缘支持件固定点、穿墙孔、穿楼板孔的位置，并注明记号。

③ 凿孔与预埋。按上述标注位置凿孔并预埋紧固件。

④ 安装绝缘支持件、线夹或线管。

⑤ 敷设导线。

⑥ 完成导线间连接、分支和封端，处理线头绝缘。

⑦ 检查线路安装质量。检查线路外观质量、直流电阻和绝缘电阻是否符合要求，有无断路、短路。

⑧ 完成线端与设备的连接。

⑨ 通电试验，全面验收。

三、塑料护套线配线

塑料护套线是具有塑料保护层的双芯或多芯绝缘导线。这种导线具有防潮性能良好，安全可靠，安装方便等优点。可以直接敷设在墙体表面，用铝片线卡（俗称钢精扎头）作为导线的支持物，在小容量电路中被广泛采用。

1. 塑料护套线的配线方法

（1）划线定位

先确定电器安装位置和线路走向，用弹线袋划线，每隔 $150\sim300mm$ 划出铝片线卡的位置，距开关、插座、灯具、木台 $50mm$ 处要设置线卡的固定点。

（2）固定铝片线卡

在木结构和抹灰浆墙上划有线卡位置处用小铁钉直接将铝片线卡钉牢，但对于抹灰浆墙每隔 $4\sim5$ 个线卡位置或转角处及进木台前须凿眼安装木榫，将线卡钉在木榫上。对砖墙或混凝土墙可用木榫或环氧树脂黏结剂固定线卡。

（3）敷设导线

护套线应敷设得横平竖直，不松弛，不扭曲，不可损坏护套层。将护套线入铝片线卡依次夹紧。

（4）铝片线卡的夹持

如图 6-19 所示将铝片线卡收紧夹持护套线。

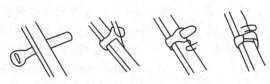

图 6-19　铝片线卡夹持护套线的操作

① 塑料护套线不得直接埋入抹灰层内暗配敷设。

② 室内使用塑料护套线配线，规定其铜芯截面不得小于 $0.5mm^2$，铝芯不得小于 $1.5mm^2$。室外使用，其铜芯截面不得小于 $1.0mm^2$，铝芯不得小于 $2.5mm^2$。

③ 塑料护套线不能在线路上直接剖开连接，应通过接线盒或瓷接头，或借用插座、开关的接线桩来连接线头。

④ 护套线转弯时，转弯前后各用一个铝片线卡夹住，转弯角度要大。如图 6-20(a) 所示。

⑤ 两根护套线相互交叉时，交叉处要用四个铝片线卡夹住，如图 6-20(b) 所示。护套线尽量避免交叉。

⑥ 护套线穿越墙或楼板及离地面距离小于 0.15m 的一般护套线应加电线管保护，如图 6-20(c) 所示。

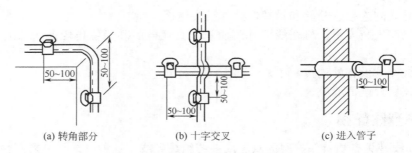

(a) 转角部分　　　　　(b) 十字交叉　　　　　(c) 进入管子

图 6-20　铝片线卡的安装

四、绝缘子配线

绝缘子配线也称瓷瓶配线，是利用绝缘子支持导线的一种配线，用于明配线。绝缘子较高，机械强度大，适用于用电量较大而又较潮湿的场合。绝缘子一般有鼓形绝缘子，常用于截面较细导线的配线；有蝶形绝缘子、针式绝缘子和悬式绝缘子，常用于截面较粗的导线配线。

1. 绝缘子配线的方法

① 定位。定位工作在土建未抹灰前进行。根据施工图确定用电器的安装地点、导线的敷设位置和绝缘子的安装位置。

② 划线。划线可用粉线袋或边缘有尺寸的木板条进行。在需固定绝缘子处画一个"×"号，固定点间距主要考虑绝缘子的承载能力和两个固定点之间导线下垂的情况。

③ 凿眼。按划线定位进行凿眼。

④ 安装木榫或埋设缠有铁丝的木螺钉。

⑤ 埋设穿墙瓷管或过楼板钢管。此项工作最好在土建时预埋。

⑥ 固定绝缘子。在木结构墙上只能固定鼓形绝缘子，可用木螺丝直接拧入。在砖墙上或混凝土墙上，可利用预埋的木榫和木螺钉固定鼓形绝缘子；也可用环氧树脂黏结剂来固定鼓形绝缘子，也有用预埋的支架和螺栓来固定绝缘子。

⑦ 敷设导线及导线的绑扎。先将导线校直，将一端的导线绑扎在绝缘子的颈部，然后在导线的另一端将导线收紧，绑扎固定，最后绑扎固定中间导线。方法如下。

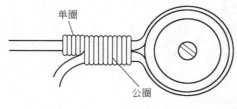

图 6-21　终端导线的绑扎

a. 终端导线的绑扎。用回头线绑扎，如图 6-21 所示。绑扎线应用绝缘线，绑扎线的线径和绑扎圈数如表 6-1 所示。

表 6-1　绑扎线的线径和绑扎圈数

导线截面/mm²	绑扎线直径/mm		绑 线 圈 数	
	铜芯线	铝芯线	公圈数	单圈数
1.5～10	1.0	2.0	10	5
10～35	1.4	2.0	12	5
50～70	2.0	2.6	16	5
95～120	2.6	3.0	20	5

b. 直线段导线的绑扎。一般采用单绑法和双绑法两种，截面在 6mm² 及以下的导线可采用单绑法，截面在 10mm² 及以上的导线可采用双绑法。如图 6-22(a)、(b) 所示。

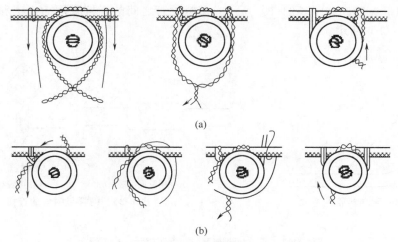

(a)

(b)

图 6-22　直线段导线的绑扎

2. 绝缘子配线注意事项

① 平行的两根导线，应在两个绝缘子的同一侧或者在两绝缘子的外侧。严禁将导线置于两绝缘子的内侧。

② 导线在同一平面内，如遇弯曲时，绝缘子须装设在导线的曲折角内侧。

③ 导线不在同一平面上曲折时，在凸角的两个面上，应设两个绝缘子。

④ 在建筑物的侧面或斜面配线时，必须将导线绑在绝缘子的上方。

⑤ 导线分支时，在分支点处要设置绝缘子，以支撑导线。

⑥ 导线相互交叉时，应在距建筑物近的导线上套绝缘保护管。

⑦ 绝缘子沿墙垂直排列敷设时，导线弛度不得大于 5mm，沿水平支架敷设时，导线弛度不得大于 10mm。

五、线管配线

把绝缘导线穿在管内的配线称为线管配线。线管配线有耐潮、耐腐蚀，导线不易受到机械损伤等优点，但安装、维修不方便。适用于室内外照明和动力线路的配线。

（1）线管的选择

① 根据使用场所选择线管的类型。对于潮湿和有腐蚀气体的场所选择管壁较厚的白铁管；对于干燥场所采用管壁较薄的电线管；对于腐蚀性较大的场所一般选用硬塑料管。

② 根据穿管导线的截面和根数来选择线管的直径。一般要求穿管导线的总截面（包括绝缘层）不应超过线管内径截面的40%来选择。

（2）线管的敷设

根据用电设备位置设计好线路的走向，尽量减少弯头。用弯管机制作弯头时，管子弯曲角度一般不应小于90°，要有明显的圆弧，不能弯瘪线管，这样便于导线穿越。硬塑料管弯曲时，先将硬塑料管用电炉或喷灯加热直到塑料管变软，然后放到木坯具上弯曲，用湿布冷却后成型，如图6-23所示。线管的连接：对于钢管与钢管的连接采用管箍连接，如图6-24(a)所示，管子的丝扣部分应顺螺纹方向缠上麻丝后用管钳拧紧；钢管与接线盒的连接用锁紧螺母夹紧，如图6-24(b)所示；塑料硬管之间的连接采用插入法和套接法连接，如图6-25(a)、(b)所示。

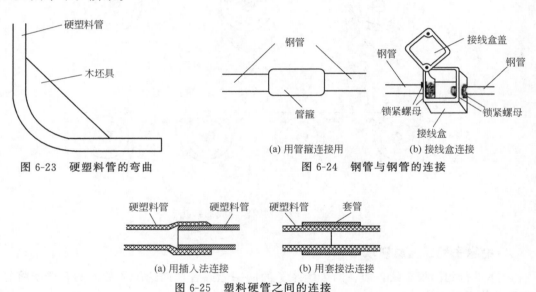

图6-23　硬塑料管的弯曲

(a) 用管箍连接用　　(b) 接线盒连接

图6-24　钢管与钢管的连接

(a) 用插入法连接　　(b) 用套接法连接

图6-25　塑料硬管之间的连接

（3）线管的固定

线管明敷设时，采用管卡支撑；当线管进入开关、灯头、插座、接线盒前300mm处及线管弯头两边需用管卡固定。线管暗线敷设时，用铁丝将管子绑扎在钢筋上或用钉子钉在模板上，将管子用垫块垫高，使管子与模板之间保持一定距离。

（4）线管的接地

线管配线的钢管必须可靠接地。

（5）扫管穿线

① 先将管内杂物和水分清除。

② 选用 ϕ 1.2mm 的钢丝做引线，钢丝一头弯成小圆圈，送入线管的一端，由线管另一端穿出。在两端管口加护圈保护并防止杂物进入管内。

③ 按线管长度加上两端连接所需长度余量截取导线，削去导线绝缘层，将所有穿管导线的线头与钢丝引线缠绕。同一根导线的两头做上记号。穿线时由一人将导线理成平行束向线管内送，另一人在线管的另一端慢慢抽拉钢丝，将导线穿入线管。

2. 线管配线的注意事项

① 穿管导线的绝缘强度应不低于500V，导线最小截面规定铜芯线1mm²，铝芯线2.5mm²。

② 线管内导线不准有接头，也不准穿入绝缘破损后经包缠恢复绝缘的导线。

③ 交流回路中不许将单根导线单独穿于钢管，以免产生涡流发热。同一交流回路中的导线，必须穿于同一钢管内。

④ 线管线路应尽可能减少转角或弯曲。管口、管子连接处均应做密封处理，防止灰尘和水汽进入管内，明管管口应装防水弯头。

⑤ 管内导线一般不得超过10根，不同电压或不同电能表的导线不得穿在一根线管内。但一台电动机包括控制和信号回路的所有导线，及同一台设备的多台电动机的线路，允许穿在同一根线管内。

六、配电板的安装

1. 单相电能表

单相电能表是用于测量单相交流电用户电量，即测量电能的仪表。单相电能表的结构如图6-26所示。

单相电能表共有四个接线柱，从左到右按1、2、3、4编号。一般单相电能表接线柱1、3接电源进线（1为相线进，3为中性线进），接线柱2、4接出线（2为相线出，4为中性线出）。接线方法如图6-27所示。但也有单相电能表接线为：按号码接线柱1、2为电源进线，3、4接出线。所以采用何种接法，应参照电能表接线盖子上的接线图。

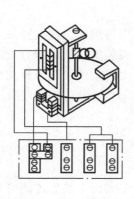

图 6-26　电能表的结构

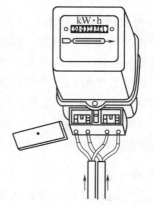

图 6-27　电能表的接线图

2. 负荷开关

负荷开关是手动控制电器中最简单而使用较广泛的一种低压电器。它在电路中的作用是：隔离电源，分断负载，如不频繁接通与分断额定电流及以下的照明、电热及直接启动的小容量电动机电路。它主要包括HK系列开启式负荷开关和HH系列封闭式负荷开关。

（1）HK 系列开启式负荷开关（又称闸刀开关）

该系列负荷开关主要由瓷底板、瓷手柄、熔丝、胶盖及刀片、刀夹等组成，如图 6-28 所示。分双极和三极，额定电流有 10A、15A、30A、60A 四种，额定电压有 220V 和 380V。一般只能直接控制 5.5kW 以下的三相电动机或一般的照明线路。

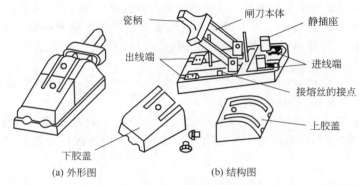

图 6-28 开启式负荷开关

闸刀开关的使用应注意以下几点。

① 闸刀开关的额定电压必须与线路电压相适应。

② 对于电阻负载或照明负载，闸刀开关的额定电流大于负载的额定电流，对于电动机负载，闸刀开关的额定电流应大于负载额定电流的 3 倍。

③ 闸刀开关内所配熔体的额定电流不得大于该开关的额定电流。

④ 闸刀开关必须垂直安装，合闸时手柄向上。电源线应接在开关的静触点上，负载应接在动触点的出线端。

⑤ 更换熔丝时必须切断电源。

⑥ 分、合闸时动作要果断、迅速。

（2）HH 系列封闭式负荷开关（又称铁壳开关）

铁壳开关主要由闸刀、熔断器、操作机构和钢板外壳等组成。铁壳开关内有速断弹簧和凸轮机构，使拉闸、合闸迅速。开关内还带有简单的灭弧装置，断流能力较强。铁盖上有机械联锁装置，能保证合闸时打不开盖，而打开盖时合不上闸，使得铁壳开关在使用中比较安全。它的额定电流在 15～200A 之间。铁壳开关的安装使用与闸刀开关类同，但其金属外壳应可靠接地。

3. 配电板的安装

（1）配电板的安装

室外交流电源线通过进户装置进入室内，再通过量电和配电装置才能将电能送至用电设备。量电装置通常由进户总熔丝盒、电能表等组成。配电装置一般由控制开关、过载及短路保护电器等组成，容量较大的还装有隔离开关。

一般将总熔丝盒装在进户管的墙上，该装置用于防止下级电力线路的故障影响到前级配电干线而造成更大区域的停电。而将电能表、控制开关、短路和过载保护电器均安装在同一块配电板上，如图 6-29 所示。

该配电板左边为照明部分，右边为动力部分。动力部分的三相电能表选用直接式三相四线制电能表。这种电能表共有 11 个接线桩头，从左到右按 1、2、3、4、5、6、7、8、9、

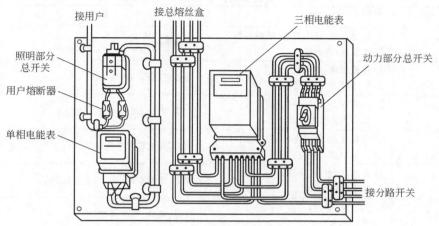

图 6-29　配电板的安装

10、11 编号，其中 1、4、7 是电源相线的进线桩头；3、6、9 是相线的出线桩头，分别去接总开关的三个进线桩头；10、11 是电源中线的进线桩头和出线桩头，2、5、8 三个接线桩头可空置，如图 6-30 所示。

（2）安装配电板注意事项

① 正确选择电能表的容量。电能表的额定电压与用电器的额定电压相一致，负载的最大工作电流不得超过电能表的最大额定电流。

② 电能表总线必须采用铜芯塑料硬线，其最小截面不应小于 $1.5mm^2$，中间不准有接头，自总熔丝盒到电能表之间沿线敷设长度不宜超过 10m。

③ 电能表总线必须明线敷设或线管明敷，进入电能表时，一般以"左进右出"原则接成。

④ 电能表的安装必须垂直于地面。

⑤ 配电板应避免安装在易燃，高温，潮湿，振动或有灰尘的场所。配电板应安装牢固。

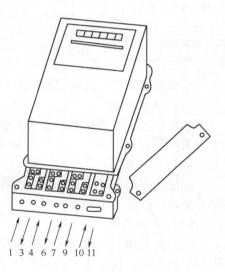

图 6-30　直接式三相四线制电能表的接线

第九节
常用照明电路

一、照明的概念

提供照明用的光源以电光源最为普遍。也就是平时俗称的电灯。电光源所需的电气装置统称为照明电气装置。自从 19 世纪初电能开始用于照明后，相继出现了钨丝白炽灯、荧光灯、高压汞灯、高压钠灯、金属卤化物灯等。近年来气体放电灯发展相当快，一些光效高、功率大、光色好、寿命长的新光源不断问世。如表 6-2 所示是常用照明灯的特点和使用场所。

表 6-2 常用照明灯的特点和使用场所

种 类	特 点	使 用 场 所
白炽灯	① 构造简单,使用可靠,装修方便; ② 光效低,寿命短	各种场所
荧光灯	① 光效较高,寿命较长; ② 附件较多,价格较高	办公室、会议室、住宅
碘钨灯	① 光效高,构造简单,安装方便; ② 灯管表面温度较高	广场、工地、田间作业、土建工程
节能灯	① 光效高,节能节电,安装方便; ② 价格较高	宾馆、展览馆及住宅
高压汞灯	① 光效高,耐震,耐热; ② 功率因数低	街道、大型车站、港口、仓库、广场
高压钠灯	① 光效高,省电; ② 透雾能力强	街道、港口、码头及机场
钠铊铟金属卤化物灯	① 光效高,发光体小; ② 电压波动不大于±5%	车站、码头、广场
彩色金属卤化物灯	① 光效高,发光体小; ② 电压波动不大于±5%	宾馆、商店、建筑物外墙以及需彩色立体照明的场所

根据实际需要,通常照明可分为以下几类。

（1）一般照明

无特殊要求、照度基本是均匀分布的照明称为一般照明。如走廊、教室、办公室等均属于一般照明。

（2）局部照明

一般只局限于某部位、对光线有方向要求的照明称为局部照明。如机床上的工作灯、写字台上的台灯等属于局部照明。

（3）混合照明

由一般照明和局部照明共同组成的照明称混合照明。如工厂里的车间,除了对车间大面积均匀布光外,还对生产机械做局部照明,两种方式同时使用,即混合照明。

此外,按照明的性质来分,还可以分为正常照明、事故照明、值班照明、警卫照明、障碍照明等类型。

电气照明应注意以下问题:应使各种场合下的照度达到规定的标准;空间亮度应合理分布;照明灯的实用、经济、安全,便于施工和便于维修,并使照明灯的光色、灯具外形结构与建筑物相协调。表 6-3 和表 6-4 分别为各种环境的一般照度标准和常用电光源的光通量。

表 6-3 各种环境的一般照度标准

工作名称或工作场所	E/lx
细小精致的工作(修理仪表、刻板、制图等)	100
使用有危险性的小型带刃切削工具的工作	100
在工作台上作细小精确的工作,如书写工作	75
阅读、观看各种仪器示值	50
更衣室	25
走廊	10
楼梯	8
庭院、通路	2

表 6-4　常用电光源的光通量

白炽灯		功率/W	15	25	40	60	100	150	200	300	500	1000
		Φ/lm	110	198	340	540	1050	1845	2660	4350	7700	17000
荧光灯管	日光色	功率/W	6	8	10	15	15（细管）	20	30	30（细管）	40	
		Φ/lm	210	325	410	580	665	930	1550	1700	2400	
	冷白色	功率/W	6	8	10	15	15（细管）	20	30	30（细管）	40	
		Φ/lm	230	360	450	635	730	1000	1700	1900	2640	
碘钨灯		功率/W	300	500	1000	2000						
		Φ/lm	5700	9750	21000	42000						
高压汞灯		功率/W	50	80	125	175	250	400	700	1000		
		Φ/lm	1500	2800	4750	7000	10500	20000	35000	50000		
		功率/W	50	70	100	110	150	215	250	360	400	
		Φ/lm	3600	6000	8500	10000	16000	23000	28000	40000	48000	

　　光通量是指光源在单位时间内向周围空间辐射并引起视觉的能量，常用符号 Φ 来表示，其计量单位是 lm（流［明］）。照度是单位面积上的光通量，常用符号 E 表示，计量单位是 lx（勒［克司］）。根据定义，被均匀照射的平面上的照度为

$$E = \Phi / S$$

式中　E——照度，lx；

　　　Φ——光通量，lm；

　　　S——被均匀照射面积，m²。

　　根据表 6-3、表 6-4 以及公式 $E = \Phi / S$，就可以估算出各种环境所需安装灯的种类、数量及电光源的功率。

二、白炽灯照明电路

　　白炽灯是利用电流流过高熔点钨丝，使其发热到白炽程度而发光的电光源。白炽灯泡有插口式和螺口式两种，其结构如图 6-31 所示。其规格以功率标称，由 15W 到 1000W 不等。白炽灯泡发光效率较低，寿命约为 1000h。表 6-5 所示是白炽灯泡的一些技术数据。

表 6-5　白炽灯泡技术数据

功率/W	电压/V	平均寿命/h	灯头型号	直径/mm	全长/mm
15	220	1000	E27/B22	60	110
25	220	1000	E27/B22	60	110
40	220	1000	E27/B22	60	110
60	220	1000	E27/B22	60	110
75	220	1000	E27/B22	60	110
100	220	1000	E27/B22	60	110
150	220	1000	E27	80	166
200	220	1000	E27	80	166
300	220	1000	E40	110	240
500	220	1000	E40	110	240
1000	220	1000	E40	130	275

白炽灯照明电路比较简单，只要将白炽灯与开关串联后并接到电源上即可。照明灯电路电源一般都是来自供电系统的低压配电线路上的一根相线和一根中性线，为220V、50Hz的正弦交流电。如图6-32所示是白炽灯照明电路。

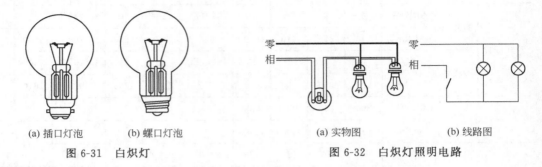

(a) 插口灯泡　　(b) 螺口灯泡

图 6-31　白炽灯

(a) 实物图　　(b) 线路图

图 6-32　白炽灯照明电路

安装白炽灯的关键是灯座、开关要串联，相线进开关，中性线进灯座。

(a) 双联开关实物　(b) 双联开关符号

图 6-33　双联开关

除上述一般照明电路外，还可以在两个地方各装一只双联开关来控制同一盏灯。这种双联开关电路广泛应用于楼梯、走廊等地。双联开关一共有四个接线柱，其中有两个接线柱用铜片连接，如图6-33所示。

两个双联开关控制一盏灯的工作原理图如图6-34所示，图中（a）、（b）、（c）、（d）分别为开关处于四种不同位置的电路状况。用双联开关的电路，可在任意装有开关的地方开灯或关灯，也可在一个地方开灯，到另一个地方关灯。用两个双联开关控制一盏灯的电路在安装时要注意以下三点。

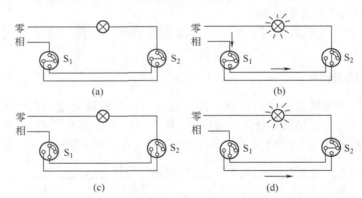

图 6-34　两个双联开关控制一盏灯的原理图

① 电源的相线应与开关 S_1 的铜片相连的接线柱连接；

② 开关 S_2 用铜片相连的接线柱应与灯座相连接，灯座的另一接线柱应与电源的中性线连接；

③ 两个双联开关中的两个独立的接线柱应分别连接。

白炽灯照明虽然光效不高，但是它价格低廉、安装方便，所以仍被广泛使用。使用白炽灯时，要注意灯泡的额定电压与供电电压一致。若误将额定电压低的灯泡接入高电压电路，就会烧坏灯泡，如将36V低压灯泡接在220V电路时，灯泡就烧坏。反之灯泡不能正常发光。另外，在装螺口灯泡时，相线必须经开关接到螺口灯座的中心接线端上，以防触电。

三、日光灯照明电路

日光灯又称荧光灯，是一种应用比较普遍的电光源，它具有照度大、耐用省电、光线散布均匀、灯管表面温度低、使用寿命长等优点。

1. 日光灯的组成

日光灯由灯管、启辉器、镇流器、灯架和灯座等组成，如图 6-35 所示。

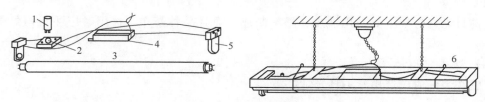

图 6-35　日光灯的组成

1—启辉器；2—启辉器座；3—灯管；4—镇流器；5—灯座；6—灯架

（1）灯管

灯管由玻璃管、灯丝和灯头等组成，如图 6-36 所示。玻璃管内壁均匀地涂敷一层卤磷酸钙荧光粉，管内空气抽空，并充入少量的惰性气体和微量的液态水银。灯管两端装有螺旋状钨灯丝，灯丝上涂有一层易发射电子的三元碳酸盐，受热后会发射电子，在灯管内形成持续的导电气体。

（2）启辉器

启辉器由氖泡、小电容、出线脚和外壳构成。氖泡是一个充满惰性气体的玻璃泡，内装有 U 形双金属片、动触片和静触片。氖泡两端并联一个小电容，其容量一般在 $0.005 \sim 0.01 \mu F$ 之间。电容有两个作用，其一是消除附近无线电设备的干扰；其二是与镇流器形成一个振荡电路，可延长灯丝预热时间和脉冲电势，从而有利于灯管的启辉。启辉器有多种规格，如 $4 \sim 8W$，$16 \sim 20W$，$30 \sim 40W$，以及通用型 $4 \sim 40W$ 等多种。启辉器的构造及图形符号如图 6-37 所示。

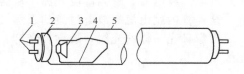

图 6-36　灯管的结构

1—灯角；2—灯光；3—灯丝；
4—荧光粉；5—玻璃管

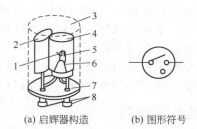

(a) 启辉器构造　　(b) 图形符号

图 6-37　启辉器的构造及图形符号

1—静触片；2—电容；3—铝壳；4—玻璃泡；5—动
触片；6—钠化物；7—绝缘底座；8—插头

（3）镇流器

日光灯镇流器由铁芯和线圈组成。镇流器的主要作用是限制通过灯管的电流，以及产生脉冲电势，使日光灯迅速点亮。常用的规格有交流 220V、频率 50Hz 的 6W，8W，20W，30W，40W，100W 等多种，可与相应规格的灯管配套使用。如图 6-38 所示是日光灯镇流器的外形及图形符号。

敞开式　　　　　封闭式　　　半封闭式(出口型)

(a) 镇流器外形　　　　　　　　　　(b) 图形符号

图 6-38　日光灯镇流器外形及图形符号

（4）灯架

目前日光灯灯架主要是用铁皮、塑料制成，而且品种繁多，选用时应注意与灯管长度配套。

（5）灯座

灯管在装配时应选用专用日光灯灯座。

2. 日光灯工作原理

日光灯电路图如图 6-39 所示。在开关接通的瞬间，线路上的电压全部加在启辉器的两端，迫使启辉器辉光放电。辉光放电所产生的热量使启辉器中双金属片变形，并与静触片接触，使电路接通，电流通过镇流器与灯丝，灯丝经加热后发射电子，电流方向如图 6-39(a)所示。启辉器的双金属片与静触片接触后，启辉器停止放电，氖泡温度下降，双金属片因温度下降而恢复原来的断开状态。

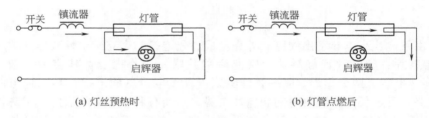

(a) 灯丝预热时　　　　　　　　　　(b) 灯管点燃后

图 6-39　日光灯电路图

而在启辉器断开的瞬间，镇流器两端产生一个自感电势，这个自感电势与线路电压叠加，形成一个高压脉冲，使日光灯灯管内的氩气电离放电。放电后，管内温度升高，从而使管内的汞蒸气压力升高，在电子撞击下便开始放电，这样管内就由氩气放电过渡到汞蒸气放电。放电时辐射出的紫外线激励管壁上的荧光粉，发出像日光一样的光线，故称日光灯。日光灯管壁上涂不同的荧光粉，可得到不同颜色的光线。

四、其他电光源

1. 碘钨灯

碘钨灯具有功率大、辉度高、寿命长等优点，现已广泛用作大面积照明的光源。灯管为圆柱状，两端为电源触点，管内中心的螺旋状灯丝放置在灯丝支架上，管内充有少量碘，如图 6-40 所示。

碘钨灯的工作原理如下：当灯丝通电发热后，灯丝中的钨会不断地蒸发，同时管内的碘分子受到灯丝加热而分解，两者形成碘钨化合物。当碘钨化合物移到灯丝附近时，在高温作用下碘钨分离，分离出来的钨重新回复到灯丝上，而碘向外扩散，这就是碘钨循环对流。

为了使钨分子能均匀地回到整条灯丝上，碘钨灯必须水平安装，倾角不得超过±4°，如

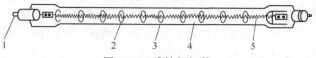

图 6-40　碘钨灯灯管

1—电源触点；2—灯丝支架；3—石英管；4—充碘蒸气；5—灯丝

图 6-41 所示。安装处震动要小，否则灯丝很快会变得粗细不均，降低灯管使用寿命。

　　碘钨灯发光时，灯管周围温度较高，因此安装时一定要用配套的金属灯架，如图 6-42 所示。碘钨灯的规格有 500W，1000W 等多种，工作时线路电流大，接线要注意安全。

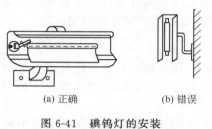

(a) 正确　　　　(b) 错误

图 6-41　碘钨灯的安装

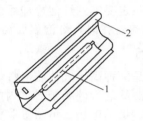

图 6-42　碘钨灯的灯架

1—灯管；2—配套灯架

2. 高压汞灯

　　高压汞灯的发光效率较高，是白炽灯的 3 倍，而且有较好的抗振性和较长的寿命，经常用于广场、码头、仓库等场所的照明。目前高压汞灯有 8 种规格，额定功率为 50~1000W 不等。

　　高压汞灯的结构如图 6-43(a) 所示。汞灯泡为椭球状，有内外两个玻璃壳，内玻璃壳是一个管状石英管，管内充有汞和氩气；外玻璃壳内壁涂有荧光粉，能把汞蒸气放电时所辐射的紫外线转变为可见光。在内、外玻璃壳之间充有二氧化碳气体，以防止电极与荧光粉氧化。

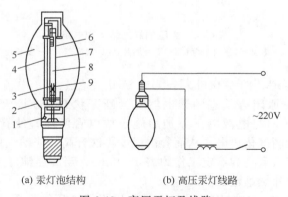

(a) 汞灯泡结构　　　　(b) 高压汞灯线路

图 6-43　高压汞灯及线路

1—电阻；2—玻璃外壳；3—引燃极；4—支架；5—充有二氧化碳气；6,9—电极；

7—放电管（内玻璃管）；8—充有汞和氩气

　　高压汞灯的工作原理：当电源开关合上后，电压加在两电极之间，首先由引燃极与邻近的电极形成辉光放电，接着两电极开始弧光放电。两电极放电后，电极间电压低于电极与引燃极间的辉光放电电压，因此弧光放电停止。汞逐渐气化，灯泡便稳定地工作。由于灯泡工作时壳内产生的压力大于 0.1MPa，故称高压汞灯，也称作高压水银荧光灯。

高压汞灯可分成普通高压汞灯和自镇流高压汞灯两种。自镇流高压汞灯与普通高压汞灯工作原理相同，不同处是它串联了镇流用的钨丝来代替镇流器。自镇流高压汞灯具有安装方便、光色好等优点，但它的使用寿命较短，一般为普通高压汞灯的一半。

安装高压汞灯应注意以下四点。

① 高压汞灯泡与镇流器要配套使用，也就是镇流器的功率应与灯泡功率一致，否则灯泡极易烧坏或不能引燃（自镇流汞灯除外）。

② 当外玻璃壳碎后，高压汞灯虽然仍能点亮，但这时会有大量紫外线辐射出来，烧伤人的眼睛。所以外玻璃壳破碎的高压汞灯应立即停止使用。

③ 高压汞灯的供电线路电压要保持稳定。因为当电压降低5％时，汞灯会自然熄灭，而要再次启动，一定要等到灯泡冷却后。所以高压汞灯不宜装在电压波动较大的线路上。

④ 高压汞灯工作时，灯泡表面温度很高，需配备散热性能好的辅助灯具。

3. 高压钠灯

高压钠灯是两种高压气体放电灯，具有光效高、用电省、寿命长等优点，是一种新型光源，但这种光源缺乏紫外线辐射，因此色温偏低；光色发黄，显色性较差，一般用于体育场馆、建筑工地、机场广场、道路等照明。

高压钠灯结构如图6-44(a)所示，由灯丝、双金属片热继电器、放电管及玻璃外壳等组成。灯丝由钨丝绕成螺旋状，使其能储存一定数量的碱土金属氧化物。在灯丝被点燃时，碱土金属氧化物就能发射电子。放电管用耐高温的氧化铝陶瓷制成，这些材料都能与钠起反应。放电管内充有氙气、汞滴和钠。双金属片起到继电器的作用。

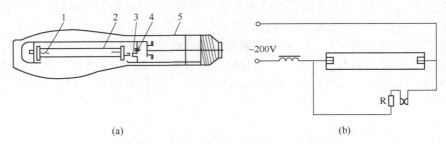

(a)   (b)

图 6-44 高压钠灯的结构和电路
1—电极；2—放电管；3—双金属片；4—电阻丝；5—玻璃壳

高压钠灯的工作原理［图6-44(b)］：当电源开关合上后，电流经双金属片和加热电阻，双金属片受热后使原闭合状态的继电器变为断开状态。在断开的瞬间，电路中的镇流器两端产生脉冲高压，与电源电压叠加后施于放电管两端，使管内氙气电离放电。管内温度逐渐上升后，汞滴气化放电，从而管内温度再次升高，使钠气化开始放电，并产生强烈的可见光。高压钠灯从点亮到稳定工作约需4～8min，当高压钠灯工作时，电流只通过放电管，不再流过双金属片热继电器。

高压钠灯的规格有35～1000W多种。100W以下的高压钠灯采用上述的双金属片热继电器形成高压脉冲启动钠灯，这种形式称为内触发式。

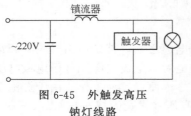

图 6-45 外触发高压钠灯线路

100W以上的高压钠灯采用电子触发器产生高压脉冲启动钠灯，这种形式称为外触发式，线路如图6-45所示。

安装高压钠灯应注意以下几点。

① 必须使用相匹配的镇流器，否则会造成钠灯泡损坏或者镇流器烧毁。

② 电源电压要稳定，变化不得大于 5％，否则钠灯会自动熄灭。

③ 钠灯泡破碎后要及时妥善处理，防止汞害。

综合实训 3 ▶▶ 导线连接和绝缘的恢复

一、目的与要求

① 电工常用工具的使用。

② 掌握低压线路中导线的连接方法、接头处理即单股铜芯线、多股铜芯线绝缘的剖削，直线及 T 形连接。

③ 导线绝缘的恢复。

④ 塑料护套线的剖削及与接线桩的连接。

⑤ 培养线路安装的基本操作能力。

二、设备与材料

1. 电工常用工具	1 套
2. 导线	
长 1m 的 BV2.5mm² (1/1.76mm) 塑料铜芯线	4 根
长 1m 的 BV10mm² (7/1.33mm) 塑料铜芯线	4 根
长 1m 的 BVV1.5mm² 塑料护套绝缘线	2 根
3. 带宽 20mm 的黄蜡带、黑胶带	各 1 卷
4. RClA15/10 插入式熔断器	2 只
5. 拉线开关	1 只

三、实训步骤与注意事项

① 2 根 BV2.5mm² 铜芯线做绝缘层剖削、直线连接、绝缘恢复。

② 2 根 BV2.5mm² 铜芯线做绝缘层剖削、T 形连接、绝缘恢复。

③ 2 根 BV10mm² 7 股铜芯线做绝缘层剖削、直线连接、绝缘恢复。

④ 2 根 BV10mm² 7 股铜芯线做绝缘层剖削、T 形连接、绝缘恢复。

⑤ 2 根 BVV1.5mm² 塑料护套线先做绝缘层剖削，然后其中一根与熔断器做针孔式接线桩连接；另一根与拉线开关做平压式接线桩连接。

⑥ 注意事项

a. 剖削导线绝缘层应正确使用电工工具，电工刀的使用要注意安全。

b. 剖削导线绝缘层时不能损伤线芯。

c. 做导线连接时缠绕方法要正确，缠绕要平直、整齐和紧密，最后要钳平毛刺，以便于恢复绝缘。

d. 护套线线头与熔断器连接时不应露铜。

e. 导线做平压式接线桩连接时，先用尖嘴钳把线头弯成圆环；螺钉拧紧方向与导线弯环方向一致。

f. 训练内容可反复练习。

四、实训内容与成绩评定

1. 实训内容

① 电工常用工具的使用。

② 单股铜芯线、多股铜芯线绝缘的剥削，直线及 T 形连接。

③ 导线绝缘的恢复。

④ 塑料护套线的剥削及与接线桩的连接。

2. 成绩评定

评 分 表

序号	项目	考 核 标 准	分值	扣分	得分	备注
1	绝缘导线剥削	① 导线剥削方法不正确,每根扣 5 分; ② 导线损伤: 　　a. 刀伤或钳伤,每根扣 5 分; 　　b. 多股线芯有剪断现象,每根扣 10 分	30 分			
2	导线连接	① 缠绕方法不正确,每根扣 10 分; ② 缠绕不整齐不紧密,每根扣 5 分; ③ 针孔式接线桩连接有露铜,扣 10 分; ④ 平压式接线桩连接差,扣 5 分	40 分			
3	绝缘恢复	① 包缠方法不正确,每根扣 10 分; ② 包缠不紧密,每根扣 5 分	30 分			
4	安全文明操作	① 违反操作规程,每次扣 5 分; ② 工作场地不整洁,扣 5 分				
	工时:1h		100 分			

 **实训思考**

1. 怎样用电工刀剥削导线的绝缘层?

2. 怎样用钢丝钳剥削硬塑料线的绝缘层?

3. 截面积大于 $4mm^2$ 的塑料硬线用什么工具剥削绝缘层? 怎样剥削?

4. 如何进行 7 股铜芯导线的直接连接和 T 形连接?

5. 铜芯导线与铝芯导线可以直接连接吗? 为什么?

6. 在导线绝缘恢复中,把黑胶带斜叠包缠在里层而黄蜡带斜叠包缠在外面,可以吗? 为什么?

7. 用塑料护套线配线应注意什么?

8. 如何恢复导线线头的绝缘层?

9. 电能表用于测量什么电量的? 讲述单相电能表的一般接线方法。

10. 常用的气体放电照明有哪几种?

第七章
异步电动机的拆装、检修与基本控制

在工农业生产过程中，广泛地使用着各种各样的生产机械，它们都需要有原动机拖动才能正常工作。目前拖动生产机械的原动机主要是电动机，电动机是把电能转换为机械能的旋转机械，通常按电源性质分直流电机和交流电机两大类。无论交流电动机或直流电动机，都是以法拉第电磁感应定律为基础而制成的，它们的工作原理是基于定子、转子之间的磁场与电流的相互作用。对发电机而言，是导体旋转切割磁力线（或磁场旋转切割导体）使绕组感生电动势；对电动机而言，是绕组中的电流与磁场相互作用而产生转矩，驱动转子旋转。因此，旋转电动机都具有可逆性，即既可以在发电机状态下工作，也可以在电动机状态下工作。

交流电机按其转速与电源频率之间的关系又分为同步电机和异步电机。异步电机结构简单，制造、使用和维护方便，运行可靠，成本低廉，效率较高，因此在工农业生产中应用广泛。异步电机是一种交流旋转电机，它的转速除与电网频率有关外，还随负载的大小而变。异步电机分单相和三相两大类。

本章首先重点介绍三相异步电动机的基本知识、拆装方法，然后讲述异步电动机修理后的检查和试验，最后介绍单相异步电动机的分类、结构、检修和常见故障分析与排除。

第一节
三相异步电动机的拆装与检修

一、三相异步电动机的基本知识

三相交流异步电动机的种类繁多，若按转子绕组结构分类，有笼型异步电动机和绕线型转子异步电动机两大类；若按机壳的防护形式分类，又有防护式、封闭式和开启式等，外形如图 7-1 所示。

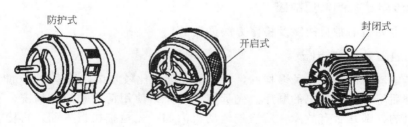

图 7-1　三相笼型异步电动机外形图

不论三相交流异步电动机的分类方法如何，各类三相交流异步电动机的基本结构是相同的，它们都是由定子（包括定子铁芯、定子绕组和机座）和转子（转子铁芯、转子绕组和转轴）这两大基本部件组成的。在定子和转子之间具有一定的气隙。如图 7-2 所示是一台封闭式三相笼型异步电动机的结构图。

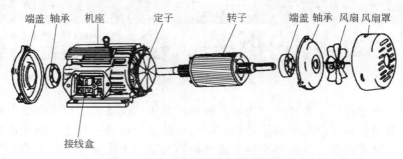

图 7-2　三相笼型异步电动机结构图

Y 系列三相异步电动机是 20 世纪 80 年代中国生产的最先进的三相异步电动机。它采用 B 级绝缘，功率等级与转矩比 JQ$_2$ 系列同机座号升高一级，效率比 JQ$_2$ 系列平均提高 0.41%，堵转转矩比 JQ$_2$ 系列提高 33%，噪声比 JQ$_2$ 系列平均降低 5~10dB，质量比 JQ$_2$ 系列平均减少 12%；但其功率因数比 JQ$_2$ 系列略有降低。

Y 系列电动机功率等级、技术条件、机座安装尺寸、接线序号与国际电工委员会（IEC）标准相同，其型号表示方法为

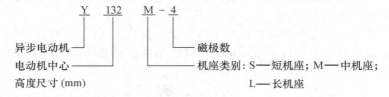

JO$_2$ 系列电动机型号标注为

二、三相异步电动机的检修

1. 三相异步电动机的常见故障

三相异步电动机的常见故障及检修方法见表 7-1。

2. 电动机故障分析与检修

三相异步电动机故障是多种多样的，产生的原因也比较复杂，检查电动机时，一般按先听后检、先外后里、先机后电的顺序。先听使用者介绍使用情况和故障情况，再动手检查。先检查电动机的外部是否有故障，后检查电动机内部；先检查机械方面，再检查电气方面。这样才能正确迅速地找出故障原因。在对电动机外观、绝缘电阻、电动机外部接线等项目进行详细检查时，如未发现异常情况，可对电动机做进一步的通电试验；将三相低电压（30%

U_N）通入电动机三相绕组并逐步升高，当发现声音不正常、有异味或转不动时，立即断电检查。如启动未发现问题，可测量三相电流是否平衡，电流大的一相可能是绕组短路；电流小的一相可能是多路并联绕组中的支路断路。若三相电流平衡，可使电动机继续运行1～2h，随时用手检查铁芯部位及轴承端盖，发现烫手，立即停车检查。如线圈过热，则是绕组短路；如铁芯过热，则是绕组匝数不够，或铁芯硅钢片间的绝缘损坏。以上检查均在电动机空载下进行。

表 7-1   三相异步电动机常见故障一览表

故 障 现 象	可 能 原 因	检 修 方 法
电源接通后,电动机不能启动或有异常声音	① 熔丝熔断; ② 电源线或绕组断线; ③ 开关或启动设备接触不良; ④ 定子、转子相擦; ⑤ 轴承损坏或有异物卡住; ⑥ 定子铁芯或其他零件松动; ⑦ 负载过重或负载机械卡死; ⑧ 电源电压过低; ⑨ 机壳破裂; ⑩ 绕组连线错误; ⑪ 定子绕组断路成短路	① 更换熔丝; ② 查出断路处,重新接好; ③ 修复开关或启动设备,使其正常; ④ 找出相擦的原因,校正转轴; ⑤ 清洗、检查或更换轴承; ⑥ 将定子铁芯或其他零件复位,重新焊牢或紧固; ⑦ 减轻拖动负载,检查负载机械和传动装置; ⑧ 调整电网电压; ⑨ 修补机壳或更换电动机; ⑩ 检查首、尾端,正确连线; ⑪ 检查绕组断路和接地处,重新接好
电动机的转速低,转矩小	① 将△形错接为丫形; ② 笼型的转子端环、笼条断裂或脱焊; ③ 定子绕组局部短路或断路; ④ 绕线转子的绕组断路,电刷规格不对或表面不洁	① 重新接线; ② 焊补修接断处或重新更换绕组; ③ 找出短路和断路处,进行绝缘和连接处理,或更换绕组; ④ 找出断路处进行处理,或更换绕组,更换原牌号电刷,清洁滑环表面
电动机过热或冒烟	① 电源电压过低或三相电压相差过大; ② 负载过重; ③ 电动机缺相运行; ④ 定子铁芯硅钢片绝缘损坏,使铁芯涡流增加; ⑤ 转子和定子相擦; ⑥ 绕组受潮; ⑦ 绕组有短路和接地	① 查出电压不稳定的原因; ② 减轻负载或更换功率较大的电动机; ③ 检查线路或绕组中开路或接触不良处,重新绕好; ④ 对铁芯进行绝缘处理或适当增加每槽的匝数; ⑤ 矫正转子或轴,或更换轴承; ⑥ 将绕组进行烘熔; ⑦ 修理或更换有故障的绕组
绕线式转子电动机转子滑环火花过大	① 绕线转子电刷牌号或尺寸不合要求; ② 电刷压力不够,电刷在刷握内卡住或电刷位置不正; ③ 电刷与滑环接触不好	① 更换原规格炭刷,绕线转子电动机一般采用含铜量较高的炭刷; ② 增加电刷压力,正确放置电刷位置; ③ 加工滑环表面或擦去油污
电动机轴承过热	① 装配不当使轴承受外力; ② 轴承内有异物或缺油; ③ 转轴弯曲,使轴承受外力或轴承损坏; ④ 皮带过紧或联轴器装配不良; ⑤ 轴承标准不合适	① 重新装配; ② 清洗轴承并注入新润滑油; ③ 矫正轴承或更换轴承; ④ 适当松带,修理联轴器或更换轴承; ⑤ 选配标准合适的新轴承

通过上述检查，确认电动机内部有问题，就可拆开电动机做进一步的检查。

（1）检查绕组部分

查看绕组端部有无积尘和油垢，查看绕组绝缘、接线及引出线有无扭伤或烧伤。若有烧伤，烧伤处的颜色会变成暗黑色或烧焦，有焦臭味。烧坏一个线圈中的几匝线圈，可能是匝间短路造成的；烧坏几个线圈，多半是相间或连接线（过桥线）的绝缘损坏所引起的；烧坏一相，这多为△形接法中由一相电源断电所引起的；烧坏两相，这是由一相绕组断路而产生的；若三相全部烧坏，大都由于长期过载，或启动时卡住引起的，也可能是绕组接线错误引起的，可查看导线是否烧断和绕组的焊接处有无脱焊、虚焊现象。

（2）检查铁芯部分

查看转子、定子表面有无擦伤的痕迹。若转子表面只有一处擦伤，而定子表面全是擦伤，这是由于转子弯曲或转子不平衡造成的；若转子表面一周全都有擦伤的痕迹，定子表面只有一处伤痕，这是由于定子、转子不同心造成的，造成不同心的原因是机座或端盖口变形或轴承严重磨损使转子下落；若定子、转子表面均有局部擦伤痕迹，是由上述原因共同引起的。

（3）检查轴承部分

查看轴承的内、外套与轴颈和轴承室配合是否合适，同时也要检查轴承的磨损情况。

（4）检查其他部分

查看风扇叶是否损坏或变形，转子端环有无裂痕或断裂，再用短路测试器检查导条有无断裂。

3. 定子绕组故障的排除

绕组是电动机的心脏部位，是最容易出现故障的部件。常见的定子绕组故障有：绕组断路、绕组接地、绕组短路及绕组接错、嵌反等。

（1）绕组接地的检查与修理

电动机定子绕组与铁芯或机壳间因绝缘损坏而相碰，称为接地故障。造成这种故障的原因有：受潮、雷击、过热、机械损伤、腐蚀、绝缘老化、铁芯松动或有尖刺，以及绕组制造工艺不良等。

检查方法如下。

① 用兆欧表检查。将兆欧表的两个出线端分别与电动机绕组和机壳相连，以120r/min的速度摇动兆欧表手柄，如所测绝缘值在0.5MΩ，以下，同时有的接地点还发出放电声或微弱的放电现象，则表明绕组已接地；如有时指针摇摆不定，说明绝缘已被击穿。

② 用校灯检查。拆开各绕组间的连接线，用36V灯泡与36V的低电压串联，逐一检查各相绕组与机座的绝缘情况，若灯泡发光，说明该绕组接地；灯光不亮，说明绕组绝缘良好；灯泡微亮，说明绕组已击穿。

修理方法如下。

如果接地点在槽口或槽底线圈出口处，可用绝缘材料垫入线圈的接地处，再检查故障是否已经排除，如已排除则可在该处涂上绝缘漆。如果发生在端部明显处，则可用绝缘带包扎后涂上绝缘漆，再进行烘干处理。如果发生在槽内，则需更换绕组或用穿绕修补法进行修复。

用穿绕修补法修复故障线圈的过程为：先将定子绕组在烘箱内加热到80～100℃，使线圈外部绝缘软化，再打出故障线圈的槽楔，将该线圈两端剪断，并将此线圈从槽内抽出。原来的槽绝缘是否更换可视实际情况而定。取与原线圈相当长度（或稍长些）和规格相同的导线，在槽内来回穿绕到原来的匝数。一般而言，穿最后几匝时很困难，此时可用比导线稍粗的竹签（如织毛线所用的竹针）做引线棒进行穿绕，一直到无法再穿绕为止。比原线圈稍少几匝也可以，穿绕修补后，再进行接线和烘干、浸漆等绝缘处理。

（2）绕组绝缘电阻很低的检修

如果用兆欧表测得定子绕组对地绝缘电阻小于 0.5MΩ，但又没有到零（此时若用万用表欧姆挡 $R \times 100$ 或 $R \times 1k\Omega$ 测量有一定的读数），则说明电动机定子绕组已严重受潮或被油污、灰尘等侵入。此时，可以先将绕组表面清理干净，然后放在烘箱内慢慢烘干，当烘到绝缘电阻上升到达 0.5MΩ 以上后，再给绕组浇一次绝缘漆，并重新烘干，以防回潮。

（3）绕组断路的检查与修理

电动机定子绕组内部连接线、引出线等断开或接头松脱所造成的故障称为绕组断路故障，这类故障大多发生在绕组端部的槽口处，检查时可先查看各绕组的连接处和引出头处有无烧损、焊点松脱和熔化等现象。

检查方法如下。

① 用万用表检查。将万用表置于 $R \times 100$ 或 $R \times 1000$ 挡上，分别测量三相绕组的直流电阻值。对于单线绕制的定子绕组，电阻值为无穷大或接近该值时，说明该相绕组断路；如无法判定断路点时，可将该相绕组中间一半的连接点处剖开绝缘，进行分段测试，如此逐步缩小故障范围，最后找出故障点。也可以不用万用表而改用校灯检查，其原理和方法是一样的。

② 用电桥检查。如电动机功率稍大，其定子绕组由多路并绕而成，当其中一路发生断路故障时，用万用表和校灯则难以判断，此时需用电桥分别测量各相绕组的直流电阻。断路相绕组的直流电阻明显大于其他相，再参照上面的办法逐步缩小故障范围，最后找出故障点。

③ 伏安法。对多路并绕的电动机，如果手头没有电桥的话，则可用此法。分别给每相绕组加上一个数值很小的直流电压 U，再测量流过该绕组中的电流 I，则该绕组的直流电阻 $R = U/I$。而对故障相而言，其电阻 R 较正常相大，故在相同的电压 U 作用下，流过直流电流表的电流较小，因此只需从电流表的读数大小即可判断出故障相。如不用直流电源而改用交流调压器输出一个数值较低的交流电压，交流表读数小的一相为故障相。

修理方法如下。

对于引出线或接线头扭断、脱焊等引起的断路故障，只需重焊和包扎即可；如果断路发生在槽口处或槽内难以焊接时，则可用穿绕修补法更换个别线圈；如故障严重难以修补时，则需重新绕线。

（4）绕组短路的检查与修理

绕组短路的原因如下。

主要是由于电源电压过高，电动机拖动的负载过重、电动机使用过久或受潮受污等造成定子绕组绝缘老化与损坏，从而产生绕组短路。定子绕组的短路故障有绕组对地短路、绕组匝间短路和绕组相与相之间短路（称为相间短路）3 种，其中对地短路故障的检修前面已叙述，本段只叙述匝间短路及相间短路的检修。

绕组短路的检查。

① 直观检查。使电动机定子空载运行一段时间（一般约 10～30min），然后拆开电动机端盖，抽出转子；用手触摸定子绕组。如果有一个或几个线圈过热，则这部分线圈可能有匝间或相间短路故障。也可用眼观察外部绝缘有无变色或烧焦，或用鼻闻有无焦臭味，如果有，则该线圈可能短路。

② 用兆欧表（或万用表的欧姆挡）检查相间短路。拆开三相定子绕组接线盒中的连接片，分别测量任意两相绕组之间的绝缘电阻，若绝缘电阻阻值为零或很小，说明该两相绕组相间短路。

③ 用钳形电流表测三相绕组的空载电流检查匝间短路。空载电流明显偏大的一相有匝

间短路故障。

④ 直流电阻法检查匝间短路。用电桥（或万用表低倍率欧姆挡）分别测量各个绕组的直流电阻，阻值较小的一相可能有匝间短路。

⑤ 用短路测试器（短路侦察器）检查绕组匝间短路。短路测试器实际上是一个特殊的开口变压器，即其铁芯不是自成闭合回路，而是为 U 形，如图 7-3 所示。铁芯也用硅钢片叠成，励磁绕组与变压器一次侧一样，由漆包线绕成再经过绝缘处理后套装在铁芯上，匝数约为 1000 多匝，用直径 0.2mm 左右的漆包线绕制，接 36V 低压交流电。铁芯开口处的形状应能与被测绕组所在的铁芯有较紧密的配合，空隙不宜过大。

测试时，将短路测试器励磁绕组与电流表串联接 36V（或稍高于 36V）交流电压，沿铁芯槽口逐槽移动，当经过短路的线圈时，相当于变压器二次绕组电流会明显增大，从而判断出匝间短路的线圈。此时，也可用一条废锯条或一片硅钢片放在被测线圈的另一边所在的槽口处，如图 7-3 所示。若被测线圈有匝间短路，则短路电流周围的磁场形成的磁力线经铁芯和锯条形成闭合回路，锯条就会产生振动并发出响声。

用短路测试器进行测试时应注意以下几点：首先应注意安全；其次若是做△形连接的电动机定子绕组引出线端应先拆开，绕组若为多路并绕，应将各并联支路断开。若绕组是双层绕组，则一个槽内嵌有不同线圈的两条边，要确定究竟是哪个线圈匝间短路，可分别将锯条放在左、右两边相隔一个节距的槽口上进行测试后才能确定，如图 7-4 所示。

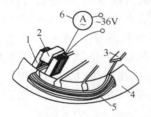

图 7-3 用短路测试器查找短路线圈
1—开口铁芯；2—励磁线圈；3—钢片；
4—定子铁芯；5—定子绕组端部；6—电流表

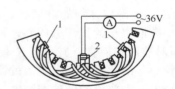

图 7-4 双层绕组匝间短路测试方法
1—钢片；2—短路测试器

绕组短路的修整如下。

绕组相间短路故障如发现的早，未造成定子绕组烧损事故时，可以找出故障点，用竹楔插入两线圈的故障处，把短路部分分开，再垫上绝缘材料，涂上绝缘漆。如已造成绕组烧损时，则应更换部分或全部绕组。

（5）绕组接线错误或嵌反的检查与处理

绕组接线错误或某一线圈嵌反时会引起电动机振动，发出较大的噪声，电动机转速低甚至不转。同时会造成电动机三相电流严重不平衡，使电动机过热，而导致熔丝熔断或绕组烧损。

绕组接线错误或嵌反的检查方法：先拆开电动机，取下端盖并取出转子。将低压直流电源（一般在 10V 以内，注意输出电流不要超过绕组的额定电流）逐步加在三相定子绕组的每一相上（如电动机定子绕组采用Y形接法，则将直流电源两端分别接到中性点和某相绕组的出线端；如采用△形接法必须拆开三相绕组的连接点），用指南针沿定子内圆周移动，如绕组接线正确，则指南针顺次经过每一极相组时，就南北交替变化，如图 7-5 所示。

如指南针在某一个极相组的指向与图示方向相反，则表示该极相组接反。如果指南针经过同一极相组不同位置时，南北指向交替变化，则说明该极相组中有个别线圈嵌反。

在找出错误后，应纠正错误部位的连接线，再重做上述试验。

（1）笼型转子故障的检查与排除

笼型转子的常见故障是断条，断条后的电动机一般能空载运行，但当加上负载后，电动机转速将降低，甚至停转。若用钳形电流表测量三相定子绕组电流时，电流表指针会往返摆动。

断条的检查方法通常有以下两种。

① 用短路测试器检查。如图 7-6 所示，将短路测试器加上励磁电压后放在转子铁芯槽口上，沿转子周围逐槽移动，如导条完好，则电流表指示的是正常短路电流。若测试器经过某一槽口时电流有明显下降，则表示该处导条断裂。

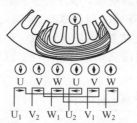
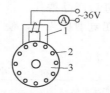

图 7-5　用指南针法检查绕组接错或接反　　　图 7-6　用短路测试器检查断条

1—短路测试器；2—导条；3—转子

② 导条通电法。在转子导条端环两端加上几伏的低压交流电，再在转子表面撒上铁粉或用断锯条沿转子各导条依次测试。当某一导条处不吸铁粉或锯条时，则说明该处导条已断裂。

转子导条断裂故障一般较难修理，通常是更换转子。

（2）绕线转子故障的检修

一般中小型绕线转子的结构与三相定子绕组结构相仿，因此故障的检查及修理方法也相似，这里不再叙述。

第二节
单相异步电动机的拆装与检修

一、单相异步电动机的铭牌和主要类别及用途

1. 单相异步电动机铭牌

单相异步电动机铭牌如下。

单相电容运行异步电动机			
型号	D02-6314	电流	0.94A
电压	220V	转速	1400r/min
频率	50Hz	工作方式	连续
功率	90W	标准号	
编号、出厂日期×××× 　×××　电机厂			

（1）型号

型号表示该产品的种类、技术指标、防护结构形式及使用环境等。

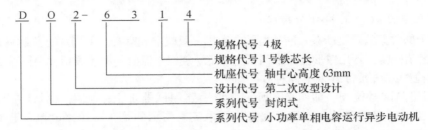

中国单相异步电动机的系列代号前后经过 3 次重大的更新，见表 7-2。目前生产的 BO_2、CO_2、DO_2 系列均采用国际 IEC 标准，功率等级与机座号的对应关系与国际通用，有利于产品的出口及与进口产品替代。该系列产品电动机外壳防护形式为 IP44（封闭式），采用 E 级绝缘，接线盒在电动机顶部，便于接线与维修。近期内又研制了新型的 YC 系列单相电容启动异步电动机。

表 7-2　小功率单相异步电动机产品系列代号

基本系列产品名称	20 世纪 50～60 年代	20 世纪 70 年代	20 世纪 80～90 年代
单相电阻启动异步电动机	JZ	BO	BO_2
单相电容启动异步电动机	TY	CO	CO_2
单相电容运行异步电动机	JX	DO	DO_2
单相电容启动与运行异步电动机			E
单相罩极电动机			F

（2）电压

电动机电压是指电动机在额定状态下运行加在定子绕组上的电压，单位为 V。根据国家标准规定电源电压在 $\pm 5\%$ 范围内变化时，电动机应能正常工作。电动机使用的电压一般均为标准电压，中国单相异步电动机的标准电压有 12V、24V、36V、42V、220V。

（3）频率

它是指加在电动机上的交流电源的频率，单位为 1h。由单相异步电动机的工作原理知道，电动机的转速与交流电的频率直接有关，频率高，电动机转速也高。因此，电动机应接在规定频率的交流电源上使用。中国交流电源频率为 50Hz，国外有 60Hz 的。

（4）功率

它是指单相异步电动机轴上输出的机械功率，单位为 W。铭牌上标出的功率是指电动机在额定电压、额定频率和额定转速下运行时的输出功率，即额定功率。

中国常用的单相异步电动机的标准额定功率为：6W、10W、16W、25W、40W、60W、90W、120W、180W、220W、380W、550W 及 750W。

（5）电流

在额定电压、额定功率和额定转速下运行的电动机，流过定子绕组的电流值，称为额定电流，单位为 A。电动机长期运行时的电流不允许超过该电流值。

（6）转速

电动机在额定状态下运行时的转速，单位为 r/min。每台电动机在额定运行时的实际转速与铭牌规定的转速有一定的偏差。

（7）工作方式

工作方式是指电动机的工作是连续式还是间断式。连续运行的电动机可以间断工作，但间断运行的电动机不能连续工作，否则会烧损电动机。

2. 单相异步电动机的分类及应用

常见单相异步电动机的分类、结构特点、主要优缺点及应用见表7-3。

表7-3　单相异步电动机结构特点及应用对照

电动机名称	结 构 特 点	等效电路图	主要优缺点	应用范围
电阻分相单相异步电动机	① 定子绕组由启动绕组及工作绕组两部分组成； ② 启动绕组电路中的电阻较大； ③ 启动结束后，启动绕组被自动切断	图 A	① 价格较低； ② 启动电流较大，但启动转矩不大	小型鼓风机、研磨机、搅拌机、小型钻床、医疗器械、电冰箱等
电容启动单相异步电动机	① 定子绕组由启动绕组及工作绕组两部分组成； ② 启动绕组中串入启动电容器； ③ 启动结束后，启动绕组被自动切断	图 B	① 价格稍贵； ② 启动电流及启动转矩均较大	小型水泵、冷冻机、压缩机、电冰箱、洗衣机等
电容运行单相异步电动机	① 定子绕组由启动绕组及工作绕组两部分组成； ② 启动绕组中串入启动电容器； ③ 启动绕组参与运行	图 C	① 无启动装置，价格较低； ② 功率因数较高	电风扇、排气扇、电冰箱、洗衣机、空调器、复印机等
电容启动、电容运行单相异步电动机	① 定子绕组由启动绕组及工作绕组两部分组成； ② 启动绕组中串入启动电容器； ③ 启动结束后，一组电容被切除，另一组电容与启动绕组参与运行	图 D	① 价格较贵； ② 启动电流、启动转矩较大，功率因数较高	电冰箱、水泵、小型机床等
罩极电动机	定子由一组绕组组成，定子铁芯的一部分套有罩极铜环（短路环）	图 E	① 结构简单，价格低，工作可靠； ② 启动转矩小，功率小，效率低	小型风扇、鼓风机、电唱机、仪器仪表、电动模型等

图 A

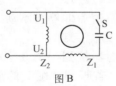
图 B

图 C

图 D

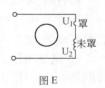
图 E

二、单相异步电动机的故障分析与处理

单相异步电动机按其启动方法不同可分多种，但应用最广泛的是电容分相单相异步电动机（包括电容启动、电容运行、电容启动运行之类）。因此，本部分内容主要以该类电动机为例加以分析，电阻分相及罩极电动机的故障分析与处理与本内容大体相仿。电容分相单相异步电动机的常见故障主要如下。

1. 电源正常，但通电后电动机不转动

出现这类故障可以从两方面找原因：一是电动机电气方面的故障；二是电动机机械方面的故障。

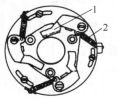

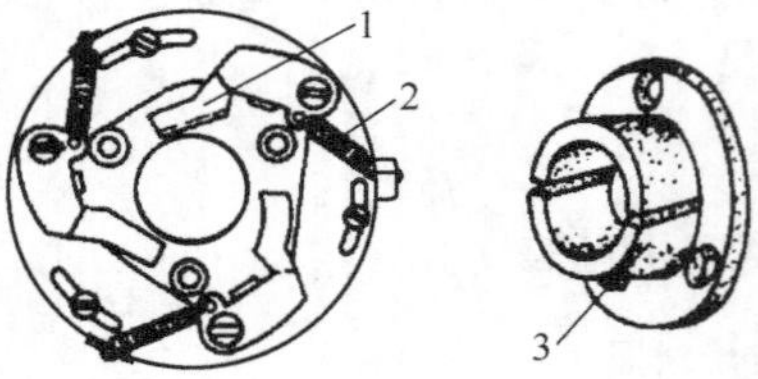

(a) 旋转部分　　(b) 静止部分

图 7-7　离心开关的结构

1—指形铜触片；2—拉力弹簧；

3—半圆形铜环

（1）启动绕组本身断路

对此可用万用表欧姆挡测量启动绕组的直流电阻，一般均应小于几十欧姆或上百欧姆。如电阻值太大，说明启动绕组本身断路。如断路点在槽外较明显处，则可用焊接法予以修理。

（2）离心开关常见的故障

离心开关的结构如图 7-7 所示。

离心开关常见的故障主要有离心开关不闭合（即指形铜触片无法压在半圆形铜环上）和离心开关打不开（即指形铜触片无法与半圆形铜环脱离）。

离心开关不闭合的原因可能是有杂物进入，使指形铜触片卡死而无法动作，也可能是拉力弹簧 2 拉力太松或损坏，不能使指形铜触片与圆环相接触。

离心开关打不开的原因可能是指形铜触片的转轴不灵活或被卡死，使触片无法动作，也可能是弹簧拉力过大所致。

（3）启动或运行电容器的故障

① 电容器类别。电容分相单相异步电动机中的电容器可分为启动电容器及运行电容器。启动电容器只有在电动机启动时接入，启动完毕即从电源上切断。为产生足够大的启动转矩，电容器的电容量一般较大，约几十到几百微法，通常采用价格较便宜的电解电容器。运行电容器长期接在电源上参与电动机的运行，其容量较小，一般为油浸金属箔型或金属化薄膜电容器。其容量的大小及质量的好坏对电动机的启动情况、功率损耗及调速情况均有较大的影响，需要更换电容器时，必须特别注意尽量保持原规格。

② 电容器的检查方法。电容器好坏的检查及电容量的测定通常有以下几种方法。

a. 万用表法。这是最常用的一种方法，将万用表的转换开关置于欧姆挡 $R \times 10\text{k}\Omega$ 或 $R \times 1\text{k}\Omega$ 上，把黑表笔接电容器的正极性端，红表笔接电容器的另一端（无极性电容器可任意接），观察表针摆动情况，即可大体上判定电容器的好坏。

指针先很快摆向 0Ω 处，以后再慢慢返回到数百千欧位置后停止不动，则说明该电容器完好。

指针不动则说明该电容器已损坏（开路）。

指针摆到 0Ω 处后不返回，则说明该电容器已损坏（短路）。

指针先摆向 0Ω 处，以后慢慢返回到一个较小的电阻值后即停止不动，则说明该电容器的泄漏电流较大，可视具体情况，决定是否需更换电容器。

b. 充放电法。如一时没有万用表可用此法。将电容器接到一个 3～9V 的直流电源上，时间约在 2s，取下电容器。用旋具将电容器两端短接，若听到"啪"的放电声，或看到放电火花，则说明该电容器良好，否则即是坏的。对电解电容器，电源正端接电容正极性端。

c. 电容器电容量的测定。一般用专用的仪器（电桥）测量电容器的电容量。也可用伏安法进行测量，即按图 7-8 接好线路，接通电源后尽快读下仪表的读数，则电容器的电容 C 为

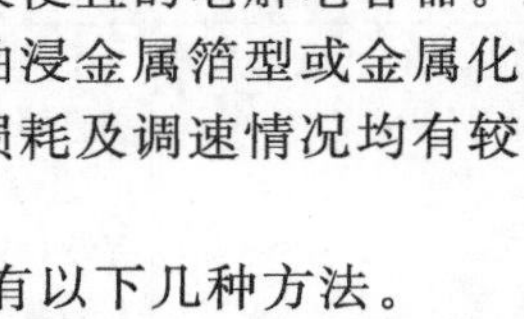

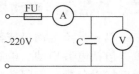

图 7-8　用伏安法测电容器电容量

$$X_{\text{C}} = \frac{1}{2\pi f C} = \frac{1}{\omega C} = \frac{U}{I}$$

$$C = \frac{I}{\omega U} = 3183\,\frac{I}{U}$$

式中　X_c——容抗，Ω；

　　　C——被测电容器的电容量，μF；

　　　I——电流表的读数，A；

　　　U——电压表的读数，V。

（4）转子绕组断路

这种故障一般少见，若出现转子绕组断路时，此时用手拨动转轴，电动机往往也不旋转。

（5）轴承被卡住

其原因可能是轴承损坏或轴承内的润滑脂已干涸，或轴承内进入杂物导致轴承无法转动，对刚修复或装配好的电动机，出现这种故障也可能是轴承安装不好或轴承盖安装不好所致。

（6）定子与转子相碰

其原因可能是轴承磨损、转轴弯曲、定子铁芯松动、端盖装配不好等原因所致。

2. 电动机启动或运转不正常

这类故障主要表现为电动机启动转矩小，空载时或在外力的帮助下能启动，但启动迟缓，电动机在稳定运行时的转速低于正常转速等，其原因如下。

（1）电路方面的故障

电源电压太低；电动机启动绕组断路；离心开关在启动时触点未闭合；启动电容器损坏或电容量变小；转子绕组电阻过大或局部断路；定子绕组中有个别线圈接线错误等。

（2）机械方面的故障

如轴承润滑脂干涸或有灰尘等进入；轴承磨损、转轴变形或铁芯松动造成定子与转子之间有轻度相擦；电动机的负载过大或负载不平衡等。

3. 电动机接通电源后熔丝很快熔断

电气方面的原因有电动机定子绕组内部接线错误；启动绕组与工作绕组之间的绝缘损坏，或本身有匝间短路、对地短路等故障。另外，如电源电压过高或过低，熔丝选择得太细也可能导致上述故障出现。机械方面的原因是有卡死现象，电动机的负载过大造成电动机不转，启动电流过大。

4. 电动机在运行中温度过高或冒烟

电动机定子绕组出现温度过高或冒烟的原因是电流长期超过额定电流所致。其原因主要为：定子绕组中有局部的匝间短路或对地短路；电容启动单相异步电动机在启动完毕后离心开关没有断开，使启动绕组参与运行；启动绕组与工作绕组接错，即电容器串在工作绕组内，使启动绕组长期运行；电源电压过高或过低；电动机正、反转过于频繁等。也可能是电动机的负载较重或轴承不良，定子、转子轻度相擦等原因所造成。

5. 电动机在运行时噪声大或振动较大

这主要是机械方面的原因所致：电动机装配不良或转子轴的变形造成定子与转子偏心，使定子、转子之间的空气间隙不均匀甚至有轻度的相擦；轴承安装不好或轴承磨损；电动机内部有杂物等。也可能是电动机与负载之间连接不好，负载阻力太大或负载本身不平衡（如风扇叶的变形）。

6. 电动机绝缘不良造成绝缘值太低或外壳带电

主要从电气方面找原因，如定子绕组与铁芯槽之间的绝缘损坏；定子绕组与端盖相碰；

电动机接线或出线绝缘不良；电动机过热后造成定子绕组绝缘老化；电动机受潮或内部灰尘、杂物太多等。

单相异步电动机常见故障及检修见表7-4。

表 7-4　单相异步电动机常见故障及检修

故 障 现 象	可 能 原 因	检 修 方 法
电源电压正常,但通电后电动机不转	① 定子绕组或转子绕组开路； ② 离心开关触点未闭合； ③ 电容器开路或短路； ④ 轴承卡住； ⑤ 定子与转子相碰	① 定子绕组开路可用万用表查找,转子绕组开路用短路测试器查找； ② 检查离心开关触点、弹簧等,加以调整或修理； ③ 更换电容器； ④ 清洗或更换轴承； ⑤ 找出原因,对症处理
电动机接通电源后熔丝熔断	① 定子绕组内接线错误； ② 定子绕组有匝间短路或对地短路； ③ 电源电压不正常； ④ 熔丝选择不当	① 用指南针检查绕组接线； ② 用短路测试器检查绕组是否有匝间短路,用兆欧表测量绕组对地绝缘电阻； ③ 用万用表测量电源电压； ④ 更换合适的熔丝
电动机温度过高	① 定子绕组有匝间短路或对地短路； ② 离心开关触点不断开； ③ 启动绕组与工作绕组接错； ④ 电源电压不正常； ⑤ 电容器变质或损坏； ⑥ 定子与转子相碰； ⑦ 轴承不良	① 用短路测试器检查绕组是否有匝间短路,用兆欧表测量绕组对地绝缘电阻； ② 检查离心开关触点、弹簧等,加以调整或修理； ③ 测量两绕组的直流电阻,电阻大者为启动绕组； ④ 用万用表测量电源电压； ⑤ 更换电容器； ⑥ 找出原因,对症处理； ⑦ 清洗或更换轴承
电动机运行时噪声大或振动过大	① 定子与转子轻度相碰； ② 转轴变形或转子不平衡； ③ 轴承故障； ④ 电动机内部有杂物； ⑤ 电动机装配不良	① 找出原因,对症处理； ② 如无法调整,则需要更换转子； ③ 清洗或更换轴承； ④ 拆开电动机,清除杂物； ⑤ 重新装配
电动机外壳带电	① 定子与转子轻度相碰； ② 定子绕组端部与端盖相碰； ③ 引出线或接线处绝缘损坏与外壳相碰； ④ 定子绕组槽内绝缘损坏	①、②、③寻找绝缘损坏处,再用绝缘材料与绝缘漆加强绝缘； ④ 一般需重新嵌线
电动机绝缘电阻降低	① 电动机受潮或灰尘较多； ② 电动机过热后绝缘老化	① 拆开后清洗并进行烘干处理； ② 重新浸漆处理

第三节

电气控制线路原理图的有关知识

一、电气图常用图形符号及文字符号

工作机械的电气控制线路可用电气原理图表示,原理图是用图形符号、文字符号和线条表明各个电器元件的功能及连接关系和电路的具体安排的示意图。电气原理图使用广泛,它可描述千差万别的对象，使用时不受对象实际大小和复杂程度的限制。

原理图的一个重要特征是将元件和器件以图形符号和文字符号的形式出现在图上。图上符号必须采用国家标准 GB 4728—85《电气图用图形符号》所规定的图形符号和文字符号来绘制。因此，在识读电气原理图前必须熟悉、理解国家标准《电气图用图形符号》，需要时应随时查阅。

电路图种类很多，从功能上分有原理图、装配图、接线图等；从类别上分有配电系统图、照明系统图、电力拖动电气原理图等。本节仅介绍工厂电力拖动自动控制系统电气原理图的识读。

二、电气控制线路的组成

工作机械的电气控制线路由动力电路、控制电路、信号电路和保护电路等组成。

动力电路指从电网向电动机供电的电路，亦称主电路。控制电路指操纵工作机械和电动机、电磁铁等设备的电路，如控制电动机的启动、变速、制动等，同时也对电动机等动力设备起到保护作用，控制电路与主电路之间有着密切的信号联系。信号电路是指示工作机械的动作或状态的信号的电路，如各类信号指示灯、声响报警器电路等。保护电路指接地安全装置，如 PE 板、接地导线等。

如图 7-9 所示是 CA6140 型车床电气控制线路图，下边编号中 2，3，4 是主电路；5，6，7，8，9 是控制电路；10 是信号电路，图中的 XB，PE 板是保护电路。

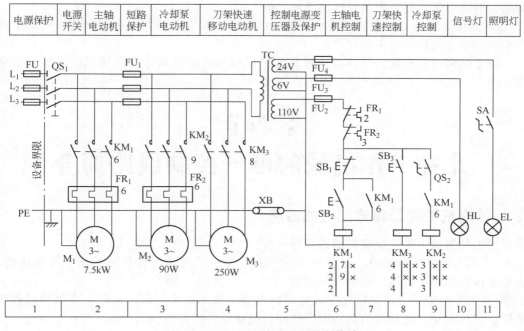

图 7-9　CA6140 型车床电气控制线路

三、识读电路图的一般方法和步骤

为了正确、快速识读电路图，除了要有电工学知识和熟悉电器元件的符号外，还应了解电路图格式和布局。电力拖动的电路图通常在图的上方有一功能说明栏，说明栏分成若干列，每列中说明的电路功能，应与电路图中的电路在垂直方向对应。电路图下方有一排编号，即为电路编号。识读电路时要分清主电路、控制电路、信号电路、保护电路及它们之间的联系。尤其是接触器、中间继电器等多触头的电器元件，要注意它们的触头在图中的分布位置及所起的作用。在电力拖动的电路图中，均采用分开表示方法。通常在接触器线圈符号下面，标出与该线圈配套的触头在图中的位置。位置是用电路编号来表示。如图 7-9 所示，图中 KM_1 有三副常开触头在电路编号 2 范围内，另各有一副常开触头分别在电路编号 7 和 9 范围内。

四、识读电路图的一般方法和步骤

识读电路图一般是先看标题栏，了解电路图的名称及标题栏中有关内容，对电路图有个初步认识。其次看主电路，了解主电路控制的电动机有几台，各具什么功能，如何与机械配合。最后看控制电路，了解用什么方法来控制电动机，与主电路如何配合，属哪一种典型电路。下面以 CA6140 型车床电气控制线路为例，说明识读电路图的方法。

① 从识读主标题栏（本图省略）得知该电路图是 CA6140 型车床电气控制线路图。如对该车床有所了解就能联想到车床的功能和它的一些动作，这对理解电路图的控制原理是很有帮助的。

② 该图采用电路编号来绘制，对电路或支路数用数字编号来表示其位置。

③ 从功能栏来看，该电路图有主轴电动机、冷却泵电动机、刀架快速移动电动机、主轴控制，以及信号灯、照明灯等，并与相应电路对应。

④ 从布局来看，电路图自左向右分别为主电路、控制电路、信号电路、照明电路，布局清晰，简单明了，能很方便地进行原理分析。

⑤ 电路图采用垂直为主的画法。在符号上采用分开表示法，即在接触器线圈的下方列表格来表示该接触器的触头所在位置。

弄清了电路图的布局、结构及大致工作情况以后，即可结合专业知识进一步分析电路原理。

第四节
几种工作机械的电气控制线路简介

一、识读电气控制线路原理图的方法

识读工作机械电气控制线路图通常分三步。

① 了解工作机械的用途、运转要求和相互联系，了解该工作机械共用了几台电动机，每台电动机拖动哪些机械，实现哪些功能。

② 从主电路图开始，分析每一台电动机由哪个接触器来控制，电路中有哪些联锁和保护电路。识读时结合图顶部的功能说明栏和机械动作进行分析。

③ 分析控制电路应结合已学过的典型线路，分析是属于哪一种，如果遇到不熟悉的控制线路，可从按钮指令开始，逐条分析接触器线圈的通、断情况，再联系有关电动机电路，得出控制电路与电动机及工作机械的关系，最后分析信号电路和照明电路。

下面介绍两种工作机械的电气控制线路图，作为识读实例。

二、CA6140 卧式车床电气控制线路

CA6140 车床电气控制线路由主电路、控制电路、信号及照明电路和保护电路组成（见

图7-9）。在主电路中共有三台电动机，M_1 为主轴电动机，功率为 7.5kW，用来带动主轴旋转和刀架进给；M_2 为冷却泵电动机，M_3 为刀架快速移动电动机。三台电动机均采用直接启动的方式。

KM$_1$ 接触器控制 M_1 电动机，采用具有过载保护的带自锁的基本线路。KM$_1$ 的常开触头串接在 KM$_2$ 线圈支路中，说明只有在 M_1 电动机运转时，KM$_2$ 线圈才有可能得电，也就是主轴电动机工作后，冷却泵电动机才能工作。KM$_3$ 接触器控制 M_3 快速移动电动机，采用了点动基本线路，说明该电动机工作时间很短，故线路中也没设热继电器进行过载保护。该车床电气控制线路的控制电路采用变压器二次侧输出的 110V 电压做电源。线路的其他部分请读者自行分析。

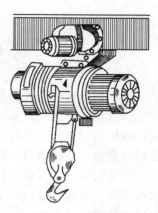

三、电动葫芦的电气控制线路

电动葫芦是车间里常用的一种起重机械（见图7-10），其主要部分是升降机构和行车的移动装置，分别由两台笼型异步电动机通过正、反转来完成起重工作。其中一台电动机担任升、降作

图 7-10　电动葫芦

业，采用电磁抱闸（也可采用电磁制动器）制动，确保吊钩不致坠落。电路中应在前、后、上三个方向设置限位，以免发生事故。如图 7-11 所示是电动葫芦控制线路。

主电路中有 M_1，M_2 两台电动机，KM$_1$，KM$_2$ 控制 M_1 升、降电动机，其中两相电流分出 380V 电压控制电磁抱闸；KM$_3$，KM$_4$ 控制 M_2 前、后电动机，完成行车在水平面内沿导轨的前、后移动。

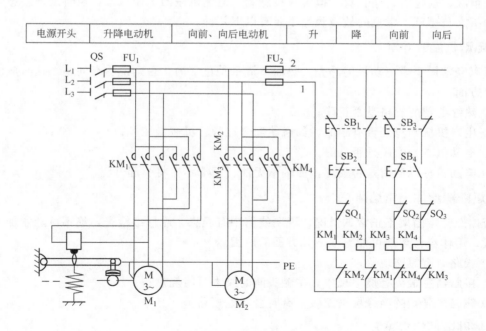

图 7-11　电动葫芦控制线路

控制电路由两个按钮、接触器复合联锁正反转控制线路组成，属典型线路。所不同的是线路中增加了 SQ$_1$，SQ$_2$，SQ$_3$ 三个行程开关，并将它们的常闭触头串接在上、前、后三条

支路中，这样就限制了电动葫芦上升、前进、后退三个方向的极端位置。其他线路请读者自行分析。

第五节
常见故障及简易处理方法

生产机械在生产过程中，会产生各种故障，有些是电气故障，有些是机械故障，有些先是机械故障，由于没有及时排除，而导致电气故障，还有些是因为操作人员不遵守操作规程或误操作而引起的事故等。这就要求每一位机械操作人员，不仅要遵守机械的操作规程，而且还要懂得一些故障的判断，掌握一些简单的处理方法。

常见到的电气故障，如熔断器中熔体熔断、电动机不转、电动机发出嗡嗡声、接触器发出振动声、电动机运行时不能自锁、电动机运行后无法停转、电气控制箱冒烟等。对于这类故障应采取以下措施。

① 立即切断生产机械的电源线，确保生产机械不再带电。

② 检查生产机械的安全，如卷扬机是否有重物悬挂在上面，机床上刀架是否已退离工件等。

③ 在生产机械上挂好警告牌，如"有故障，不准使用"的牌子，并及时向值班电工报告故障情况。

以上所述是故障发生后的紧急处理方法。在日常生产过程中，操作人员要注意生产机械的运行情况，通过听、闻、看、摸等直接感觉来监测机械的工作状态，及时发现隐患，防止事故的扩大与蔓延。常见的故障隐患主要有以下几种。

1. 电动机温升异常

可以经常用手摸电动机的外壳，热而不烫手是正常的，否则说明有问题，这时应注意以下几个方面。

① 热继电器的规格是否正确；

② 生产机械本身是否有故障，如齿轮配合过紧、机械卡住等；

③ 电动机本身通风是否良好；

④ 电动机轴承油封是否损坏，如轴承无油、润滑不良将引起升温。

2. 熔断器熔体经常熔断

熔体经常熔断属不正常的情况，说明线路中有隐患，应仔细检查，绝不可随意加大熔体的容量。熔体经常熔断可能有以下几方面的原因。

① 线路时有短路现象；

② 接触器主触头有烧毛现象，主触头间的胶木可能烧焦；

③ 线路中导线的绝缘层被磨破，有时会对地短路。

3. 热继电器经常跳开

热继电器经常跳开，按复位按钮后，线路又能正常工作，说明线路存在故障的隐患。热继电器是电动机的过载保护，所以检查方法同电动机温升过高情况相似。

生产机械操作人员虽然不是电工，不能直接对生产机械的电力部分进行维修，但是，掌握一定的电工知识，对确保生产机械的正常运行和安全用电等都会起积极作用。

综合实训 4 »» 三相异步电动机定子绕组端部相间短路或匝间短路故障的检修

一、目的与要求

1. 熟悉了解三相异步电动机的结构、性能。
2. 掌握三相异步电动机的拆装步骤和方法。
3. 掌握三相异步电动机基本的使用、维护方法。

二、设备与材料

工具、仪表、器材　故障电动机 1 台、短路测试器、220V/36V 变压器、36V 低压校验灯、兆欧表、与被修电动机相同的绝缘材料及漆包线、电工工具、嵌线工具等。

三、实训步骤

1. 相间短路检修

① 拆开电动机接线盒内的连接片，将电动机解体，取出端盖及转子。

② 用兆欧表测量各相绕组之间的绝缘电阻，若绝缘电阻为零，说明该两相绕组之间有匝间短路。

③ 将定子绕组烘热至绝缘软化，拆开一相绕组各线圈的连接处，用淘汰法查找出与另一相绕组短路的线圈。

④ 将 36V 校验灯的两端分别接在一相故障线圈和另一相绕组的一端，此时灯亮，说明故障点确在该部位。

⑤ 用划板轻轻拨动故障线圈的前、后端部，当拨到某一点时，灯光闪动或熄灭，则该点即为故障点。

⑥ 用复合青壳纸做相间绝缘材料，垫入故障部位，此时校验灯应完全熄灭。

⑦ 用兆欧表测量故障部位的绝缘电阻应大于 $0.5 M\Omega$。

⑧ 将各接地点恢复，端部包扎并整形。

⑨ 在故障处刷涂或浇注绝缘漆后烘干。

⑩ 最后检查绝缘电阻及对电动机进行装配。

2. 匝间短路检修

① 拆开电动机接线盒内的连接片，将电动机解体，取出端盖及转子。

② 先用观察法观察定子绕组各线圈有无明显的绝缘烧损部位，再用短路测试器逐槽检查。

③ 如匝间短路的线圈较多，则该电动机需重绕定子绕组；如匝间短路发生于一个线圈内，则可用穿绕修补法进行修理。

④ 将定子绕组烘热至绝缘软化，取出故障线圈的槽楔，将故障线圈两端逐根剪断，并从槽内抽出导线。

⑤ 将复合青壳纸做成比定子铁芯长 20～30mm 的圆筒，塞进槽内，作为槽绝缘。

⑥ 用相同规格的漆包线以穿绕修补法穿绕线圈至规定匝数（如最后几匝无法穿入时可

以少几匝）。

⑦ 用短路测试器复验，合格后可焊接线头，打入槽楔，恢复绝缘并整形等。

⑧ 浇注绝缘漆，烘干定子绕组。

⑨ 重新装配好电动机。

四、注意事项

① 若是多路并绕定子绕组，要将各并联支路均拆开。

② 使用短路测试器时，应先将其铁芯放在定子铁芯上后再接通测试器励磁线圈电源，使用中也尽量不要使测试器铁芯离开定子铁芯。

③ 用穿绕修补法穿绕线圈时，要注意不要使漆包线交叠，以尽量保证穿满原匝数，同时注意不要损坏绕组绝缘。

五、成绩评定

1. 相间短路检修

序 号	项目内容	评 分 标 准	分 值	扣 分	得 分	备 注
1	寻找故障点	①拆开电动机步骤不对扣10分； ②查找短路故障方法不对扣15分； ③未能正确判定短路部位扣15分	40分			
2	修理质量	①垫入绝缘方法不对扣10分； ②接线恢复不良扣10～20分； ③测试装配不良扣10～20分	40分			
3	安全、文明生产	每一项不合格扣5分	10分			
4	工时：3h	每超时5min扣2分	10分			
	评分					

2. 匝间短路检修

序 号	项目内容	评 分 标 准	配 分	扣 分	得 分	备 注
1	寻找故障点	①拆开电动机步骤不对扣10分； ②使用短路测试器方法不对扣5～10分； ③未能正确判定故障部位扣20分	40分			
2	修理质量	①拆除故障线圈方法不对扣10分； ②穿绕线圈时匝数不对扣10～20分； ③测试装配不良扣10～20分	40分			
3	安全、文明生产	每一项不合格扣5分	10分			
4	工时：3h	每超时5min扣2分	10分			
	评分					

综合实训 5 》》 风扇故障分析与处理

一、目的与要求

1. 熟悉了解三相异步电动机的结构、性能。
2. 掌握三相异步电动机的拆装步骤和方法。
3. 掌握三相异步电动机基本的使用、维护方法。

二、设备与材料

风扇 1 台、风扇电容器 1 个、单臂电桥（或万用表）、兆欧表、交流电流表、交流电压表、功率表、电工工具等。

三、实训步骤

① 通过查问用户、观察或通电试验等方法初步了解该风扇的故障情况。

② 拆卸吊风扇，记录好该风扇工作绕组与启动绕组的接线方法。

③ 用单臂电桥（如无该设备，可用万用表欧姆挡代替）分别测量工作绕组与启动绕组的直流电阻值，记录于表 7-5 中。

表 7-5　吊风扇的直流电阻及绝缘电阻

绕组名称	直流电阻/Ω	对地绝缘电阻/MΩ	绕组间绝缘电阻/MΩ
工作绕组			
启动绕组			

④ 用兆欧表分别测量工作绕组与启动绕组的对地绝缘电阻及绕组之间的绝缘电阻值，记录于表 7-5 中。

⑤ 用万用表判定风扇电容器的好坏，并记录如下：电容器额定电压_____V，容量_____μF。

万用表旋钮位置×_____kΩ，当万用表两表笔与电容器两接线端接通后，万用表指针首先指向_____位；万用表指针最后稳定时，指针所指示的电阻值_____。将万用表正、负两表笔与电容器两接线端对调后，继续观察万用表指针首先指向_____位；万用表指针最后稳定时，指针所指示的电阻值_____。初步判定该风扇电容器_____。

⑥ 用电压表法测定风扇电容器的电容值，按图 7-8 所示接线，并记录于表 7-6 中。将测得的电压、电流值，按公式 $C = 3183I/U$ 求得测量值，并记录于表中，且与标定值进行对照，以确定该电容器的好坏。

表 7-6　风扇电容器电容值测定

电压表读数/V	电流表读数/A	风扇电容器电容值/μF	
		标　定　值	测　量　值

⑦ 查找和排除吊风扇出现的故障

a. 工作绕组或启动绕组端部或绕组之间连接处或绕组引出线处断路故障排除。

b. 工作绕组与启动绕组之间短路故障的排除。

c. 工作绕组或启动绕组与铁芯槽口处绝缘损坏造成接地短路故障的排除。

d. 工作绕组及启动绕组对地绝缘电阻降低的处理。

e. 吊风扇轴承清洗、更换及加润滑脂。

f. 定子与转子发生轻度相碰的处理。

g. 吊风扇扇叶变形后的整形或更换。

h. 吊风扇内部灰尘及杂物的清除。

i. 吊风扇装配不良的排除。

上述各项故障处理的方法除第 g 项外，均可参照三相异步电动机故障处理的方法进行，这里不再叙述。

⑧ 故障排除后，按顺序装配好吊风扇，并进行通电试运转。

⑨ 在吊风扇运转正常后再进行下列试验，并记录数据，以了解启动电容器对吊风扇运行的影响。

a. 试验线路自行设计，要求测量数据为：电源电压 U，电源供给吊风扇的总电流 I，吊风扇消耗的有功功率户。

b. 按该吊风扇的标准接法（即启动电容串接在启动绕组中），测量并记录上述数据于表 7-7 中。

c. 将启动电容串接在工作绕组中，测量并记录上述数据于表 7-7 中。

d. 将启动绕组中的启动电容器容量增加 1 倍（即将两个启动电容并联），测量并作记录上述数据于表 7-7 中。

e. 将启动绕组中的启动电容器容量减少 1 倍（即将两个启动电容串联），测量并记录上述数据于表 7-7 中。

表 7-7　吊风扇电容量对风扇运行的影响

电容器的接法	电压/V	电流/A	功率/W
标准接法			
电容器 C 串接在工作绕组中			
电容器 $2C$ 串接在启动绕组中			
电容器 $C/2$ 串接在启动绕组中			

通过上述试验得出结论：＿＿＿＿＿＿＿＿＿＿＿＿＿＿＿＿＿＿＿＿＿＿＿

＿＿＿＿＿＿＿＿＿＿＿＿＿＿＿＿＿＿＿＿＿＿＿＿＿＿＿＿＿＿＿＿＿。

四、注意事项

① 如吊风扇的启动绕组或工作绕组已烧坏，需重新绕制，则不适宜于选做本训练之用。

② 在检修吊风扇前应初步搞清该吊风扇的故障现象，如需采用通电试运转则必须慎重，确保安全，并及时做好切断电源的准备。

③ 进行通电试验时，各组设计的线路必须经指导教师认可后，方可实施。

④ 正确选择所用仪表及量程。

⑤ 注意设备及人身安全。

五、成绩评定

序号	项目内容	评 分 标 准	配分	扣分	得分	备注
1	拆卸吊风扇	拆卸不正确、损坏零部件扣 5~10 分	10 分			
2	电阻测定	① 直流电阻测定错误扣 5~10 分; ② 绝缘电阻测定错误扣 5~10 分	10 分			
3	风扇电容测定	① 用万用表判定的方法,结论不对的扣 5~10 分; ② 风扇电容值测定不对扣 5~10 分	10 分			
4	吊风扇故障处理	① 工作绕组或启动绕组端部断路或引出线断路故障处理错误扣 10~20 分; ② 工作绕组或启动绕组对地短路故障排除错误扣 10~20 分; ③ 工作绕组与启动绕组之间对地短路故障排除错误扣 10~20 分; ④ 绕组对地绝缘电阻降低的处理方法不对扣 10~15 分; ⑤ 轴承的更换或加润滑脂方法不对扣 10 分; ⑥ 风扇扇叶变形的处理方法不对扣 10 分; ⑦ 吊风扇内部有杂物、灰尘处理方法不对扣 5 分	40 分			
5	吊风扇装配及试验	① 装配不正确扣 5~10 分; ② 通电试验及数据测量有误扣 5~10 分	10 分			
6	安全、文明生产	每一项不合格扣 5~10 分	10 分			
7	工时:7h	每超时 5min 扣 2 分	10 分			
	评分					

 实训思考

1. 三相异步电动机有哪几种类型?
2. 三相异步电动机主要由哪几部分组成?各有什么作用?
3. 试述三相异步电动机的工作原理。
4. 观察拆卸开的电动机,加深对电动机结构的认识,并回答各部分的名称。
5. 简述三相异步电动机的常见故障现象和处理方法。
6. 单相异步电动机有哪几种类型?
7. 单相电动机主要由哪几部分组成?有哪几种启动装置?
8. 简述三相异步电动机正反转控制的方法和工作原理。
9. 简述三相异步电动机降压启动的方法和工作原理。
10. 简述两台电动机的顺序启停方法和工作原理。

第八章
小型变压器的拆装与检修

变压器是根据电磁感应原理将某一种电压、电流的交流电能转换成另一种电压、电流的交流电能的静止电气设备。变压器主要由闭和铁芯和绕在其上的原、副绕组构成。本章重点讨论了变压器具有变换电压、电流和阻抗等多种功能，应用十分广泛。难点是在正弦交流电压作用下电压的有效值与铁芯中磁通最大值之间的关系由恒磁通公式：$U \approx E = 4.44 f N \phi_m$确定，此式是分析变压器和交流电机等电器设备工作原理基本公式之一；变压器的磁动势平衡方程式：$\dot{I}_1 N_1 + \dot{I}_2 N_2 = \dot{I}_{10} N_1$ 它把原副边的电量联系起来，是分析原副边电流关系和能量传递过程的基础。

第一节
小型变压器的拆装

一、变压器的分类

变压器按用途不同分为电力变压器、仪用互感器、自耦变压器和交流弧焊机等。

（1）电力变压器

在生产和人们的日常生活中，经常会碰到各种不同的供电设备，它们所需的电源电压也是不同的。如在工厂常用的三相异步电动机，其额定电压为 380V 或 220V，而日常生活中的照明电压一般为 220V，机床照明或低压电钻等只需 36V，24V，12V 等。因发电厂所输出的电压一般为 6.3kV，10.5kV，最高不超过 20kV，而电能要经过很长的输电线才能送到各用电单位。为了减少输送过程线路上的电能损失，就必须采用高压输电，需要将电压升到10kV，35kV，110kV，220kV，330kV，500kV 等级的高电压或超高压，所以为了输配电和用电的需要，就要使用升压变压器或降压变压器，将同一交流电压变换成同频率的各种不同电压等级，以满足各类负荷的需要。

（2）仪用互感器

在电工测量中，被测量的电量经常是高电压或大电流，为了保证安全，必须将待测电压或电流按一定比例降低，以便于测量。用于测量的变压器称为仪用互感器，按用途可分为电流互感器和电压互感器。

（3）自耦变压器

自耦变压器又称调压变压器（简称调压器），其一次、二次绕组共用一部分绕组，一次、二次绕组之间不仅有磁的耦合，还有电的直接联系。自耦变压器主要用于实验室和交流异步电动机的降压启动中。

（4）交流弧焊机

目前广泛使用的交流弧焊机，实际上是一台特殊的降压变压器，又称电焊变压器。电焊变压器必须保证在焊条与焊件之间燃起电弧，用电弧的高温使金属熔化进行焊接。

二、变压器的使用与保护

1. 变压器的使用

① 变压器一般不应超过额定负载运行。

② 变压器的三相电流不平衡度不应超过 10%。

③ 电压经常超过允许范围，应该设法调整电压或改换电压分接头。

④ 检查油温是否正常。油温突然比平时高出 10℃ 时，应结合负载情况分析判断原因，并应考虑检修。

⑤ 检查油枕的油位是否正常。一般油位应在油位表标示的 1/4～3/4 处。

⑥ 检查高、低压套管的表面是否清洁，有无裂纹、破损和放电痕迹。

⑦ 变压器应无放电声和异常声响。

⑧ 检查导电排的螺栓和接头等有无过热现象，如贴有示温蜡片的，应观察蜡片有无熔化。

⑨ 检查冷却和通风系统、散热管等是否正常。

⑩ 检查干燥剂是否失效。

⑪ 检查变压器箱壳有无漏油、渗油现象。

⑫ 检查变压器外壳接地是否良好。

⑬ 检查防爆管、保护装置是否正常。

2. 变压器的保护

① 检查瓷套管是否清洁，有无裂纹与放电痕迹，螺纹有无损坏及其他异常现象。

② 检查各密封处有无渗油和漏油现象。

③ 检查储油柜油位高度及油色是否正常。

④ 注意变压器运行时的声响是否正常。

⑤ 检查箱顶油面温度计的温度是否符合规定。

⑥ 察看防爆管的玻璃膜是否完整。

⑦ 检查油箱接地是否完好。

⑧ 检查瓷套管引出排及电缆头接头处有无发热、变色及异状。

⑨ 察看高、低压侧电流、电压是否正常。

⑩ 定期进行油样化验及观察硅胶是否吸潮变色。

在进出变压器室时应及时关门，以防小动物进入变压器室造成事故。

三、变压器的拆除与绕制

1. 变压器的拆除

① 拆除检修时不要将工具、螺钉、螺母等异物落入变压器内，以防止造成事故。

② 拆除检修前应将变压器油放掉一部分。盛油容器应清洁，干燥并需加盖防尘防潮。应对油进行化验以确定是否能继续使用。若油不够，需添补同型号的合格的新油。

③ 吊铁芯时应尽量使吊钩装得高些，使钢绳的夹角不大于 45°，以防油箱盖板变形。

④ 如果仅将铁芯吊起一部分进行拆除检修，应在箱盖与箱壳间垫牢支撑物，以防铁芯突然下落发生事故。

⑤ 变压器的所有紧固螺钉均需紧固，以防运行时发生异常声响。

⑥ 检查铁芯到夹件的接地铜皮是否有效可靠；用 1000V 兆欧表检查铁轭夹件穿心螺钉绝缘电阻值应不低于 2MΩ；检查铁芯底部平衡垫铁绝缘衬垫是否完整，有无松动现象；铁芯硅钢片是否有过热现象；各部分螺母有无松动现象。

⑦ 检查绕组绝缘老化程度。

一级——很好状态，绝缘富有弹性，软而且韧，用手按压时不会留下变形的痕迹。

二级——合格状态，绝缘较坚硬，颜色较深，用手按压时不裂缝、不变形。

三级——不十分可靠的状态，绝缘已坚硬并脆弱，颜色很深，用手按压时产生细小的裂纹或变形。若其他试验均能通过，可在小修期限内短期运行，但应特别注意防止过负荷和短路事故等。

四级——不合格状态，绝缘很坚硬，用手按压时有脱落现象或裂纹很深，绝缘碳化，断裂脱落，必须大修。

⑧ 拆除检查分接开关，看旋转是否灵活、零部件是否完整，有无松动现象，动、静触点吻合与指示位置是否一致，触点有否灼伤或因严重过热而变色，接线处螺母有无松动现象等。

⑨ 器身在相对湿度为 75% 以下的空气中储留时间不宜超过 24h，如果器身的温度比空气温度高出 3~5℃，储留时间可适当延长。

2. 变压器的绕制

在日常电气设备维护中，经常会碰到小型变压器线圈、交直流接触器线圈、各种继电器线圈、电磁铁及电磁阀线圈烧毁而需要重新绕制的问题。现以小型变压器的绕制为例，介绍小型线圈的绕制方法。

（1）绕制前的准备

① 导线选择。可根据原线圈上注明的参数或拆除旧变压器时的记录数据，选择漆包线的型号及线径。若线圈被烧毁无法辨认，可查阅有关资料进行选择。

② 绝缘材料的选择。选择时，应考虑线圈的工作电压和允许厚度。层间绝缘应按两倍层间电压强度选择。对于 1000V 以下的线圈可按 $\sqrt{2}$ 倍层间电压选择层间绝缘。变压器常用绝缘材料见表 8-1。

表 8-1 变压器常用绝缘材料

品　名	颜　色	常用规格		特　点	用　途	备　注
		厚度 /mm	耐压强度 /V			
电话纸	白色	0.04 0.05	400	坚实,不易破碎	线径小于 0.4mm 的漆包线的层间绝缘垫纸	代用品:相当厚度的打字、纸、描图纸
电缆纸	土黄色	0.08 0.12	300~400 800	柔顺、耐拉力强	线径大于 0.5mm 的漆包线的层间绝缘	代用品:牛皮纸
青壳纸	青褐色	0.25	1500	坚实、耐磨	线包外层绝缘(2~3 层)	
电容器纸	白色 黄色	0.03	475	薄、密度高	用电话纸	
聚酯薄膜	透明	0.04 0.05 0.10	3000 4000 9000	耐温 140℃	层间绝缘	
玻璃漆布	黄色	0.15 0.17	2000~ 3000	耐湿好	绕组间绝缘	
聚四氟乙烯薄膜	透明	0.030	6000	耐温 280℃ 耐酸碱	层间绝缘	

品 名	颜 色	常用规格		特 点	用 途	备 注
		厚度/mm	耐压强度/V			
压制板	土黄色	1.0 1.5		坚实、易弯曲	线包骨架	又称弹性纸
黄蜡布	糖浆色	0.14 0.17	2500	光滑、耐高压	高压绕组间绝缘	
黄蜡绸	糖浆色	0.08	400	细薄、少针孔	高压绕组的层间绝缘高压绕组间绝缘（2～3 层）	
高频漆				黏料	黏合绝缘纸、压制板、黄蜡布、黄蜡绸	又称洋干漆
清喷漆	透明			黏料	黏合绝缘纸、压制板、黄蜡布、黄蜡绸等	又称罩光漆

　　漆包线和绝缘材料选定以后，应根据已知绕组匝数、线径和绝缘层厚度来核算变压器绕组所占铁芯窗口面积，核算出来的面积应小于铁芯实际窗口面积（$h \times c$），如图 8-1 所示。否则会因绕好的线包装不进铁芯而返工。

　　③ 木芯制作。木芯的作用是穿在绕线机轴上，用以支撑线圈骨架，方便绕线，如图 8-2 所示。木芯通常用杨木或杉木按铁芯中心柱 $a \times b$ 稍大一点的尺寸 $a' \times b'$ 制作，木芯的长 h'，应比铁芯窗口高度稍高一些，木芯中心孔必须钻垂直，孔径为 10mm。为进出骨架方便，木芯边角应用砂布磨成略呈圆形。

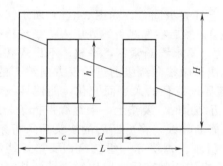

图 8-1　小型变压器硅钢片尺寸

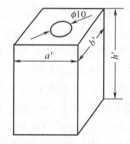

图 8-2　变压器木芯

　　④ 制作骨架。线圈骨架分纸质无框骨架和有框骨架。骨架起支撑绕组和对铁芯起绝缘作用。因此，应具有一定的绝缘性能和机械强度。

　　无框骨架：一般采用弹性纸制作。制作时，在弹性纸上截取宽 h'，h' 应比铁芯窗高 h 约短 2mm。弹性纸的长度为

$$L = 2(b' \times t) + a' + 2(a' \times t) = 2b' + 3a' + 4t$$

式中　t——弹性纸厚度。

　　按图 8-3(a) 中虚线用裁纸刀划出浅沟，沿沟痕折成四方，如图 8-3(b) 所示。

　　有框骨架：绕制要求较高的变压器，采用有框骨架。框架采用钢纸板或玻璃纤维板材料制作。板材不宜过厚，过厚则会减小铁芯窗口的有效绕线面积。框架由两端的两块框板和四侧的两种形状的夹板拼合成为一个完整的骨架，如图 8-4 所示。在制作框板和夹板时，几何形状要求规范，尺寸误差要尽量小，以免拼合时出现骨架松垮或拼合不上的现象。

　　（2）绕制线圈

　　按约宽于 h 的宽度剪裁好绝缘带备用。

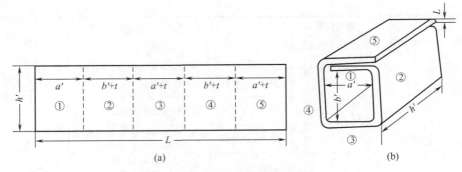

(a)   (b)

图 8-3　变压器无框骨架及弹性纸尺寸

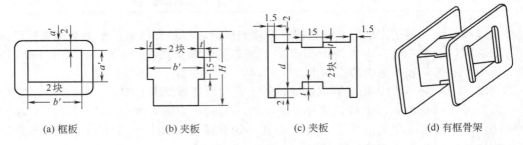

(a) 框板　　　(b) 夹板　　　(c) 夹板　　　(d) 有框骨架

图 8-4　有框骨架的结构

　　首先将线圈骨架套上木芯，穿入绕线机轴上，上好夹板固紧，如图 8-5(a) 所示。将绕线机上的计数转盘调零。起绕时，在骨架上垫好绝缘层，然后在导线引线处压入一条绝缘带的折条，以便抽紧起始线头，如图 8-5(b) 所示。绕制时，要求线圈紧密，平整、不出现叠线。其要领是：持导线的手以工作台边缘为支撑点，将导线稍微拉向绕组前进的反方向约 5°的倾角，拉线的手顺绕线前进方向慢慢移动，拉力的大小随导线线径的大小而变化，能使导线绕紧即可。每绕完一层绕组应垫层间绝缘。一组绕组绕制近结束时，要垫上一条绝缘带折条，继续绕制，当该绕组结束时，检查匝数无误后，留足余量剪断导线，将剪断后的线头插入折条缝中，抽紧绝缘带，完成线圈的线尾固定，如图 8-5(c) 所示。每绕完一组绕组，要垫好绕组间的绝缘，并用万用表做线圈的通路检查。线圈所有绕组均绕制完后，应用绝缘带包扎好，再用纱线将引出线绑扎在线圈表面，然后再包上绝缘带，完成线圈的绝缘包扎。

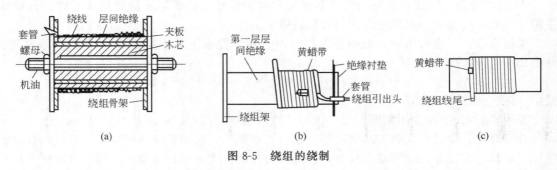

(a)   (b)   (c)

图 8-5　绕组的绕制

　　绕制线圈时引出线的处理。绕制线圈做引出线时，应注意出线应在铁芯中心柱 a 面一侧。若线圈导线线径在 0.3mm 以上，可直接作为引出线。如果线径较细，则应用多股软线焊接后处理好绝缘后引出。

　　静电屏蔽层的制作和线圈的层次。电子设备中的电源变压器，需要在一、二次绕组间设置静电屏蔽层。屏蔽层可用厚度约 0.1mm 的铜箔或其他金属箔制作，其宽度比骨架长度稍短 1～3mm，不能碰到导线或自行短路，铜箔上焊接一根多股软线作为引出接地线。也可用 0.12～0.15mm 的漆包线密绕一层，一端处理好绝缘留在线圈内，另一端引出作为接地线。线圈的层次顺序是：先绕一次绕组、再绕静电屏蔽层，然后二次按高压绕组至低压绕组依次叠绕。

四、变压器的性能试验

1. 绝缘电阻值的测定

修后或重绕的变压器线圈，用 500V 兆欧表检查各绕组间及对地绝缘电阻应大于 1MΩ。

2. 各绕组电压值的测量

将被测变压器一次绕组接入可调电源，并调至额定电压值，再测量二次绕组电压值，应符合原变压器电压值。

3. 满载电流试验

将一次绕组接额定电压，二次绕组接满负荷，输出额定电流，然后检查变压器各部温升情况，60℃ 以下为正常。如果温升超过 60℃，则有可能是变压器线圈内部有短路现象，或线圈匝数不够，使磁通密度过大所致。

4. 耐压试验

用工频试验变压器，对被测变压器各绕组间，绕组与铁芯之间做耐压试验，500V 以下的变压器，耐压标准为 2kV，绝缘不被击穿。

耐压试验的目的是检查绕组对地绝缘和绕组之间的绝缘。如果绕组和引线对油箱壁或铁轭之间装置不适当或绕组之间绝缘受潮损坏，或者夹入异物等，都可能在试验中发生局部放电或绝缘击穿。

变压器电压等级为 0.3kV、3kV、6kV、10kV 时，耐压试验电压为 2kV、15kV、21kV、30kV。试验电压持续时间为 1min。

① 试验高压绕组时，将高压的各相线端连在一起接到试验变压器上，低压的各相线端也连在一起，并和油箱一起接地。当试验低压绕组时，接线方法互换。

② 先将试验电压升到额定试验电压的 40%，再以均匀、缓慢的速度升压到额定试验电压。若发现电流急剧增大，视为击穿前兆，应立即降压到零，停止试验。

③ 电压升至额定试验电压后，应保持 1min，然后再均匀降低，大约在 5s 内降至 25% 或更小，再切断电源。切不可不经降压而切断电源，否则容易烧坏操作试验设备。高压侧试验完应放电后方可触及。

④ 试验电源频率为 50Hz，并应保持电源电压稳定。被试变压器、试验变压器及仪表装置，操作设备都应可靠接地，以确保安全。

第二节
小型变压器的故障与检修

一、小型变压器的故障与检修（一）

变压器发生故障的原因较多，为正确、顺利地判断、排除故障，可按表 8-2 中所列的几方面进行分析和处理。

二、小型变压器的故障与检修（二）

1. 绕组的常见故障

（1）匝间或层间短路

① 故障原因。绕组常因匝间或层间绝缘老化或变压器油中含有水分以及腐蚀性杂质或外部短路过载等所产生的电磁力使绕组产生机械变形等造成匝间、层间的绝缘损坏。

② 检查方法。先用电桥测量三相绕组直流电阻的不平衡度，发现问题后吊出器身，在绕组上施加额定电压做空载试验。短路故障的线匝将会严重发热，甚至冒烟，并使故障部位显著扩大。

③ 故障处理。如故障情况允许，可采取局部修补法修复，否则应更换新绕组。

表 8-2　变压器故障及处理

故障现象	故 障 分 析	处 理 办 法
接通电源后无电压输出	① 一次绕组或二次绕组开路或引出线脱焊； ② 电源插头接触不良或外接电源线开路	① 拆换处理开路点或重绕线圈，焊牢引出线头； ② 检查、修理或更换插头电源线
空载电流偏大	① 铁芯叠厚不够； ② 硅钢片质量太差； ③ 一次绕组匝数不足； ④ 一、二次局部匝间短路	① 有可能，增加铁芯厚度。或重做骨架重绕线包； ② 更换高质量的硅钢片； ③ 增加一次绕组匝数； ④ 拆开绕组，排除短路故障
运行中响声大	① 铁芯未插紧或插错位； ② 电源电压过高； ③ 负荷过重或有短路现象	① 插紧夹紧铁芯，纠正错位硅钢片； ② 检查、处理电源电压； ③ 减轻负载，排除短路故障
温升过高或冒烟	① 负载过重，输出端有短路现象； ② 铁芯叠厚不够，硅钢片质量差； ③ 硅钢片间涡流过大； ④ 层间绝缘老化； ⑤ 线包有局部短路现象	① 减轻负载，排除短路故障； ② 加足厚度或更换高质量的硅钢片； ③ 重新处理硅钢片绝缘； ④ 浸漆、烘干增强绝缘或重绕线包； ⑤ 检查、处理短路点或更换新线包
电压过高或过低	① 电源电压过高或过低； ② 一次或二次匝数绕错	① 检查、处理电源电压； ② 重新绕制线包
铁芯或底板带电	① 一次或二次对地绝缘损坏或绝缘老化； ② 引出线碰触铁芯或底板	① 绝缘处理或更换重绕绕组； ② 排除碰触点，做好绝缘处理

（2）绕组开路故障

故障的断线处打弧，常使变压油分解、气体继电器动作、气体继电器内有灰色可燃气体。应切断变压器两侧的开关，使变压器停止运行。故障的部位大多数发生在导线接头焊接不良、出线连接不良等位置。故障发生后，可先用电桥检查各绕组的直流电阻并进行比较，然后吊出器身进行修理，排除故障。

2. 铁芯的常见故障

（1）造成铁芯故障的原因

① 硅钢片间的绝缘损坏或固定铁芯的螺栓的绝缘套管损坏，使多片硅钢片短路形成涡流、涡流产生高热，使片间绝缘的损坏更加严重，反复循环使故障扩大，甚至造成铁芯局部熔化。铁芯叠片熔化时，温度很高，使变压器油分解且使油温升高，甚至冒烟。过载继电

器、气体继电器会动作。

② 变压器铁芯如果有两点接地，会产生环流使铁芯局部发热严重，甚至冒烟烧熔铁芯。

（2）故障处理

对熔化不严重的铁芯，可用风动砂轮将故障部位刮除，再涂上绝缘漆。若烧熔严重，应送制造厂或电修厂处理。

3. 主绝缘击穿

（1）主绝缘击穿的原因和表现

变压器运行日久，绝缘老化引起绝缘破裂、变压器油受潮油质变坏、线圈内落入异物等。故障严重时造成相间短路，使变压器严重过热，声响增大，甚至使防爆管薄膜破裂向外喷油，各种保护装置都要动作，停止运行。

（2）检查和修复的方法

可用兆欧表测量有关各部件之间的绝缘电阻找出故障部位，然后吊出器身，更换或修复有关绝缘，烘干器身。对变压器油应进行过滤，除去水分、杂质等。

4. 过热故障

变压器的绕组、铁芯和变压器油的运行温度都有一定的要求，各部件温度的升高，最后都会反映到油温上，油温升高的原因很多，如绕组、铁芯、主绝缘故障，过载电流，输入电压、电流的波形畸变严重。油路阻塞、通风受阻，表面积尘过厚、散热不良等均可引起油温升高。对油温升高故障，应仔细分析，针对具体情况排除故障因素。如果在负载和冷却条件相同的情况下，油温比平时高出 10℃，应考虑变压器内部出现故障。

综合实训 6 ≫ 单相变压器的绕制

一、目的与要求

1. 掌握变压器的工作原理及接线方法。
2. 掌握小型电源变压器的绕制。

二、设备与材料

① 小型变压器塑料骨架及铁芯。 1 套
② 手动绕线机。 1 台
③ 剪刀、尖嘴钳、铁锤、木锤。 各 1 把
④ 铜导线。 若干
⑤ 绝缘材料：0.015mm 电容器纸或白蜡纸、聚酯薄膜、青壳纸若干。

三、实训步骤

① 绕制前的准备工作；
② 绕制线包；
③ 浸漆、绝缘处理；
④ 铁芯镶片。

四、实训内容及注意事项

1. 绕制前的准备工作

① 制作木芯。

② 制作骨架。

③ 裁剪好各种绝缘纸（布），绝缘纸的宽度应稍长于骨架的长度，而长度应稍大于骨架的周长，还应考虑到绕组绕大后所需的裕量。

2. 绕制线包

（1）起绕

绕线前，利用木芯将骨架固定在绕线机上，如图 8-6(a) 所示。若采用无框骨架，起绕时导线引线头压入一条绝缘带的折条，以便抽紧起始线头，如图 8-6(b) 所示。导线起绕点不可过于靠近骨架边缘，以免绕线时导线滑出。若采用有框骨架，导线要紧靠边框不必留出空间，手动绕线机指针必须对"零"。

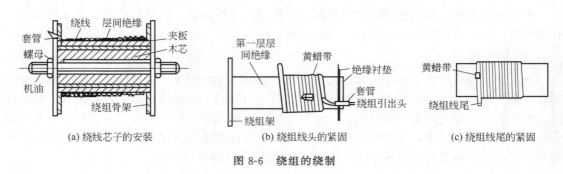

(a) 绕线芯子的安装　　　　(b) 绕组线头的紧固　　　　(c) 绕组线尾的紧固

图 8-6　绕组的绕制

（2）绕线方法

导线要求绕得紧密、整齐，允许有叠线现象。绕线的要领是：按图 8-7 所示拉线，拉线的手顺绕线的前进方向移动，拉力大小要适当，每绕完一层要垫层间绝缘（电容器纸）。

（3）线包的层次

绕线的顺序按一次绕组、静电屏蔽、二次侧高压绕组、低压绕组依次叠绕。每绕完一组绕组后，要垫绕组间绝缘（聚酯薄膜、青壳纸）。

（4）线尾的紧固

当一组绕组的绕制接近结束时，要垫上一条绝缘带的折条，继续绕线至结束，将线尾插入绝缘带的折缝中，抽紧绝缘带，线尾便固定了。如图 8-6(c) 所示。

（5）静电屏蔽层的制作

电子设备中的电源变压器，需在一、二次绕组间放置静电屏蔽层。屏蔽层用厚度约 0.1mm 的铜箔或铝箔等金属箔，其宽度比骨架长度（骨架长度为 A）稍短 1～3mm，长度比一次绕组的周长短 5mm 左右，如图 8-8 所示。屏蔽层夹在一、二次绕组的绝缘垫层间，不能碰到导线或自行短路，铜箔上焊接一根多股软线作为引出接地线。如无铜箔，可用 0.12～0.15mm 的漆包线密绕一层，一端埋在绝缘层内，另一端引出作为接地线。

（6）引线

当线径大于 0.2mm 时，绕组的引线可利用原线，按图 8-9 所示的方法绞合后引出即可。线径小于 0.2mm 时，应采用多股软线焊接后引出，焊剂应采用松香焊剂。引出线的套管应按耐压等级选用。

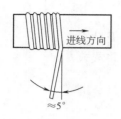

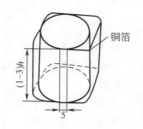
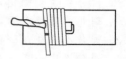

| 图 8-7　绕制时拉线的方法 | 图 8-8　静电屏蔽层的形状 | 图 8-9　利用原线做引线 |

（7）外层绝缘

线包绕好后，外层用铆好焊片的青壳纸绕 2～3 层，用胶水粘牢。将各绕组的引出线焊在焊片上。线圈绕制完毕后，应先与铁芯进行试插，看铁芯能否插入铁芯内，如无法插入，需将线圈整形。当能插入自如时，方可进行浸漆、绝缘处理。

3. 浸漆、绝缘处理

线包绕好后，为防潮和增强绝缘强度，应做绝缘处理。处理方法是：将线包在烘箱内加温到 70～80℃，预热 3～5h 取出，立即浸入 1260 漆等绝缘清漆中约 0.5h，取出后在通风处滴干，然后在 80℃烘箱内烘 8h 左右即可。

4. 铁芯镶片

（1）镶片要求

铁芯镶片要求紧密、整齐。不能损伤线包，否则会使铁芯截面积达不到要求，造成磁通密度过大而发热，以及变压器在运行时硅钢片会产生振动噪声。

（2）镶片方法

镶片应从线包两边一片一片地交叉对镶，镶到中部时则要两片两片地对镶，当余下最后几片硅钢片时，比较难镶，俗称紧片。紧片需用螺钉旋具撬开两片硅钢片的夹缝才能插入，同时用木锤轻轻敲入，切不可硬性将硅钢片插入，以免损伤框架或线包。

五、考核评分标准

评　分　表

序号	项　目	评分标准	分值	扣分	得分	备　注
1	绝缘纸的裁剪	① 绝缘纸宽度不合适，扣 5 分； ② 绝缘纸长度不合适，扣 5 分	15 分			
2	绕线方法	① 绕线方法不正确，扣 10 分； ② 起绕时，未加入绝缘带折条，扣 5 分； ③ 未垫层间绝缘，每个扣 5 分； ④ 绕制不整齐，扣 5 分； ⑤ 出现叠线，扣 5 分	40 分			
3	线包的层次	① 线包层次不正确。扣 10 分； ② 未垫绕组间绝缘，扣 5 分	30 分			
4	线尾的紧固与引线	① 未垫绝缘带的折条，扣 5 分； ② 引线接法不正确，扣 5 分	15 分			
5	安全文明操作	① 违反操作规程，每次扣 5 分； ② 工作场地不整洁，扣 5 分				
	工时：6h		100 分			

1. 变压器的工作原理是什么？由哪几部分组成？各部分的作用是什么？

2. 试分别说明输出电压、输出电流与变压器一、二次绕组匝数比的关系。

3. 理想变压器必须具备的条件是什么？

4. 为什么说变压器的空载损耗近似等于铁损？

5. 为什么说变压器的短路损耗近似等于铜损？

6. 变压器的铁芯是起什么作用的？不用铁芯行不行？为什么变压器的铁芯要用硅钢片叠成？用整块的铁芯行不行？

7. 为什么变压器铁芯中的主磁通，基本上不随负载电流的变化而变化？为什么变压器的 I_1 随 I_2 而变化？

8. 变压器能否用来变换直流电压？如果将变压器接到与它的额定电压相同的直流电源上，会产生什么后果？

9. 变压器能变换电压、电流和阻抗，能不能变换功率？

10. 为什么在运行时，电压互感器二次侧不允许短路？而电流互感器的二次绕组不能开路？

11. 变压器铭牌上的额定值有什么意义？为什么变压器额定容量 S_N 的单位是 kV·A（或 V·A），而不是 kW（或 W）？

附录1
中华人民共和国职业技能鉴定规范

维修电工

初级维修电工鉴定要求

一、适用对象

使用电工工具和仪器、仪表，对设备电气部分（含机电一体化）进行安装、调试、维修的人员。

二、申报条件

① 文化程度：初中毕业。
② 现有技术等级证书（或资格证书）的级别，学徒期满。
③ 本工种工作年限：三年。
④ 身体状况：健康。

三、考生与考评员比例

① 知识：20∶1。
② 技能：5∶1。

四、鉴定方式

① 知识：笔试。
② 技能：实际操作。

五、考试要求

① 知识要求：60～120min，满分100分，60分为及格；
② 技能要求：按实际需要确定时间；满分100分，60分为及格；根据考试要求自备工具。

鉴定要求

项　目		鉴定范围	鉴定内容	鉴定比重	备　注
知识要求	基本知识	1. 识图知识	① 电气图的分类与制图的一般规则； ② 常用电气图形符号和电气项目代号及新旧标准的区别； ③ 生产机械电气图、接线图的构成及各构成部分的作用；	100	
			④ 一般生产机械电气图的识读方法,如5t以下起重机、C522型立式车床、M7130型平面磨床等	10	

项　　目	鉴定范围	鉴　定　内　容	鉴定比重	备　注
基本知识	2. 交、直流电路及磁与电磁的基本知识和一般电路的计算知识	① 电路的基本概念,如电阻、电感、电容、电流、电压、电位差、电动势等; ② 欧姆定律的概念和基尔霍夫定律的内容; ③ 串、并联电路,几个电动势的无分支路,电路中的各点电位的分析和计算方法; ④ 交流电的基本概念; ⑤ 正弦交流电的瞬时值、最大值、有效值和平均值的概念及其换算; ⑥ 铁磁物质的磁性能、磁路欧姆定律、磁场对电流的作用、电磁感应的基本知识	10	
	1. 维修电工常用仪表、工具和量具知识	① 常用电工指示仪表的分类、基本构造、工作原理和符号,仪表名称、规格及选用、使用维护保养知识,如兆欧表、万用表、电流表、电压表、转速表等; ② 常用工具和量具的名称、规格及选用、使用维护保养知识,如验电笔、旋具、钢丝钳、剥线钳、电工刀、电烙铁、绕线机、喷灯、游标卡尺、千分表、塞尺、万能角度尺、拆卸器、手电钻、绝缘夹钳、手动压线机、短路侦察器、断条侦察器等	5	
知识要求	2. 电工材料基本知识	① 常用导电材料的名称、规格和用途及选用,如铜、铝、电线电缆,电热材料,电碳制品等; ② 常用绝缘材料的名称、规格及用途,如绝缘漆、绝缘胶、绝缘油、绝缘制品等; ③ 常用磁性材料的名称、规格及用途,如电工用纯铁、硅钢片、铝镍钴合金等; ④ 电机常用轴承及润滑脂的类别、名称、牌号、使用知识	5	
	3. 变压器知识	① 变压器的种类和用途; ② 单相及三相变压器、电焊机变压器、互感器的基本构造、基本工作原理、用途、铭牌数据的含义; ③ 变压器绕组分类及绕制的基本知识,三相及单相变压器连接组的含义; ④ 单相变压器的并联	5	
专业知识	4. 电动机知识	① 常用交、直流电动机(包括单相笼型异步电动机)的名称、种类、基本构造,基本工作原理和用途; ② 常用交、直流电动机铭牌数据的含义; ③ 中、小型交流电动机绕组的分类、绘制绕组展开图、接线参考图及辨别定子 2、4、6、8 极单路和双路接线知识; ④ 中、小型异步电动机的拆装、绕线、接线、包扎,干燥、浸漆和轴承装配等工艺规程及试车注意事项	10	
	5. 低压电器知识	① 常用低压电器的名称、种类,规格,基本构造及工作原理,电路图形及文字符号选用及使用知识,如熔断器(RC 系列、RL 系列、RMO 系列、RLS 及 RSO 系列)、开关(HK 系列、HH 系列、HZ 系列)、低压断路器(自动空气断路器)(DZ5 系列、DZ10 系列)、交、直流接触器、主令电器,继电器(中间继电器、电流和电压继电器、速度继电器、热继电器、时间继电器、压力继电器等)、电磁离合器、电磁铁(牵引电磁铁、阀用电磁铁、制动电磁铁、起重电磁铁)、电阻器,频敏变阻器等; ② 电磁铁和电磁离合器的吸力,电流;及行程的相互关系和调整方法; ③ 常用保护电器保护参数的整定方法; ④ 低压电器产品,铭牌数据的含义; ⑤ 常用保护电器保护参数的整定方法; ⑥ 低压电器产品,铭牌数据的含义	10	

项　目	鉴定范围	鉴　定　内　容	鉴定比重	备　注
知识要求	专业知识	6. 电力拖动自动控制知识	① 三相笼型异步电动机的全压及减压启动控制、正反转控制、机械制动控制(电磁抱闸及电磁离合器制动)、电力制动(反接及能耗制动)、顺序控制、多地控制、位置控制的控制原理； ② 三相绕线转子异步电动机的启动控制、调速控制、制动控制的控制原理	20	
		7. 照明及动力线路知识	① 常用电光源(白炽灯、日光灯、汞灯、卤钨灯，钠灯等)的工作原理及应配用的灯具和对安装的要求； ② 车间照明的分类及对照明线路的要求； ③ 对车间动力线路(管线线路、瓷瓶线路)的要求； ④ 照明及动力线路的检修维护方法	5	
		8. 电气安全技术知识	① 接地的种类、作用及对装接的一般要求； ② 接零的作用及其一般要求； ③ 电工安全技术操作规程； ④ 对电器及装置的安全要求(配电线路、交配电设备、车间电器设备)	5	
		9. 晶体管及应用知识	① 晶体二极管、三极管、硅稳压二极管的基本结构、工作原理、特性(伏安特性、输入及输出特性)、主要参数及型号的含义； ② 晶体二极管、三极管的好坏、极性、类型及材料(硅，锗管)的判别； ③ 单相二极管整流电路、滤波电路、硅稳压管稳压电路及简单串联型稳压电路的工作原理； ④ 单管晶体管放大电路(共发射极电路、共集电极电路、共基极电路)的工作原理及主要参数(输入及输出电阻、电压及电流放大倍数、功率放大倍数、频率特性)的比较和适用场合	5	
	相关知识	1. 钳工基本知识	① 划线、錾削、锉削、钻孔、铆接、攻螺纹、套螺纹、矫正、弯曲、锯削、扩孔等基本知识； ② 一般机械零、部件的拆装知识	5	
		2. 相关工种一般工艺知识	① 锡焊的方法及选择； ② 管件、管座等焊接方法的选择知识	5	

项 目	鉴定范围	鉴 定 内 容	鉴定比重	备 注
技能要求	操作技能	基本操作技能 1. 安装、接线、绕组的绕制技能	① 单股铜导线及 19/0.82 多股钢导线的连接,并恢复绝缘; ② 明、暗管线线路、塑料护套线线路、瓷瓶线路的安装; ③ 电气控制线路配电板的配线及安装(包括导线及电气元、器件的选择和参数的整定); ④ 单相整流、滤波电路及简单稳压电路、放大电路印制电路板的焊接及安装、测试; ⑤ 中、小型异步电动机的拆装、烘干、更换轴承,修后的接线及三相绕组首、尾端的检测; ⑥ 中、小型异步电动机及控制变压器的绕组,各种低压器线圈的绕制; ⑦ 更换及调整电刷及触头系统	100 40	根据考试要求确定的时间和有关条件确定具体的鉴定内容,能按技术要求按时完成者,可得满分
		2. 故障判断及修复技能	① 异步电动机常见故障,如不启动、转速低、局部或全部过热或冒烟、振动过大、有异声、三相电流过大或不平衡度超过允许值、电刷火花过大、滑环过热或烧伤等的判断及修复; ② 小型变压器常见故障,如无输出电压及电压过低或过高、绕组过热或冒烟、空载电流偏大、响声大、铁芯带电等的判断及修复; ③ 常用低压电器的触头系统故障,如触头熔焊、过热、烧伤、磨损等,电磁系统故障,如噪声过大、线圈过热、衔铁吸不上或不释放等及其他部分故障的判断及修复; ④ 根据电气设备说明书及电气图正确判断及修复以接触器—继电器有触头控 0t 为主的电气设备故障; ⑤ 单相整流、滤波、简单稳压电路及简单放大电路故障的正确判断及修理; ⑥ 5t 以下起重机械电气故障的判断及修复; ⑦ 检修车间电力、照明线路和信号装置,检测接地系统的状态; ⑧ 做异步电动机、小型变压器及低压电器修复后的一般试验; ⑨ 中、小型异步电动机及控制变压器绕组、各种低压电器线圈局部故障的判断及修复	40	
	工具、设备的使用与维护	1. 工具的使用与维护	正确使用常用电工工具、专用工具,并能进行维护保养	5	
		2. 仪器、仪表的使用与维护	① 正确选用测量仪表; ② 正确使用测量仪表,并能进行维护保养	5	
	安全及其他	安全文明生产	正确执行安全操作规程的有关要求,如电气设备的防火措施和灭火规则、电气设备使用安全规程,车间电气技术安全规程、临时线安全规定、钳工安全操作规程等	10	

中级维修电工鉴定要求

一、适用对象

使用电工工具和仪器仪表,对设备电气部分(含机电一体化)进行安装、调试、维修的人员。

二、申报条件

① 文化程度:初中毕业。
② 现有技术等级证书(或资格证书)的级别:初级工等级证书。
③ 本工种工作年限:五年。
④ 身体状况:健康。

三、考生与考评员比例

① 知识:20∶1。
② 技能:5∶1。

四、鉴定方式

① 知识:笔试。
② 技能:实际操作。

五、考试要求

① 知识要求:60～120min;满分100分,60分为及格;
② 技能要求:按实际需要确定时间;满分100分,60分为及格;根据考试要求自备工具。

鉴定要求

项　目		鉴 定 范 围	鉴 定 内 容	鉴定比重	备　注
知识要求	基本知识	1. 电路基础和计算知识	① 戴维南定律的内容及应用知识; ② 电压源和电流源的等效变换原理; ③ 正弦交流电的分析表示方法,如解析法、图形法、相量法等; ④ 功率及功率因数,效率,相、线电流与相、线电压的概念和计算方法	100 10	
		2. 电工测量技术知识	① 电工仪器的基本工作原理、使用方法和适用范围; ② 各种仪器、仪表的正确使用方法和减少测量误差的方法; ③ 电桥和通用示波器、光电检流计的使用和保养知识	10	
	专业知识	1. 变压器知识	① 中、小型电力变压器的构造及各部分的作用,变压器负载运行的相量图、外特性、效率特性,主要技术指标,三相变压器连接组标号及并联运行; ② 交、直流电焊机的构造、接线、工作原理和故障排除方法(包括整流式直流弧焊机); ③ 中、小型电力变压器的维护,检修项目及方法; ④ 变压器耐压试验的目的、方法,应注意的问题及耐压标准的规范和试验中绝缘击穿的原因	10	

项　目	鉴定范围	鉴　定　内　容	鉴定比重	备　注
知识要求	专业知识	**2. 电机知识** ① 三相旋转磁场产生的条件和三相绕组的分布原则; ② 中、小型单,双速异步电动机定子绕组接线图的绘制方法和用电流箭头方向判别接线错误的方法; ③ 多速异步电动机出线盒的接线方法; ④ 同步电动机的种类、构造,一般工作原理,各绕组的作用及连接。一般故障的分析及排除方法; ⑤ 直流电动机的种类、构造、工作原理、接线、换向及改善换向的方法,直流发电机的运行特性,直流电动机的机械特性及故障排除方法; ⑥ 测速发电机的用途、分类、构造及工作原理; ⑦ 伺服电动机的作用、分类,构造、基本原理、接线和故障检查知识; ⑧ 电磁调速异步电动机的构造,电磁转差离合器的工作原理,使用电磁调速异步电动机调速时,采用速度负反馈闭环控制系统的必要性及基本原理、接线,检查和排除故障的方法; ⑨ 交磁电机扩大机的应用知识、构造、工作原理及接线方法; ⑩ 交、直流电动机耐压试验的目的、方法及耐压标准规范,试验中绝缘击穿的原因	15	
		3. 电器知识 ① 管时间继电器、功率继电器、接近开关等的工作原理及特点; ② 电压为 10kV 以下的高压电器,如油断路器,负荷开关、隔离开关、互感器等耐压试验的目的、方法及耐压标准规范,试验中绝缘击穿的原因; ③ 低压电器交、直流灭弧装置的灭弧原理、作用和构造; ④ 电器设备装置,如接触器、继电器、熔断器、断路器、电磁铁等的检修工艺和质量标准	10	
		4. 电力拖动自动控制知识 ① 直流电动机的启动、正反转、制动、调速的原理和方法(包括同步电动机的启动和制动); ② 程控装置的一般应用知识(条件步进顺序控制器的应用知识,例如 KSJ-1 型顺序控制器); ③ 电气联锁装置(动作的先后次序、相互联锁),准确停止(电气制动、机电定位器制动等),速度调节系统(交磁电机扩大机自动调速系统、直流发电机—电动机调速系统、晶闸管—直流电动机调速系统)的工作原理和调速方法; ④ 实物测绘较复杂的机床电气设备电气控制线路图的方法; ⑤ 典型生产机械的电气控制原理,如 20/5t 桥式起重机、T610 型卧式镗床、X62W 型万能铣床,Z37 型摇臂钻床、M7475B 型平面磨床	20	
		5. 晶体管电路知识 ① 电路基础(共发射极放大电路、反馈电路、阻容耦合多级放大电路、功率放大电路、振荡电路、直接耦合放大电路)及其应用知识; ② 电路基础(晶体二极管、三极管的开关特性,基本逻辑门电路、集成逻辑门电路、逻辑代数的基础)及应用知识; ③ 晶闸管及其应用知识(晶闸管结构、工作原理、型号及参数,单结晶体管、晶体管触发电路的工作原理,单相半波及全波,三相半波可控整流电路的工作原理)	15	

项　目		鉴定范围	鉴定内容	鉴定比重	备　注
知识要求	相关知识	1. 相关工种工艺知识	① 焊接的应用知识； ② 机械零部件测绘制图的方法； ③ 起运吊装知识	5	根据考试要求确定的时间和有关条件确定具体的鉴定内容，能按技术要求按时完成者，可得满分
		2. 生产产技术管理知识	① 生产管理的基本内容； ② 电气设备、装置的检修工艺和质量标准； ③ 用电和提高用电设备功率因数的方法	5	
技能要求	操作技能	中级操作技能 1. 安装、调试操作技能	① 拆装 55kW 以上异步电动机（包括绕线转子异步电动机和防爆电动机）、60kW 以下直流电动机（包括直流电焊机）并做修理后的接线及一般调试和试验； ② 中、小型多速异步电动机和电磁调速电动机并接线、试车； ③ 较复杂电气控制线路的配电板并选择、整定电器及导线； ④ 安装、调试较复杂的电气控制线路，如 X62W 型铣床、M7475B 型磨床、Z37 型钻床、30/5t 起重机等线路； ⑤ 按图焊接一般的移相触发和调节器放大电路、晶闸管调速器、调功器电路并通过仪器仪表进行测试、调整； ⑥ 计算常用电动机、电器、汇流排、电缆等导线截面并核算其安全电流； ⑦ 主持 10kV/0.4kV，1000kVA 以下电力变压器吊芯检查和换油； ⑧ 完成车间低压动力、照明电路的安装、检修； ⑨ 按工艺使用及保管无纬玻璃丝带、合成云母带	100 40	
		2. 故障分析、修复及设备检修技能	① 检修、修理各种继电器装置； ② 修理 55kW 以上异步电动机（包括绕线转子异步电动机和防爆电动机）及 60kW 以下直流电动机（包括直流电焊机）； ③ 排除晶闸管触发电路和调节器放大电路的故障； ④ 检修和排除直流电动机及其控制电路的故障； ⑤ 检修较复杂的机床电气控制线路，如 X62W 型铣床、M7475B 型磨床、Z37 型钻床等或其他电气设备（如 30/5t 桥式起重机）等，并排除故障； ⑥ 修理中、小型多速异步电动机、电磁调速电动机； ⑦ 检查、排除交磁电机扩大机及其控制线路故障； ⑧ 修理同步电动机（阻尼环、集电环接触不良，定子接线处开焊，定子绕组损坏）； ⑨ 检查和处理交流电动机三相绕组电流不平衡故障； ⑩ 修理 10kV 以下电流互感器、电压互感器； ⑪ 排除 1000kVA 以下电力变压器的一般故障，并进行维护、保养； ⑫ 检修低压电缆终端和中间接线盒	40	
	工具、设备的使用与维护	1. 工具的使用与维护	合理使用常用工具和专用工具，并做好维护保养工作	5	
		2. 仪器、仪表的使用与维护	正确选用测量仪表、操作仪表，做好维护保养工作	5	
	安全及其他	安全文明生产	① 正确执行安全操作规程，如高压电气技术安全规程的有关要求、电气设备消防规程、电气设备事故处理规程、紧急救护规程及设备起运吊装安全规程等； ② 按企业有关文明生产的规定，做到工作地整洁，工件、工具摆放整齐； ③ 认真执行交接班制度	10	

高级维修电工鉴定要求

一、适用对象

使用电工工具和仪器、仪表，对设备电气部分（含机电一体化）进行安调试、维修的人员。

二、申报条件

① 文化程度：初中毕业。

② 现有技术等级证书（或资格证书）的级别：中级工等级证书。

③ 本工种工作年限：八年。技工学校和职业高中本专业（工种）毕业生申报高级工为四年。

④ 身体状况：健康。

三、考生与考评员比例

① 知识：20:1。

② 技能：5:1。

四、鉴定方式

① 知识：笔试。

② 技能：实际操作。

五、考试要求

① 知识要求：60~120min；满分100分，60分为及格；

② 技能要求：按实际需要确定时间，满分100分，60分为及格，根据考试要求自备工具。

鉴定要求

项 目		鉴定范围	鉴 定 内 容	鉴定比重	备 注
知识要求	基本知识	1. 电路和磁路知识	① 复杂直流电路的分析和计算方法； ② 电子电路的分析和简单计算方法； ③ 磁场的基本性质及磁路与磁路定律的内容,以及电磁感应、自感系数的概念； ④ 自感、互感和涡流的物理概念； ⑤ 应用磁路定律进行较复杂磁路的计算方法	100 10	
		2. 仪器、仪表知识	晶体管测试仪、图示仪和各类示波器的应用原理、接线和操作方法（在有使用说明书的条件下）	10	
	专业知识	1. 电子电路知识	① 模拟电路(放大、正弦波振荡、直流放大、集成运算放大、稳压电源电路)基础知识及应用方法； ② 数字电路(分立元件门电路、集成门电路、触发器、多谐振荡器、计数器、寄存器及数字显示电路)基础及应用知识； ③ 晶闸管电路(三相桥式及带平衡电抗器三相反星形可控整流电路、斩波器及逆变器电路)基础及应用知识； ④ 电力半导体器件,如 MoSFET(电力场效应管)、GTR(电力晶体管)、1GBT(绝缘栅双极结晶体管)等的特点及在逆变器、斩波器中应用的基本知识； ⑤ 电子设备防干扰的基本知识	20	

项　目	鉴定范围	鉴　定　内　容	鉴定比重	备　注
知识要求 专业知识	2. 电机及拖动基础知识	① 变压器、交直流电机的结构及制造、修理工艺的基本知识，如换向器的制造工艺及装配方法，绕组的改绕、改接方法，根据实物绘制多速电机定子绕组接线图的方法，电机、变压器的故障分析、处理方法和修理及修理后的试验方法； ② 电机的工作原理（基本工作原理、换向原理、机械特性、外特性，明确启动力矩、电流、电压、转速等之间的关系及过载能力，电磁转矩的计算等）和制动原理及特点； ③ 特种电机（测速发电机、伺服电动机、旋转变压器、自整角机、步进电动机、力矩电动机、中频发电机、电磁调速异步电动机、交磁电机扩大机、交流换向器电动机、无换向器电动机）的原理、构造、特种工艺和接线方法； ④ 绕线转子异步电动机串级调速、三相交流换向器电机及无换向器电动机调速、变频调速、斩波器—直流电动机调速的原理、特点及适用场合	20	
	3. 自动控制知识	① 自动控制原理的基本概念； ② 各种调速系统的基本原理及在设备资料齐全的条件下，对其具体线路进行调试、分析并排除故障的方法； ③ 位置移动数字显示系统（光栅、磁栅、感应同步器等）的原理、应用和调整的基本知识； ④ 数控设备和自动线的基本原理、配置和调整的基本知识； ⑤ 各种电梯（包括交、直流控制和可编程序控制器控制）的原理、使用和调整方法； ⑥ 根据电气设备使用说明书或其他随机资料，对各种复杂的继电器—接触器控制线路、半导体元器件组成的无触点逻辑控制电路、各种电子线路、传感器线路、信号执行元件（光电开关、接近开关，信号耦合器件）电路等进行原理分析和调试的方法； ⑦ 对较复杂的生产机械按工艺及安全要求绘制电气控制线路图的方法	20	
	4. 先进控制技术知识	① 微机的一般原理及在工业生产自动控制中应用的基本知识； ② 可编程序控制器的基本原理和在工业电气设备控制系统中应用的知识； ③ 电力晶体管电压型逆变器的基本原理和特点； ④ 国内、外先进电气技术的发展状况	10	
相关知识	1. 提高劳动生产率的知识	① 工时定额的组成； ② 缩短基本时间的措施； ③ 缩短辅助时间的措施	10	
	2. 机械知识	机械传动和液压传动方面的知识		
技能要求 操作技能	高级操作技能 1. 安装、改装、调试、试验技能		100	根据考试要求确定的时间和有关条件确定具体的鉴定内容，能按技术要求按时完成者，可得满分
		① 装接直线感应同步器数显装置（数显表、定滑尺，放大器等）并进行误差调整； ② 安装和调整大、中型电动机； ③ 根据生产工艺及安全要求绘制较复杂电气控制原理图，选择元器件、导线及配线，并进行调试及安装； ④ 选用可编程序控制器，编制程序，改造继电器控制系统； ⑤ 对直流电动机无级调速系统如交磁电机扩大机—直流电机（发电机、电动机）调速系统，根据资料要求做空载和负载试验，调整补偿程度及反馈程度； ⑥ 做转子动平衡试验，校平衡； ⑦ 按设备资料调试数控机床和生产自动线的电气部分	35	

项　目	鉴定范围	鉴　定　内　容	鉴定比重	备　注
技能要求	操作技能	2. 分析故障，检修及编写检修工艺技能	① 根据设备资料，排除电动机调速系统(例如 V5 直流电机调速器等)的故障并修复； ② 根据设备资料排除带有微机控制、大功率电子器件的各种调制器、变频器、斩波调速器和开关电源等装置的一般故障； ③ 看懂各种电机及变压器的总装图，绘测特种电机的绕组展开图和接线图，并进行修理； ④ 根据设备资料排除较复杂的设备(包括引进设备)，如电弧炉、大功率电镀设备的电源、高频炉、中频炉、离子渗氮炉、大型车床、龙门刨床、仿形铣床等电气控制线路和大中型电机、电器的故障并分析事故原因； ⑤ 组织和编制各种电机、变压器、机床电器、生产设备用电器的大修工艺和调试步骤； ⑥ 编制车间电气设备的检修工艺并组织检修； ⑦ 根据大修要求和修理项目计算所需工时和明确材料的名称、规格及数量(例如根据电机、变压器和电器的现有铁芯重绕或改绕工艺计算绕组匝数和导线截面等)	40	根据考试要求确定的时间和有关条件确定具体的鉴定内容，能按技术要求按时完成者，可得满分
		3. 仪器、仪表的使用技能	① 根据示波器的使用说明书及测试内容，正确装接使用示波器，并能对所需波形照相； ② 根据晶体管特性测试仪的使用说明书，正确测量各种二极管、晶体管及晶闸管、大功率管，依据手册对照特性参数，鉴别其质量	5	
	工具、设备的使用与维护	1. 工具的使用与维护	合理使用电动工具、气动工具，并做好保养工作	5	
		2. 仪器、仪表的使用与维护	① 合理选用和操作精密仪器、仪表； ② 正确排除测量中的故障，维护保养精密仪表、仪器	5	
	安全及其他	安全文明生产	① 严格执行安全技术操作规程，并做示范； ② 按企业有关文明生产的规定，做好教育与示范工作	10	

附录2
电工考核模拟试题及答案

模拟试卷（一）

一、填空题 请将正确的答案填在横线空白处（每空 1 分，共 30 分）

1. 对测量的基本要求是：测量_____选择合理，测量_____选用适当，测量_____选择正确，测量_____准确无误。

2. 气焊主要采用_____接头。

3. 电气设备根据其负载情况可分为_____，_____和_____三种情况。

4. 对支路数较多的电路求解，用_____法较为方便。

5. 衡量电容器与交流电源之间能量交换能力的物理量称为_____。

6. 场效应三极管的三个电极叫_____、_____和_____。

7. 整流电路常用的过流保护器件有_____、_____和_____。

8. 在晶体管可控整流电路中，电感性负载可能使晶闸管_____，而失控，解决的方法通常是在负载两端并联_____。

9. 直流电动机按励磁方式可分为_____电机、_____电机_____、电机和_____电机等类型。

10. 三相笼型异步电动机的磁路部分由_____、_____和_____组成。

11. 交流接触器常用_____式、_____式和_____式灭弧装置。

12. 由于反接制动_____、_____所以一般应用在不经常启动与制动的场合。

二、判断题 下列判断正确的打"√"，错误的打"×"（每题 1 分，共 10 分）。

1. 常用的物件在起重吊运时，可以不进行试吊。 （   ）

2. 实际电压源为理想电压源与内阻相串联。 （   ）

3. 电容器在交流电路中是不消耗能量的。 （   ）

4. 在对称三相交流电路中，线电压为相电压的$\sqrt{3}$倍。 （   ）

5. 电工指示仪表的核心是测量机构。 （   ）

6. 晶体三极管的静态工作点设置过低，会使输出信号产生饱和失真。 （   ）

7. 直流发电机电枢绕组中产生的是交流电动势。 （　　）

8. 当通过熔体的电流达到其熔断电流值时，熔体立即熔断。 （　　）

9. 改变加在直流电动机上电源的极性，就可以改变电动机的旋转方向。 （　　）

10. 根据生产机械的需要选择电动机时，应优先选用三相笼型异步电动机。 （　　）

三、选择题　请将正确答案的代号填入括号中（每题 2 分，共 10 分）。

1. 采用移相电容的补偿方式，效果最好的方式是 （　　）

   A. 个别补偿　　　　　B. 分组补偿　　　　　C. 集中补偿

2. 电压 u 的初相角 $\phi_u = 30°$，电流 i 的初相角 $\phi_1 = -30°$，电压 u 与电流 i 的相位关系应为 （　　）

   A. 同相　　　B. 反相　　　C. 电压超前电流 $60°$　　　D. 电压滞后电流 $60°$

3. 在交流电的符号法中，不能称为相量的参数是 （　　）

   A. $\dot{U}$　　　B. $\dot{E}$　　　C. $\dot{I}$　　　D. $\overline{Z}$

4. 若要变压器运行的效率最高，其负载系数应为 （　　）

   A. 1　　　B. 0.8　　　C. 0.6　　　D. 0.5

5. 在晶闸管—电动机调速系统中，为了补偿电动机端电压降落，应采取 （　　）

   A. 电流正反馈　　　B. 电流负反馈　　　C. 电压正反馈　　　D. 电压负反馈

四、计算题（每小题 5 分，共 20 分）

1. 在附图 1 中，已知 $E_1 = 12V$，$E_2 = 9V$，$E_4 = 6V$，$R_1 = 2\Omega$，$R_2 = 3\Omega$，$R_4 = 6\Omega$，$R_2 = 2\Omega$，用节点电压法求各支路电流。

2. R、L 串联电路接在 $u = 220\sqrt{2}\sin(100\pi t + 30°)V$ 的电源上，已知：$L = 51mH$。若要使 $u_1 = 176V$，求 R 的值，并写出电流 i 的瞬时值表达式。

3. 三相三线制丫负载中 $\overline{Z}_U = -j10\Omega$，$\overline{Z}_V = 10\Omega$，$\overline{Z}_W = 10\Omega$，电流电压 $U_{UV} = 380\underline{/30°}V$，求各负载的相电压。

4. 三相笼型异步电动机，已知 $P_N = 5kW$，$U_N = 380V$，$n_n = 2910r/min$，$\eta_N = 0.8$，$\cos\phi_N = 0.86$，$\lambda = 2$，求：S_N、I_N、T_N、T_M。

五、简答题（每小题 5 分，共 20 分）

1. 什么叫功率因数？提高功率因数有何重要意义？为什么？

2. 晶闸管对触发电路有哪些基本要求？

3. 三相笼型异步电动机的定子旋转磁场是如何产生的？

4. 交流接触器的铁芯上为什么要嵌装短路环？

六、绘图题（每小题 5 分，共 10 分）

1. 画出三相四极 24 槽单层链式绕组展开图（分极、分相、标流向，画端部及引出线，短节矩。只画 U 相）。

2. 画出附图 2 所示三相变压器的位形图，并判断其连接组别。

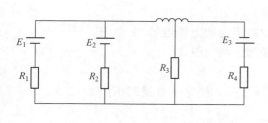

附图 1   附图 2

模拟试卷（二）

一、填空题 请将正确的答案填在横线空白处（每空 1 分，共 30 分）

1. 在进行吊装中，轴类零件一般采用_____吊装方式。

2. 电焊用面罩的作用是用来_____，分为_____式和_____式两种。

3. 生产计划是实现生产目标的_____。

4. 任何只包含_____和_____的线性有源二端网络，对外都可以用一个等效电源来代替。

5. 表示交流电变化快慢的三个物理量是_____、_____和_____。

6. 晶体三极管是一种_____控制型器件，场效应管是一种_____控制型器件。

7. 晶闸管的过电流可以通过_____和_____个途径来实现。

8. 参加并联运行的变压器必须满足_____相等、_____相同、_____相等等条件。

9. 使直流电动机实现反转的方法有：改变_____的方法、改变_____的方法。

10. 自耦变压器的一、二次侧绕组之间有_____，因此不能作为_____使用。

11. 三相笼型异步电动机的电路部分由_____和_____组成。

12. 在继电保护中，常用_____来判断短路的方向。

13. 交流接触器主要由_____、_____、_____及辅助部件等组成。

14. 直流电动机的弱磁保护采用_____电器。

15. 若 X62W 万能铣床主轴电动机拖动的主轴没有旋转，则工作台的_____及_____是不能进行的。

二、判断题 下列判断正确的打"√"，错误的打"×"（每题 1 分，共 10 分）

1. 吊运重物下严禁人员行走。　　　　　　　　　　　　　　　　　　（　　）

2. 铜质触头上的氧化膜可以用砂纸或砂布进行清除。　　　　　　　　（　　）

3. 给电感性负载并联一个合适的电容，可以提高其有功功率。　　　　（　　）

4. 在三相交流电路中，三个线电压的相量和一定为零。　　　　　　　（　　）

5. 由于标尺刻度不准而引起的误差是基本误差。　　　　　　　　　　（　　）

6. 直流信号的放大应采用直接耦合放大电路。　　　　　　　　　　　（　　）

7. 三相笼型异步电动机直接启动时，其启动转矩为额定转矩的 4～7 倍。（　　）

8. 交流接触器线圈上的电压过低，会造成线圈过热烧毁。　　　　　　（　　）

9. 电动机在工作过程中，其温升越低越好。　　　　　　　　　　　　（　　）

10. 三相笼型异步电动机运行时，若电源电压下降，则定子电流减小。　（　　）

三、选择题　请将正确答案的代号填入括号中（每题 2 分，共 10 分）。

1. 叠加原理适用于（　　）电路。
   A. 直流　　　　　　　B. 交流　　　　　　　C. 线性　　　　　　　D. 非线性

2. 下列变量相乘的逻辑代数式正确的是（　　）。
   A. $A \cdot \overline{A} = 0$　　B. $A \cdot \overline{A} = 1$　　C. $A \cdot \overline{A} = A$　　D. $A \cdot \overline{A} = A^2$

3. 并励直流发电机从空载到满载时，其端电压（　　）。
   A. 陡降　　　　　B. 下降 15%～20%　　C. 不下降　　　　D. 略为上升

4. 当变压器一次侧电压一定时，若二次侧电流增大，则一次侧电流将（　　）。
   A. 增大　　　　　　B. 减小　　　　　　C. 略有减小　　　　D. 不变

5. 三相笼型异步电动机启动电流大的原因是（　　）。
   A. 电压高　　　　　B. 电流大　　　　　C. 负载重　　　　　D. 转差大

四、计算题（每小题 5 分，共 20 分）

1. 在附图 3 中，已知 $R_4 = 900\Omega$，$I_a = 100\mathrm{uA}$，$I_1 = 100\mathrm{mA}$，$I_2 = 10\mathrm{mA}$，$I_3 = 1\mathrm{mA}$，求分流电阻及 R_1、R_2、R_3 的值。

2. R、C 串联电路接在 $U = 220\sqrt{2}\sin 314t\,\mathrm{V}$ 的电源上，已知 $C = 79.6\mathrm{uF}$ 若要使 U_c 滞后于 U 一个 $30°$ 角，求 R 的值，并写出电流 i 的瞬时值表达式。

3. 三相四线制Y负载中，$Z_U = 11\Omega$，$Z_V = 22\Omega$，$Z_w = 44\Omega$，电源电压 $U_{UV} = 380\underline{/30°}\,\mathrm{V}$，求各相电压、相电流及中性线电流的相量式。

4. 一台三相变压器额定电压 10000V/400V，额定容量为 560kW，一次绕组每相匝数 1250 匝，接法为Y，d11。求一次绕组、二次绕组的额定电流、电压比及二次绕组每相匝数。

五、简答题（每小题 5 分，共 20 分）

1. 放大电路中的晶体三极管为什么要设置静态工作点？

2. 变压器为什么不能改变直流电压？若将变压器一次绕组接上额定数值的直流电压，有何后果？为什么？

3. 同步电动机的工作原理是什么？

4. 如何选用三相与两相热继电器？

六、绘图题（每小题 5 分，共 10 分）

1. 画出并励直流电动机电枢回路串电阻二级启动控制线路（由时间继电器控制）。

2. 画出附图 4 所示三相变压器的位形图，并判断其连接组别。

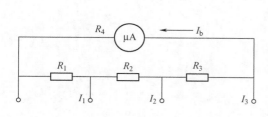

附图 3

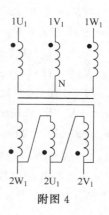

附图 4

模拟试卷（一）答案

一、填空题

1. 基准；工具；方法；结果

2. 对接

3. 轻载；满载；过载

4. 回路电流

5. 无功功率

6. 源极 S；栅极 G；漏极 d

7. 快速熔断器；过流继电器；快速自动开关

8. 延迟关断；续流二极管

9. 他励；串励；并励；复励

10. 定子铁芯；转子铁芯；气隙

11. 双断口；陶土栅片；金属栅片

12. 消耗能量大；不经济

二、判断题

1. × 2. √ 3. × 4. × 5. √ 6. × 7. √ 8. × 9. × 10. √

三、选择题

1. A 2. C 3. D 4. C 5. D

四、计算题

1. 解 $U_{AB} = (E_1/R_1 + E_2/R_2 - E_4/R_4)/(1/R_1 + 1/R_2 + 1/R_3 + 1/R_4)$

$= (12/2 + 9/3 - 6/2)/(1/2 + 1/3 + 1/6 + 1/2)$

$= 4(\text{V})$

$I_1 = (E_1 - U_{AB})/R_1 = (12 - 4)/2 = 4(\text{A})$　　　　　　方向向上

$I_2=(E_2-U_{AB})/R_2=(9-4)/2=5/3(\text{A})$ 方向向上

$I_3=U_{AB}/R_3=4/6=2/3(\text{A})$ 方向向下

$I_4=(-E_4-U_{AB})/R_4=(-6-4)/2=-5(\text{A})$ 方向向下

2. 解 $X_L=\omega L=100\pi\times51\times10^{-3}\approx16(\Omega)$

$I=U_L/X_L=176/16=11(\text{A})$

$R=U_R/I=132/11=12(\Omega)$

$\varphi=\arctan X_L/R=\arctan16/12=53.13°$

$\varphi_i=\varphi_u-\varphi=30°-23.13°$

$I=11\sqrt{2}\sin(100\pi t-23.13°)(\text{A})$

3. 解   电源端各相电压为：

$U_U=220$ （V）

$U_V=220\underline{/-120°}=-110-j190.5$ （V）

$U_W=220\underline{/120°}=-110+j190.5$ （V）

中点位移电压：

$\dot{U}_{NN'}=(\dot{U}_U/\overline{Z}_U+\dot{U}_V/\overline{Z}_V+\dot{U}_W/\overline{Z}_W)/(1/\overline{Z}_U+1/\overline{Z}_V+1/\overline{Z}_W)$

$=[220/(-j10)+220\underline{/-120°}/10+220\underline{/120°}/10]/[1/(-j10)+1/10+1/10]=-44+j132$

$=139.14\underline{/108.44°}(\text{V})$

负载端各相电压为

$\dot{U}_U=\dot{U}_U-\dot{U}_{NN'}=220-(-44+j132)$

$=264-j132=295.16\underline{/-26.57°}(\text{V})$

$\dot{U}'_V=\dot{U}_V-\dot{U}_{NN'}=-110-j190.5-(-44+j132)$

$=-66-j322.5=329.18\underline{/-101.57°}(\text{V})$

$\dot{U}'_W=\dot{U}_W-\dot{U}'_{NN'}=-110+j190.5-(-44+j132)$

$=-66+j58.5=88.19\underline{/138.45°}(\text{V})$

4. 解 $S_N=(n_1-n_N)/n_1\times100\%=(3000-2910)/3000\times100\%=3\%$

$I_N=P_N/(\eta_N\sqrt{3}U_N\cos\varphi_N)=5\times10^3/(0.8\times\sqrt{3}\times380\times0.86)=11(\text{A})$

$T_N=9.55P_N/n_N=9.55\times5\times10^3/2910=16.4(\text{N}\cdot\text{m})$

$T_M=\lambda T_N=2\times16.4=32.8(\text{N}\cdot\text{m})$

五、简答题

1. 答   有功功率与视在功率的比值叫功率因数。提高功率因数的意义是能够提高供电设备容量的利用率和提高输电效率。根据 $P=S\cos\phi$ 可知，当电源容量 S 一定时，功率因数 $\cos\phi$ 越高，产生的有功功率 P 就越大，能带动的负载就越多，电源的利用率就越高，又据 $I=P/(U\cos\phi)$ 可知，在 P 和 U 一定的情况下，$\cos\phi$ 越高，负载从电源取用的电流 I 就越小，这样就减少输电线路上的电压损耗和功率损耗，减小电压波动，提高了供电质量，提高了输电效率。

2. 答   晶闸管对触发电路的要求有：①触发电压必须与晶闸管的阳极电压同步；②触

发电压应满足主电路移相范围的要求；③触发电压的前沿要陡，宽度要满足一定的要求；④具有一定的抗干扰能力；⑤触发信号应有足够大的电压和功率。

3. 答　在三相异步电动机定子上布置的结构相同，在空间位置上互差120°电角度的对称三相绕组中分别通入对称三相正弦交流电，则在定子与转子的空气间隙中产生的合成磁场就是旋转磁场。

4. 答　交流接触器的吸引线圈通过交流电流，当电流过零时，电磁吸力也为零，铁芯在释放弹簧作用下有释放的趋势，当电流增大后又重新吸牢，从而使衔铁产生振动，发出噪声。嵌装短路环后，当电流过零时，正是电流变化最快的时候，引起铁芯中的磁通也是变化最快，在短路环中产生感应电动势和感应电流，由感应电流产生的磁通将衔铁牢牢吸住，从而减小了衔铁的振动和噪声，保护了极面不被磨损、触头不被电弧灼伤。

六、绘图题

1. 见附图 5

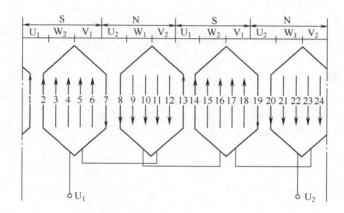

附图 5

2. 见附图 6

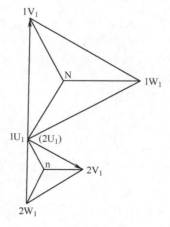

附图 6

模拟试卷（二）答案

一、填空题

1. 水平
2. 遮滤电弧光；手持；头戴
3. 行动纲领
4. 电阻；电源
5. 频率；周期；角频率
6. 电流；电压
7. 主电路；门极电路
8. 电压比；连接组别；短路电压
9. 磁通；电枢电流
10. 电的联系；安全变压器
11. 定子绕组；转子绕组
12. 功率继电器
13. 电磁机构；触头系统；水弧装置
14. 欠电流
15. 进给；快速移动

二、判断题

1. √   2. ×   3. ×   4. √   5. √   6. √   7. ×   8. √   9. ×   10. ×

三、选择题

1. C   2. A   3. B   4. A   5. D

四、计算题

1. 解 $n_1 = I_1/I_n = 100 \times 10^{-3}/100 \times 10^{-6} = 1000$

   $n_2 = I_2/I_n = 10 \times 10^{-3}/100 \times 10^{-6} = 100$

   $n_3 = I_3/I_n = 1 \times 10^{-3}/100 \times 10^{-6} = 10$

$R_{1,2,3} = R_a/n_3 - 1 = 900/(10 - 1) = 100$ （Ω）

$R_{1,2,} = (R_a + R_{1,2,3})/n_2 = (900 + 100)/1000 = 1$ （Ω）

$R_2 = R_{1,2} - R_1 = 10 - 1 = 9$ （Ω）

$R_3 = R_{1,2,3} - R_{1,2} = 100 - 10 = 90$ （Ω）

2. 解 $X_C = 1/\omega C = 1/(314 \times 79.6 \times 10^{-6}) = 40$（Ω）

$\Psi_{uc} = \Psi_u - 30° = 0° - 30° = -30°$

   $= \Phi_{uc} + 90° = -30° + 90° = 60°$

$\Phi = \Phi_u - \Phi_i = 0° - 60° = -60°$

$R = X_C \cot\phi = 40\cot 60° = 23$（Ω）

$Z = \sqrt{R^2 + X_C^2} = \sqrt{23^2 + 40^2} = 46$（Ω）

$I = U/Z = 220/46 = 4.78$（A）

$i = 4.78\sqrt{2}\sin(314t + 60°)$（A）

3. 解 $\dot{U}_U = 220$ （V）

$$\dot{U}_V = 220\underline{/-120°} \text{ (V)}$$

$$\dot{I}_U = \dot{U}_U/\overline{Z}_U = 220/1 = 20 \text{ (A)}$$

$$\dot{I}_V = \dot{U}_V/Z_V = 220\underline{/-120°}/22 = 10\underline{/-120°} = -5 - j8.66 \text{ (A)}$$

$$\dot{I}_W = \dot{U}_W/Z_W = 220\underline{/120°}/44 = 5\underline{/120°} = -2.5 + j4.33 \text{ (A)}$$

$$\dot{I}_N = \dot{I}_U + \dot{I}_{V+}\dot{I}_W = 20 - 5 - j8.66 - 2.5 + j4.33 = 12.5 - j4.33 = 13.23\underline{/-19.11°} \text{ (A)}$$

4. 解　$I_{1N} = S_N/\sqrt{3}U_{1N} = 560 \times 10^3/\sqrt{3} \times 10000 = 32.33$ （A）

$I_{2N} = SN/\sqrt{3}U_{2N} = 560 \times 10^3/\sqrt{3} \times 400 = 808.32$ （A）

$K = U_{\Psi1}/U_{\Psi2} = U_{1N}/\sqrt{3}/U_{2N} = 1000/\sqrt{3}/400 = 14.43$

$N_2 = N_1/K = 1250/14.43 = 87$ （匝）

五、简答题

1. 答　晶体管放大电路中设置静态工作点的目的是为了提高放大电路中的输入、输出的电流和电压，使放大电路在放大交流信号的全过程中始终工作在线性放大状态，避免信号过零及负半周期时产生失真。因此放大电路必须具有直流偏置电路。

2. 答　变压器不能改变直流电压，是因为如果在变压器一次绕组上接直流电压，在稳定情况下只能产生直流电流，在铁芯中只能产生恒定磁通，在一次侧和二次侧都不会产生感应电动势，二次绕组就不会有电压输出。如果变压器一次绕组接上额定数值的直流电压，由于变压器一次绕组的直流电阻非常小，会产生很大的短路电流，将变压器烧毁。

3. 答　当对称三相正弦交流电通入同步电动机的对称三相定子绕组时，便产生了旋转磁场，转子励磁绕组通入直流电，便产生极对数与旋转磁场相等的大小和极性都不变的恒定磁场。同步电动机就是靠定子和转子之间异性磁极的吸引力，由旋转磁场带动转子转动起来的。

4. 答　一般情况下应尽量选用两相结构的热继电器以节省投资。但如果电网的相电压均衡性较差，或三相负载不平衡，或多台电动机的功率差别比较显著，或工作环境恶劣、较少有人照管的电动机，必须采用三相结构的热继电器。

六、绘图题

1. 见附图 7
2. 见附图 8

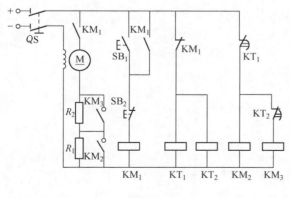

附图 7

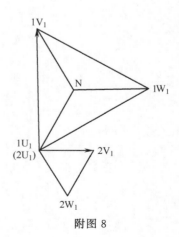

附图 8

参 考 文 献

[1] 马效先. 维修电工技术. 北京：电子工业出版社，2015.

[2] 华容茂．过军. 电工电子技术实习与课程设计. 北京：电子工业出版社，2014.

[3] 肖华中，刘文胜. 电工技术技能实训. 北京：中国水利水电出版社，2014.

[4] 金国砥. 电工实训. 北京：电子工业出版社，2013.

[5] 石玉财，毛行标. 电工实训. 北京：机械工业出版社，2014.

[6] 徐耀生. 电气综合实训. 北京：电子工业出版社，2010.

[7] 徐君贤，朱平. 电工技术实训. 北京：机械工业出版社，2012.

[8] 杨亚平. 电工技能与实训. 北京：电子工业出版社，2012.

[9] 上海市中专校实习教学学科协作组. 电工. 北京：机械工业出版社，2013.

[10] 吴道悌，王建华. 电工学实验. 北京：高等教育出版社，2015.

[11] 叶淬. 电工电子技术实践教程. 北京：化学工业出版社，2013.

[12] 张小慧. 电工实训. 北京：机械工业出版社，2015.

[13] 孙惠康. 电子工艺实训教程. 北京：机械工业出版社，2013.

[14] 孔繁瑞. 电工技术综合实训. 北京：北京师范大学出版社，2015.

[15] 董儒胥. 电工电子实训. 北京：高等教育出版社，2014.